城市街道中柔性空间的人性化设计研究

本成果受湖南省社科基金项目“城市街道中柔性空间的人性化设计研究”（15YBA183）资助

陈　韬 

辽宁大学出版社
Liaoning University Press

图书在版编目（CIP）数据

城市街道中柔性空间的人性化设计研究/陈韬著
．一沈阳：辽宁大学出版社，2019.12
ISBN 978-7-5610-9596-6

Ⅰ.①城…　Ⅱ.①陈…　Ⅲ.①城市道路一城市规划一建筑设计一研究　Ⅳ.①TU984.191

中国版本图书馆 CIP 数据核字（2019）第 050029 号

城市街道中柔性空间的人性化设计研究
CHENGSHI JIEDAO ZHONG ROUXING KONGJIAN DE RENXINGHUA SHEJI YANJIU

出 版 者：辽宁大学出版社有限责任公司
（地址：沈阳市皇姑区崇山中路 66 号　　邮政编码：110036）
印 刷 者：沈阳海世达印务有限公司
发 行 者：辽宁大学出版社有限责任公司
幅面尺寸：185mm×260mm
印　　张：12.75
字　　数：300 千字
出版时间：2019 年 12 月第 1 版
印刷时间：2019 年 12 月第 1 次印刷
责任编辑：张　茜
封面设计：优盛文化
责任校对：齐　悦

书　　号：ISBN 978-7-5610-9596-6
定　　价：59.00 元

联系电话：024-86864613
邮购热线：024-86830665
网　　址：http://press.lnu.edu.cn
电子邮件：lnupress@vip.163.com

前　言

“当我们想到一个城市时，首先出现在脑海里的就是街道。街道有生气，城市也就有生气，街道沉闷，城市也就沉闷。”可以说街道是城市中社会交往和公共生活的重要载体之一。现代城市生活对环境空间提出了新的要求，柔性空间的人性化设计面临着新的机遇和挑战。在人们对可持续发展观念广泛认可，以及人性化设计日益渗透到人们日常生活空间的时候，建立以柔性空间的人性化设计为基础的城市街道系统这一概念显得尤为重要。

柔性空间设计是具有公众意义、审美需求和涉及城市街道环境的设计，它具有时代的精神与社会文化的内涵。城市街道中柔性空间设计在创造性地改造原有环境设计中创造新的更人性化的街道设计，从而为方便人们生活提供服务，为提高城市功效和美好生活做出贡献。

陈韬

2019 年 2 月 20 日

目录

第一章　城市街道发展历程及城市街道空间研究

第一节　中国城市街道的发展

一、城市街道发展历程

中国早在公元前2100年左右的夏朝就开始了大规模城市建设的实践，其布局严格依照礼制，突出以皇权为中心的思想。在《周礼·考工记》中记载，周朝国都的营建，都城的中心是周天子的居所，东西南北四面由城墙合围，每一面都有三个城门，城市的主干道南北方向九条，称为九经，东西方向也是九条，称为九纬，各个方向上，每三条为一组，共三组，将城市分割开，还专门在城内以及城郊铺设车道，供车辆专用。天子九乘，所以天子的车行专用道为九轨，诸侯专用道为七轨，而城郊的则为五轨。这里的轨指的是车辙。《周礼》关于王城的记载充分说明了夏商周时期城市的营建是以天子、诸侯贵族、百姓等阶级地位为主要参考，遵行地位分流，彰显权贵阶级的特权。在汉代，对道路的使用规定也非常严格，《王制》中记载："道有三涂：街道男子由右，女子由左，车从中央。"根据古代右为尊左为卑的思想，我们可以看出男尊女卑也是封建礼数中非常受重视的思想。这不仅仅体现在日常法律中，也延伸到城市的规划中。

直至唐代中期，当时的城市规划还是非常严格地遵循礼制，权力中枢都围设高墙，城市内部划分分工明确，采用坊里制，每个坊亦是由高墙合围，街道两侧都是高墙耸立，百姓的活动区域非常受限，城市街道的主要作用是物资运输及人行，没有沿街商铺，固定的集市在城市东西两向各设一个。可以想象，这样的城市大部分地区是极其压抑和冷清的。这种规划的思想主要是限制人们私自聚会的可能，从城市功能上禁锢人们自由思想和自由行为发展的可能性，也是为封建阶级统治的便利性考虑。

唐代末期，由于唐王朝前期的物质基础雄厚，城市人群来自世界各地，城市人口暴增，文化交流的需要日益迫切，加之统治阶级经受重创，无力按照原有的思路控制民众对于自由交易和自由交流的需求。由于人口过密，居住混乱，城市秩序已难控制，当时的汴州"邑居庞杂，号为难治"。唐朝都城开始出现自由街道的规划，居民也无视原有的严格规定，将商业行为直接搬到街道上进行，政府不得不做出革新让步，扩大街道，放宽沿街住户的活动空间，并准许沿街住户在一定的范围内搭建功能性建筑，种植花草树木以美化街道。原来的坊里制瞬间崩塌。街道呈现丰富多彩的面貌，市民的商业活动、娱乐空间得到了前所未有的拓展，这也是现代中国街道的雏形。

宋代的经济文化发展空前发达，自由的思想从上至下，街道的等级制度也放宽到一定水准，城市的大部分街道为百姓的生活空间，商业街遍布城市的各个区域。在商业街上，王公贵族与百姓混杂，酒店、茶馆、菜场、医馆、药铺、娱乐场所密集林列，街道上人来人往川流不息，当时的街道能完全满足人们的物质需求和精神需求。宋代皇帝追求意境，建国思想就是施行仁政，这在一定程度上繁荣了城市的经济，在相对自由的氛围里，城市的规划和发展依照城市本来的地貌，根据人口的分布自然形成不同的繁华街道，人们得以培养生活情趣。董鉴泓在《中国城市建设史》中提到："开封的市肆街道分布……不再限定在'市'内，而是分布全城，与住宅区混杂，沿街、沿河开设各种店铺，形成熙熙攘攘的商业街。"北宋张择端所绘《清明上河图》（图 1-1）充分表现了这种繁荣的汴京都市景象。街道两边屋宇鳞次栉比，有茶坊、酒肆、肉铺、庙宇、药铺等。街市行人摩肩接踵、川流不息，有做生意的商贾、有看街景的士绅、有骑马的官吏、有叫卖的小贩、有乘坐轿子的大家眷属、有身负背篓的行脚僧人，男女老幼，形形色色，展现出热闹非凡的街道空间。今天的杭州，在宋代称为临安。柳永的一曲《望海潮》描写了北宋临安的繁华："东南形胜，三吴都会，钱塘自古繁华。烟柳画桥，风帘翠幕，参差十万人家。云树绕堤沙，怒涛卷霜雪，天堑无涯。市列珠玑，户盈罗绮，竞豪奢。重湖叠山献清佳。有三秋桂子，十里荷花。羌管弄晴，菱歌泛夜，嬉嬉钓叟莲娃。千骑拥高牙，乘醉听箫鼓，吟赏烟霞。异日图将好景，归去凤池夸。"可以看出宋朝城市不仅仅是繁华至极，更有淡淡的文人意境，喧闹中亦带着几分诗意。

图 1-1 《清明上河图》局部

元代的中国城市基本延续了宋代的风格，不同的是，由于蒙古统治者文化落后，对汉族人民的残酷镇压，导致城市街道的萧条，大多是对文明的摧毁和透支。到了明清两代，城市的繁荣有了很大程度的恢复。朱元璋为了恢复长期战乱带来的破坏，对城市街道的管理进行了立法层面的干预，城市街道的经济行为在一定程度上步入了规范化的模式，百姓也相对有序。以扬州为例，由于人口剧增，在明代扬州城历经了两次扩建，扬州由 2 平方千米扩大到 5 平方千米。明代的散文家张岱在《陶庵梦忆》中描写了扬州城区的繁荣：“广陵二十四桥风月，邗沟尚存其意。渡钞关，横亘半里许，为巷者九条。巷故九，凡周旋折旋于巷之左右前后者，什百之。巷口狭而肠曲，寸寸节节，有精房密户，名妓、歪妓杂处之。名妓匿不见人，非向导莫得入。”到了清代，清王朝统治者深知汉文化的强大，为了维持稳定的统治，延续前朝对街道的规划和管理，到了清朝鼎盛时期，我国的大城市呈现空前繁荣。清代宫廷画家徐扬用 24 年描绘的《盛世滋生图》(又名《姑苏繁华图》) 中，我们可以直观地看到清盛世时期苏州的繁荣景象：环苏州城河畔，精致的楼台林立，河中游船分布，山丘之上游客、文人休闲雅趣，戏台下面看客云集，长桥观景悠然自得。这些百姓生活景象生动地解释了“上有天堂，下有苏杭”的赞誉。

中国古代城市的发展历经了皇权神授、礼数治国、自由开放等阶段，总体上还是讲究道法自然、滋养百姓的营造原则。天圆地方、伴水而居的总思想决定了今天城市的布局仍存留过去的影子。

二、我国城市街道空间存在的问题

城市街道是城市人生活的必需空间，在一定程度上也能够反映当代城市人的价值观和取向。改革开放以来，中国的物质文明发展迅速，精神文明建设相对滞后。加之人口集中在城市，多元的文化和价值观互相碰撞。这些精神层面的外化，从当前城市的街道现状可见一斑。随着我国开放程度的提高，和世界的联系愈发密切，全球化带来的大量信息、技术、文化奔涌而至，这是我国发展的契机，但我们也必须冷静地面对一个现实：全世界范围内的文化趋同现象日益严重，体现在城市建设上，其结果就是城市地域特色日渐缺失，城市千篇一律，缺乏个性。2000 年 3 月，《新周刊》登载了《中国城市十大败笔》，总结了当代中国城市建设普遍存在的十个方面的问题：强暴旧城、疯狂克隆、胡乱标志、攀高比傻、盲目国际化、窒息环境、乱抢风头、永远塞车、假古董当道、跟人较劲。在城市空间上集中体现于六个方面的问题：记忆消失、面貌趋同、建设失调、形象低俗、精神衰落、文化沉沦。

我国街道规划的第一个问题就是官本位导致的创意难行。负责街道开发的负责人一般缺乏专业知识，加之控制欲强，经常会将自己的所见强加到设计单位的方案中，一个有主见有创意的设计很可能沦为平庸无奇甚至不合当地土壤的方案。依照科学的规划法，任何个人见解和倾向都不应该成为街道规划的依据，民本位的思想应该占据主导。老百姓对生活的憧憬就应该是我们努力的规划方向。任何个人都希望能够生活在整洁、生机勃勃、富有文化气息的环境里。千年古树，百年老井，这些先人跟我们对话的星星点点，是一个民族精神传承的重要遗产。这些宝贵财产成不了政绩，所以也很难被官本位的决策阶层重视，大量的文明遗产在新街改造时被毁掉，让人痛心疾首。

街道规划的第二个问题是地产开发缺乏文化部门的监管。例如，房地产商有不同的喜好，有的喜欢小洋楼，从小就怀揣着洋楼梦，发迹之后就认为哪里都需要他幻想中的小洋楼。于是一个城市到处是不伦不类的高层洋楼。由于追逐利益压缩成本，这些楼宇的寿命不超过 30 年，遇见这样的住宅，街道规划就成为一个虚无的东西。皮之不存，毛将焉附？更有些房地产商将盖房子视为堆砌砖头，方方正正地盖完开卖，容积率高、利润高就完成任务，这些都是缺乏业界良心的表现。街道规划立体空间的合围要素就这样被毁了，后面的规划也是徒增成本，甚至没有必要。所以，街道规划有千城一面、千镇一面的情况存在。

中国城市街道存在的问题具体表现在以下几方面。

第一，街道功能混乱。大多数城市的街道往往是多功能中心，没有明确的指向和定性，更没有层级性，任何街道元素有可能出现在任何位置，一些街道既是餐饮街道又是购物街道，既是步行街道又是车行街道，既是观光街道又是摆摊街道。汽车等交通工具和行人彼此穿插，鱼龙混杂，合围的建筑杂乱不堪，各种类型各种年代的建筑缺乏统一的符号和元素串联，街道灯光混乱，除了提供基本照明功能的路灯就是商家用来吸引顾客的灯箱（如图 1–2 所示）。

图 1–2　全国城市千篇一律，缺乏个性

第二，忽视街道设计规划。由于我国目前处于发展阶段，一年一个样，三年大变样，跨学科的严谨规划行为很难及时整合，也显得没有必要。负责单位也意识不到规划的重要性，往往本着又快又省的原则，找一个或几个规划单位匆忙进行规划设计。其实，即使一年一个样，三年大变样，这个“变”也要循序渐进、步步深入地变，不能一年一个突变，推倒重建，既浪费资金又缺乏沉淀。

第三，街道节点设计不合理。街道节点包括街道与街道的纵向连接和横向连接，我国城市的街道节点设置随意，缺乏规划，也没有连续性，横向连接的交叉路口存在的问题也很多。街道交叉节点的设计规划是街道规划的关键，因为它直接影响到人流的导向、车与人的关系，有些交叉节点甚至设置了吸引人流驻足的景观，这是让人匪夷所思的。

第四，街道设施功能单一。大多数城市的街道设施仅仅供行人暂时休息，没有考虑不同天气的功能。比如，街道上有供行人歇息的避雨亭，在雨天，那也是十分惬意的景色。街道设施往往代表着一个街道的发达程度，良好的街道设施必须涉及多种功能，行人需求应该被提前纳入街道功能设计规划中。

第五，缺乏深层次的人文关怀。当前街道的规划设计往往基于大数据，从宏观考量，进行所谓科学数据下的整体规划主导设计。很多街道体现的是管理者的强制意志，但街道的使用主体是人，我们必须考虑人的双重需求，除了基本的生理需求，更要考虑人被尊重的需求，这也是衡量街道规划设计最终的标尺。

脱离了人的感受，规划设计就变成了空的。街道规划中的人文关怀指的是从民族的传统文化中提取真善美的元素，将这些精神元素物化，将管理者和设计者的语言融入规划设计中。例如尊老爱幼，那么从街道规划上就要考虑到老人行走不便需要休息驻足，小孩子喜欢乱跑，如何规避交通危险等问题。这些规划设计落实到细节后，人们就会体会到管理者和规划者的用心良苦，从而产生对街道的情感认同。人们对街道的评价也是带有浓厚情感的，这种情感原因是被尊重而自发产生的，这种氛围也会影响人们的行为，让大家更自重，更遵守秩序。

而缺乏人文关怀的街道规划设计要么就是告诉人们要多消费，要么就是强调人的渺小和多余。这样的街道背后是管理者和规划者的目空一切，以利益和效率为中心的思想，把人作为充斥在街道中的生物对待。自大带来的后果只有被淘汰、被遗忘。

第二节　西方古代城市的街道空间

灿烂的古希腊文明奠定了西方文明的基础，因此西方的古代城市折射出古希腊哲学的思想，民主共和制的平等精神渗透至城市街道的每个角落，统治阶级的统治是否能取悦民众，决定了统治阶级的兴衰。西方大型城市都设有供市民活动的广场，供市民祭祀的神庙，比邻这些中心设施的是密集的功能性公共建筑和商业中心。古罗马的道路和广场群落彼此相通，所谓条条大路通罗马，并充分考虑到人们生活中的出行以及运输的便利。1784 年挖掘出土的庞贝古城无声地诉说着那个时期城市的繁荣，据估计，当时庞贝古城人口约 2.5 万人，城市的中心是市政广场区域，其主要建筑围绕着这个大型广场，阿波罗神庙、朱庇特神庙可以满足人们对神的崇拜，大型的会议中心、商场群落、公共浴场以及体育竞技馆、角斗场，还有引水和排水的公共水道设施遍布全城。各种手工作坊、店铺，跟现代的集群方式非常吻合，豪宅大院内都有豪华的天井，围绕天井是款待客人的大厅，豪宅周围都设有花园，花园中有各种雕刻精美的大理石雕像以及柱廊，精美的壁画在宅内随处可见。

希腊古代城市的布局多是基于地貌的特质以及希腊神话的某些特征而建立，规划中刻意的人为干预很少。虽然希腊几何学发达，但在城市街道的规划中少见几何秩序，街道更接近于一种自由发展的有机秩序，这与希腊的多联邦共和制度思想是密不可分的。转观罗马帝国时代的城市，采用的也是同希腊一样的方格网似的街道划分，但与希腊城市规划不同的是，罗马帝国时代的城市规划更强调以罗马为中心的帝国思想，城市中多采用十字轴线的划分，东西轴线象征太阳的升起与落下，南北轴线则象征罗马是世界的中心，即罗马帝国日不落的野心。这点从罗马四处扩张的行为中得到充分体现。此外，罗马的建筑多辉煌庞大，更注重让人们产生对征服者的崇拜，纪念碑是一个城市最庄重的区域，罗马人以辉煌庞大的纪念性建筑加强人们对罗马文化的认同，增强对罗马统治的信心。

法国在波旁王朝统治期间，专治体制与君主立宪的萌芽矛盾激化。18世纪中叶，在规划巴黎城时，民主意志得到了体现，无数放射状的街道直指城市的中心，这是一种权力分散的思想外化。这种规划行为反映了国家权力斗争的大环境，美国的很多城市规划采用了希腊的网格状规划，又叠加了巴黎的放射形态，这种规划直接表达了美国的基本政治思想——三权分立。

基于古希腊哲学思想的影响，西方强调有独立身份的公民是自由人，一切规划以满足自由人需求为宗旨，因此城市的广场用于演讲，进行思想的传播。受基督教义的影响，人们对信仰十分虔诚，因此大型的教堂往往是自由人的思想中心。在大型教堂的周边，各种公众活动场所，包括剧院、会议厅等功能性建筑一应俱全。连接这些建筑的街道非常宽阔，有专门供人行走的柱廊道。

西方的街道更注重休闲和功能的结合，人们在街道或广场附近聊天、用餐的同时，有行人经过或者穿行。这里不得不提及中世纪街道的一个特点，中世纪神权高于君权，大型的神权建筑高耸在城市中心，极尽奢华。神权注重覆盖，因此建筑物之间的关系、街道与街道之间的联系处理得非常到位。中世纪的街道层次与功能结合得很好，大型建筑之间的街道简洁大方，而居民街道则曲折多变。每走一段路，所见的景致都有不同，当要到达神权建筑时，街道豁然开朗，阳光明媚，这种视觉导向充满了宗教所蕴含的神秘主义气息，但又隐示着神引导人走向光明的含义，因此中世纪的街道极其灵动，与自然地貌有机地结合在一起。人们走在这样的街道上往往能触景生情，感恩信仰带来的内心宁静。

中世纪城市的街道概念是层次分明，通往城市中心和广场的街道往往设计得比较简洁、方便，而连接住宅区的街道则蜿蜒狭长，淡化了街景的单调，两旁的建筑由居民随自己的意愿去打理，街道立面在相似的基础上不断地发生着变化。以这种不规则的和亲切的布置方式形成的街道适应了步行的需要，随着人们脚步的移动，各种景色和声音、封闭和开敞的空间交替出现，产生了一种自然和谐的韵律。中世纪的不同城市有着不同的形态结构，这种弯曲变化的街道体系在概念上是一致的，但是在每一个城市中又有它自己的特点。隐蔽和出其不意是中世纪城市设计的一个重要手法，它使得中世纪的城市具有了丰富多变的视觉景观。

文艺复兴起源于意大利，否定神权而提倡人权的思想在意大利的各个城市兴起，街道的重新规划和建设也反映了文艺复兴的思想内涵。中世纪的意大利街道形态和布局充满随意性，公共街道和街区街道以及私人街道互相交织。文艺复兴时期，政府对街道进行了大范围的重建，地面开始铺设规整平滑的石材，注重沿街立面风格的统一，将街道两侧的木质房屋改建成石质，从大局上统一按照透视原则调整合围街道建筑的高度，通过对沿街立面的重新改建达到整个街道的整洁美观。政府还对街道的规格做了强制性的规定，公共街道宽度不得少于 3 米，街区街道不得少于 2.4 米，明令禁止任何私人侵占公共街道的空间。这体现了人权的平等，保障了大众公用空间的公用性，不准许特权贵族阶级用权力获得公共资源。

我们将中国和西方的街道发展相对比，不难发现，街道的发展及历史面貌真实地反映了当时社会的民众思潮，也反映了统治阶级对民众采用的统治策略。然而，无论是中国还是西方，街道都是民众生活的有机空间，其规划无论出发点如何，最终充满街道的还是生活在城市中的普通市民。市民的物质文明程度和精神文明程度决定了街道的整体面貌和营造范式之上的意境传达。因此，我们规划街道时，除了遵从美学意义上的构成，更应关注当代的文化构成，尊重人民的整体意愿，也必须吸取中、西方街道历史中的精华。

第三节　国外城市街道空间研究理论

其实，街道空间的理论已经不是简单的几个传统学科可以解决的问题，几乎涉及当今社会的方方面面。关于街道空间的理论研究不仅仅来源于城市规划，比如，心理学也给该领域带来了不少新的思路与观点，其中最为人所知的便是格式塔心理学中的“图底理论”。目前能够读到的国内的相关著作有东南大学陈宇 2006 年的博士学位论文《城市街道景观设计文化研究》，朱丽敏的著作《且行且思——北京城市街道景观》，华中科技大学马振华 2009 年的博士学位论文《日常生活视野下的都市空间研究——以武汉汉正街为例》和华中科技大学王刚 2008 年的博士学位论文《街道的句法——武汉汉正街街道历史性考察》，均以一条街道为切入点进行探索研究。国外的代表著作有简・雅各布斯（Jane Jacobs）的《美国大城市的死与生》，凯文・林奇（Kevin Lynch）的《城市意象》与《城市形态》，芦原义信的《街道的美学》，扬・盖尔（Jan Gehl）的《交往与空间》，克利夫・芒福汀（J. C. Moughtin）的《街道与广场》，阿兰・雅各布斯（Allan B. Jacobs）的《伟大的街道》。另外，还有一些著述侧重于街道的交通设计研究，虽然也是街道组织的根本，但不是本文所要关注的文化营造上的重点。

一、城市意向论

美国凯文・林奇（Kevin Lynch）1960 年发表的《城市意象》中，针对美国三大城市波士顿、洛杉矶、泽西城做了城市居民的体验调研，通过市民的眼睛来感受城市的语意表达，分析这三大城市的语意传达是否清晰，是否具有较强的“可读性”，分析美国的大城市是否成功地通过城市物质形态形成了相对容易认知的凝聚形态。作为一名著名的城市规划学家，凯文·林奇也将城市街道作为城市意象的主要构成要素。他认为，一个城市的景观节点、节点序列、文化意境和建筑风格都紧紧围绕着街道空间的合围，这个系统的整体性也应该从文化、心理学、美学等角度出发，城市景观的“可印象性”是整个系统的灵魂。我们称之为城市意向论，这个论题奠定了现代城市规划设计的基础，作为一个相对完整的系统理论，对今天的城市设计规划产生了十分重大的影响。

凯文·林奇的系统理念认为，城市给公众的第一印象是集中探讨的焦点，城市意象物质文明或者说物质形态由五种元素构成，即道路、边界、区域、节点和标志物。我们可以用这五种元素描绘任何一个街道或者任何一个城市的印象草图，这个草图也许只是徘徊在脑海中，也可以是一幅风景画，或者是一幅专业的规划设计图纸，无论来自哪个种族、何种文化的人都能够理解并体验。凯文·林奇认为这五种元素的主导是道路，人们在道路上行走，道路伴随着人的移动成为不断变化的基点和中心点。一切街道的空间合围都是沿着道路的向性展开，边界也是这个流动观察的要素，边界负责组织分割，不断变化的边界给人更丰富的视觉体验和空间界线感。从宏观上观察，节点和标志性建筑物都是道路和边界的参照物，有了这两个要素，道路和边界就产生了差异，形态的构成也有了明显的区分，而文化、心理感受也是通过这两大要素植入并传达的。节点作为一个可点可面的参照物可以灵活地调节空旷与拥挤的矛盾，缓解视觉的疲劳感，也可以成为人们产生较强烈印象的重要特征。而区域则因前四个元素而被划分，前四个元素引导人们进入印象中所组织的区域并参与功能性体验。

二、城市活力与“街道伦理”理论

加拿大的简·雅各布斯（Jane Jacobs）出版了《美国大城市的死与生》（*The Death and Life of Great American Cities*）。这本书通过对美国大城市的分析与比较，从系统结构层面结合数据分析美国大城市的兴衰，这是将城市作为一个有机体做整体分析。在此书中，简·雅各布斯指出真正决定城市的韵律的基本要素是城市的街道与街道合围的空间，包括广场和标志性建筑。简·雅各布斯指出：“城市中道路担负着重要任务，然而路在宏观上是线，微观上都是很宽的面。街道是城市中最重要的公共活动场所，是城市中富有生命力的器官。”她还指出城市街道必须满足以下三个条件：

一是街道的绝对安全性。街道的绝对安全性是指必须明确划分私人空间和公用空间。商用空间和居住空间、交通空间以及休闲空间必须有绝对明显的限制性界线进行区分。

二是街道的不间断可视性。被简·雅各布斯称为“街道天然的所有者”必须能够在任何时间内不间断地看到街道。

三是人行道上必须有持续不断的人流。人行道有生命体征的重要保障就是行人，人们害怕孤独，因此街道上有行人就会减少这种恐惧感，人们在街道上行走会有被关注的感受，同时可以关注街道上其他的行人，这就是“街道伦理”。

三、东方文化的阴阳论

日本的芦原义信的《街道的美学》一书中引用了东方文化的阴阳论。由于日本受中国文化影响非常深远，日本的街道传承着中国古代街道的遗风，加之日本受西方殖民统治历史也较为悠久，因此日本街道的意向中往往产生强烈的东西方文化的对话。对日本街道的细致的比较和分析，较直观地反映了东方与西方文明在时空观念以及美学理解上的差异，对于二者的融合，芦原义信提出了很多相对独到的见解。他将西方的格式塔心理学中的“图式”与“背景”两个概念对比中国的阴阳学说，不仅针对日本还针对西欧诸国的街道空间元素做了十分深入的对比，提出了街道的宽高比是街道空间构成的关键，还总结了很多外部空间的设计方法，如阴角空间与下沉式庭院技法、密接原理、二次轮廓线等。他还针对发展中国家的城市面临的种种问题发表了真知灼见。他认为发展中国家的城市由于核心意识形态模糊导致城市个性消失，发展速度过快、意识中心变更过快导致城市没有中心等。

四、共享街道理念

共享街道是一个系统概念，即构造一个有机统一的街道共享体，基于人本主义，将人作为街道的使用者，辩证地分析街道中各类人，包括休闲者、购物者、路过的人、汽车里的人等，并将街道的标识、路边的汽车等与人放在一个层面上探讨这个有机体内部的联系，其哲学思想基础来源于科林・巴奇纳写于 1963 年的《城镇交通》报告书。乌纳夫原则（Woonerf Principle）下的“联合街道系统”就是将共享街道的模式理念更加细化并在此基础上不断更新演变而成。荷兰的尼耶克・德・波尔（Niek De Boer）认为，街道的感受者或者说使用者是影响街道环境和街道质量的关键因素，街道上人与各类街道元素发生矛盾时，必须优先考虑人的权益。

在荷兰，代尔夫特市于 1970 年在全市推行了乌纳夫原则，获得了很好的收效。乌纳夫原则很好地解决了人车共享街道的矛盾，因此很快在荷兰全域推广，这也是自车辆越来越多以来，车与人的矛盾显现阶段的最早尝试性解决方案。受乌纳夫原则的影响，德国兴起了“交通安宁计划”，这个计划也影响了整个西方国家的大多城市。

“交通安宁计划”（Traffic Calming）旨在最高程度上提高街道上人的安全保障，让街道更加舒适，更适合人们逗留或经过，营造更宜居的街道空间，对公共场所的环境、节点、功能性装置设施进行人性化的全面考量和改造，同时兼顾车辆的通行和停放，力图寻求更人性化的人车共处解决方案。对于车辆的限制，其主要措施有减少过境交通，限制车辆的行驶速度，通过车道引导和限制性设施尽量降低汽车引起交通事故伤害行人的可能性。在实际应用中，这个计划起到了很好的效果，也打下了西方当代街道交通模式的基础。西方目前居住性街道的主要理念仍是共享理念，车辆更像一个移动的行人，街道的铺设以及设施有诸多屏障以及弯曲、高低起伏，同时街道与街道的连接处，街道与广场的连接处都有明确的标识，车辆在这样的街道上缓缓移动，街道区域内有大范围的绿色景观带以及美化设施，人行道和车行道没有明显的分界线。这种良好的社区氛围让街道更好地被使用，低速限制强调了车只是移动的代步工具，街道的邻里可以互相增加见面的概率。很难想象如此低的车速下，车主会关窗只顾开车，一般来说摇下车窗与遇见的好友寒暄几句是一个很和谐的场景。现代化的交通工具与街道空间以及传统的交流方式形成了很好的对话，营造了浓厚的社区氛围。

在英国，早于荷兰7年，布凯南报告（Buchanan Report）提出了一个前所未有的概念——“街道环境容量”，这个概念直接指向以发展的眼光看街道规划的必要性。英国人柯林·布凯南（Colin Buchanan）集建筑师、规划师、道路工程师三大学科背景于一身，丰富的行业经验以及较高的顾问级别，使得他有眼界和高度从更宏观的层面思考街道规划的问题。但布凯南报告却是基于一个普通的街道用户体验者的身份提出的。柯林·布凯南指出：“街道上的行人应该拥有城市的自由。他们需要能够自由自在地走来走去，自由地就座，看看街道边的橱窗，与人聚会闲聊，对美景、建筑、历史品头论足。……交通规则才是他们最后需要的东西。”这说明柯林·布凯南已经意识到即使是商业发达的现代城市，街道上的行人也应该是街道的绝对主体，交通需求以及建筑的美学价值都应该紧紧围绕街道行人的权益进行考量。任何街道元素之间的矛盾解决都必须以街道人的自由生活为首要考量。街道的生活价值毋庸置疑地被放在了一切之首，甚至完全没有提及统治者的意志体现。这也是人本功能主义思想的一种映射，同时报告中还强调了一个城市的街道如果挤满车辆，交通拥堵，则意味着这个城市的环境容量告急，而交通容量仅仅是交通学上的概念，街道环境容量要远远比交通容量脆弱，一个城市街道的环境容量的饱和直接宣告了城市的环境已经被严重破坏，这种破坏近乎是不可逆的。我们从中国的很多大型城市可以看出该论点的正确，以杭州为例，车辆的全城性拥堵（即环境容量饱和）之后便是时常发生的全城雾霾。即使官方没有完全承认雾霾与车辆拥堵正相关，但仅凭经验我们就可以感知两者有非常大的相关，即使政府推行了限牌、限号、限行的种种政令，情况不但没有好转反而越治越差。所以，我们进行城市街道规划时务必本着科学研究的精神，不能拿全城百姓的生活品质当筹码，更不能将经济收入放在首位考虑。

对于城市的规划，我们务必本着实事求是，科学发展，一切为人民生活品质，为百姓福利谋划的先进理念来指导实践，这些是新一代的规划师应该有的觉悟。拍拍脑袋制定政策的时代已经过去，今天的一句话、一个政令影响的可能是今后的几百年。

五、新城市主义

相对其他国家，美国很早就走在了世界的前沿，新城市主义运动起源于美国。新城市主义提倡尽量减少土地的盲目使用，集约用地并且合理规划功能分区，将城市规划得更合理更精致，建立更完备的公共交通以弱化私家车的必要地位。新城市主义的主要原则也非常值得我们深入研究，如新城市主义提出，必须承认城市增长的必然性，也就是说城市扩张是毋庸置疑的，任何规划如果回避这个问题都是不科学不理性的。而城市的发展则只能以牺牲周边的村庄为代价。因此，如果不采取任何有远见的规划，城市的发展乱象从一开始就能预见。因此，新城市主义也提出了解决方案：建立永久性的乡村保护带，建立临时性的乡村储备带。保护带可以永远避免被城市侵吞，某种意义上这些保护带就是强行限制城市扩张发展方向的铁墙。城市规划发展从一开始就是被设计好的填空题。乡村储备带则是为了建设规划更高品质的新城区而预留的村庄土地。在时间维度上，对土地资源的合理分配才可能让一个城市发展得更具条理和章法。

在城市街道规划落实方面，新城市主义理论主要由传统邻里社区开发（Traditional Neighborhood Development，简称 TND）以及公交的邻里社区开发（Transit-Oriented Development，简称 TOD）组成，这两个部分宗旨相同，针对层面不同，TND 聚焦城市街道内部的街坊社区小层面，TOD 则聚焦大范围内的城市全域层面的规划。在实践中二者互为表里，嵌套运作，本着新城市主义的规划设计基本点，即集约、紧凑、宜居、宜行，人性化的功能强调，储备土地资源，高度重视环境。

英国规划设计师克利夫 · 芒福汀（J. C. Moughtin）在《街道与广场》中集中探讨了街道与广场的关系。作者认为，街道的形式、比例以及功能应该满足一定规律下的统一，作者通过对欧洲大量街道的调研，从城市街道空间的合围元素，如地面铺设、街道标识、合围建筑的里面、衔接转角、景观节点、标志性建筑景观、天际线等元素之间的关系，总结出了两种欧式街道的分类。作者认为，城市色彩、城市的可识别度以及对细节元素的美化和装饰是规划中不可忽略的设计关键点。

其他还有大都市主义理论。联合国的《人类聚居的全球报告》中将人口 400 万以上的城市定义为超级城市或大都市。并预计到 2025 年全球的超级城市会达到 135 个以上。这个预测在 2005 年有了变化，由于全球人口的暴涨，超级城市的人口被调整到 1 000 万，因此预计 2020 年，全球将有超过 30 个这样的超级城市，而大半在亚洲。

较早对超级城市进行研究的专家雷姆 · 库哈斯（Rem Koolhaas）撰有《疯狂的纽约》，其中一些独到的见解到今天也显得十分应景。雷姆 · 库哈斯认为：

（1）现代大都市的文化无序、动荡且极不稳定，新奇的思想与观念引领人们在现代大都市走向彷徨迷茫的深渊。对于城市建筑的语义传达，雷姆 · 库哈斯认为："即使建筑最轻浮的分支所表现出来的永久性与大都市的不稳定性都是不相容的。"简而言之，就是大都市是浮华梦幻之地，一切都如过眼云烟，人在那里找不到归宿，也找不到那颗稳定的恒常的心。

（2）街道的特色和差异已经逐渐消失，街道被商业模式所改变，商业模式、商业元素的复制将街道变成一个贴满广告和吸引消费的合围空间，人们到了街道除了购物不知道还可以做什么。街道原有的功能已经完全丧失，可以说街道已经成为一个大的商铺。

（3）街道已经完全成为车的通道，行人被弱化，是有钱人的街道。

纵观我们今天的城市街道，雷姆 · 库哈斯提出的这些现象或者说忧虑也是切实存在的，超级城市的街道营造如何能摆脱文化悬浮，意识形态流质化的威胁是摆在每个城市人面前的问题，也是城市规划设计师应该努力的方向。

第四节　国内城市街道空间研究理论

随着国内城市的快速发展，城市街道空间的问题也日益凸显，使得人们对城市街道空间越来越关注。虽然我国对城市街道空间的研究相对于国外起步较晚，但也取得了一定成就，相关学者从不同的角度去研究城市街道空间，主要包括以下几个方面：人性化、多样性、可渗透性、设计方法、公共空间活力等。

一、从街道空间的人性化角度研究

这类研究主要通过研究城市街道空间寻求其人性化的设计方法，主要研究成果有凤元利、刘仁义的《以人为本塑造现代城市街道空间》，天津大学薛忠燕的硕士论文《人性化、情感化的街道空间》，合肥工业大学黄伟军的硕士论文《城市街道空间环境的人性化设计研究》，王成武、赵丽丽的《从人文关怀的角度审视城市街道空间》，湖南大学钟文的硕士论文《街道步行空间的人性化设计》，同济大学孙俊的硕士论文《城市步行空间人性化设计研究》等。

二、从街道空间的多样性角度研究

这类研究主要是就城市街道空间多样性保持与创造的策略和方法进行研究，主要研究成果有武汉大学徐东辉的硕士论文《全球化浪潮下街道空间多样性的保持与创造》等。

三、从街道空间的可渗透性角度研究

这类研究主要是研究街道的可渗透性对城市活力的影响，并提出了相应的设计方法，主要研究成果有潭源的《城市本质的回归——兼论可渗透的城市街道布局》，华中科技大学尚晓茜的硕士论文《可渗透性街道形态对城市社区活力的影响研究》等。

四、从街道空间的设计方法角度研究

这类研究主要是在相关城市设计理论的基础上就城市街道空间的设计方法进行研究，主要研究成果有合肥工业大学刘仁义的硕士论文《城市街道的空间形态及其设计方法研究》，刘仁义的《城市街道更新设计方法探析》，合肥工业大学左光之的硕士论文《城市街道的设计方法与评价体系研究》，赵从霞、周鹏光的《街道城市设计概念方法研究》等。

五、从公共空间活力角度研究

这类研究主要是将街道空间作为城市公共空间的一部分，通过研究公共空间的活力来研究街道空间，主要研究成果有徐煌辉、卓伟德的《城市公共空间活力要素之营建》，西安建筑科技大学杨蕊的硕士论文《激发社区活力，创造邻里交往的良好街道空间》，邱

书杰的《作为城市公共空间的城市街道空间规划策略》等。

以上研究成果对我国现阶段的街道空间设计实践，特别是我国当前商业步行街建设，起到了一定的指导作用，同时为今后街道空间的研究奠定了一定的理论基础。

对城市街道景观研究较详细的著作有：刘滨谊的《城市道路景观规划设计》，主要围绕景观规划的三元素，景观视觉形象元素、景观的环境生态元素、景观的大众行为心理元素，进行了详述和探讨；吕正华、马青编著的《街道环境景观设计》对城市街道的功能与作用、街道景观的构成要素、类型设计、评价体系等理论问题进行了研究；熊广忠著的《城市道路美学——城市道路》认为传统的街道美学是把街道作为几何设计的对象，对于以低速运动为主的商业街、步行街、居住区道路、林荫路、街道广场等应遵循传统街道美学的原则来设计；陈启鹤在《城市街道景观设计总则》中提出城市街道是城市整体景观印象的第一要素，良好的通达性、舒适的空间尺度、富有特色的街道景观及街道装饰使街道成为联系城市各个公共空间的纽带，也成为人们感受城市的重要载体，并介绍了道路断面、沿线建筑界面、人行道、地面铺设及行道树、灯具、电话亭、报亭、座椅等城市公共设施的设计标准和准则。

相关的论文也有很多，其中《城市街道景观设计文化研究》一文以文化性的思想理念引导城市街道景观的设计；《中国城市街道特色创新研究》一文从我国城市街道发展历程的角度出发，研究人与街道的关系，提出了城市街道景观设计的一些新思路和途径；也有从视觉形象方面写的，如《街道公共设施色彩设计》主要是对街道中的某一元素进行研究；《基于视觉分析的城市景观空间研究》《公共空间的视觉形象系统研究》则是将整体的视觉形象系统与空间关系相结合进行探讨；《商业街的视觉形象和媒介设计研究》一文则侧重对商业街的研究。

陈民杰在《城市中的街道》一文中认为，人口问题和人造环境是市民离开街道和街道失去往日生机的理由。城市化速度的加快、人口大量涌入城市，使原先街道人口两相宜的城市空间顿时拥挤不堪。

20 世纪 70 年代以来，后现代的城市设计重新讨论城市设计的意义，强调历史、传统、文化、地方特色、社区性、邻里感和场所精神，研究的重点从大尺度的城市空间和城市环境转变为尺度宜人的城镇景观。很多重要的理论也涉及了城市街道的研究，研究者在不同的领域对城市街道的作用和意义提出了精辟的见解和理论。城市街道作为城市设计研究的方向之一，会产生越来越多的研究成果，最终会有系统化的理论出现。

这些理论研究的共性是人作为城市空间主体的意识的重新觉醒，审视一度被现代交通过度发展所忽视的城市街道主体文化，然而对突出街道空间的营造文化没有做过多探讨。国外相关的理论研究起步时间较早，研究的内容也比较全面，这些研究将人放在了首位，强调了人在街道中活动的重要性以及以人的尺度进行城市街道设计的重要性，这些研究成果对于我国的城市街道设计研究有很大的帮助。

改革开放和经济繁荣为城市发展带来了巨大的动力，这为我国城市公共空间建设创造了较为坚实的社会经济背景。另外，城市设计在国外的兴起，给我国带来了理论和经验。也有不少国内的学者进行了相关方面的探索和研究，但是对于街道的设计方法与设计成果的内容深度、表达方式莫衷一是。这反映出这方面的理论欠缺，已有的街道研究集中在对街道空间的探讨上，适合传统街道设计，而对于现代市场经济条件下的街道和当前内容更趋复杂的城市街道设计的研究还远远不够。

我国现阶段除了少数几个城市对街道空间设计提出过专门的控制之外，大部分城市和地区都是根据对街道的分析研究和景观构想，在设计范围内，以各级道路或功能限定为地块划分的基本控制依据。对建设用地进行详细划分并统一编号，对每一地块提出“定性、定量、定位、定界”的具体控制指标，即土地的使用属性（包括用地面积、用地性质）、使用强度（容积率、建筑密度、建筑极限高度、绿地率、人口容量）和使用方式（交通出入口方位、停车泊位、建筑后退红线距离）等，从这几个方面引导控制房地产开发建设及投资，以实现城市设计目标，这些内容与我国规划编制体系中控制性详细规划的控制指标相同。

这一套控制指标具有很大的局限性，审批时，须根据每个建设项目的具体情况，随时调整用途、产权地块和建设控制指标，实行案例式管理。这样的工作方法不仅极大地增加了规划编制和审批的工作量，而且这种调整也是随意的、盲目的和不科学的。更为重要的是，这一套控制指标适合控制详细规划中的任何一个非特殊的控制地块，是通用的控制法则。对于临街地块的控制，特别是对于强调街道空间的控制地块来说，是没有必要的。

第二章　城市街道及相关理论分析

第一节　街道的概念与类型

一、街道的概念

在《现代汉语词典》中，街即街道，方言中为集市的意思。街道是指旁边有房屋的比较宽阔的道路。道即道路，道路是指地面上供人或车马通行的部分，也可指两地之间的通道。

F·吉伯德在《市镇设计》中指出："街道并不是建立正立面，而是一个周边以成群的住房将其包围的空间，这些住房形成了街道的一系列画面；或者换个说法，街道是一个空间，这个空间可以扩大成为集合地或广场。"《上海市街道设计导则》认为，道路是能够提供各种车辆和行人等通行的基础设施，城市道路是指在城市范围内，供交通运输及行人使用的道路。街道指的是在城市范围内，全路或大部分地段两侧建有各式建筑物，设有人行道和各种市政公用设施的道路。就概念而言，道路较为强调交通功能，可以根据交通功能划分为若干等级，而街道强调空间界面围合、功能活动多样、迎合慢行需求，根据沿线建筑使用功能与街道活动分为不同类型。

本文给街道的定义是街道是城市最基本的公共产品，是城市居民关系最为密切的公共活动场所，也是城市历史、文化重要的空间载体；街道是一种线性空间，包括城市道路、附属设施和沿线建筑等诸多元素；街道侧重市民生活，具有社会交往的功能。

（一）街道的形式

街道的形式可以用一系列词语描述，如长或短、闭或开、直或弯、宽或窄、规则或自由；也可以由一系列表示比例、尺度、对比、韵律或与其他街道广场的关系的词语来表达。街道包括以下几个方面的特性。

1. 宽度变化

一般来说，小巷 1 ~ 4 米，窄路 4 ~ 8 米，普通道路 9 ~ 15 米，宽阔的道路超过 20 米，繁华大街则超过 40 米。相对窄小的线性空间往往更能满足空间联系的功能要求，2 ~ 3 米的小径便能发挥作用，9 ~ 10 米宽的道路便能解决双车道加步行道的要求。所以，宽度变化是线性空间重要的区分标志。

2. 长度变化

芦原义信认为："人一般心情愉快的步行距离不大于 300 米。" W. 黑格曼和佩茨指出：

“有效地设置一个终点形象是街道设计中的一个重要部分。”大量的调查研究表明，步行400 ~ 500米的距离，对于大多数人而言是可以接受的。在有休息性的设施或节点的街道中，步行的距离可以达到1 000米，因此1 000米左右是街道连续长度的上限值。

3. 高度变化

除了上述方法外，线性空间还可以通过构成空间的边界的高度变化进行分段，最简单的方法是如下入口及出口区域的升高；中间段的升高；当道路较长时在地形明显变化的地方、在方向变换或交叉点上以高度强调措施。高度的强调可以是规则的，也可以是不规则的，由此各空间区段的效果可以是明显的，或者不够明显（图2–1）。

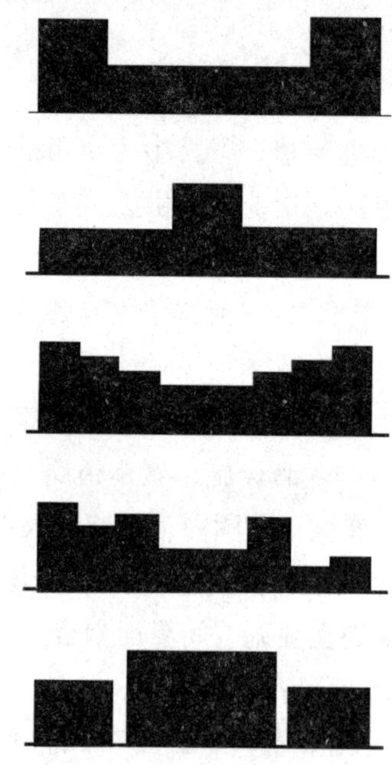

图2–1　高度变化

4. 街道的比例

街道的宽度（D）、建筑外墙的高度（H）及两者的比例关系会影响人们在街道空间中的感受，不同时期街道的比例也是不一样的。例如意大利的古典街道，中世纪时期街道空间比较狭窄，$D/H \approx 0.5$；文艺复兴时期的街道较宽，$D/H \approx 1$；巴洛克时期，街道宽度一般为建筑高度的2倍，即$D/H \approx 2$（图2–2）。

图2–2　巴洛克时期、文艺复兴时期、中世纪时期街道比例示意图

芦原义信认为："D/H>1 时，随着比值的增大会逐渐产生远离之感，超过 2 时则产生宽阔之感；当 D/H=l 时，高度与宽度之间存在着一种匀称之感，显然 D/H=l 是空间性质的一个转折点。" 19 世纪的德国建筑师 H · 麦登斯和美国建筑师 W · 海吉姆、E · 匹兹都曾提出和证实，当仰角为 27 度时，也就是当人的视点与建筑之间的距离 D 是建筑高度 H 的两倍时，才能观赏到建筑的整体。很多著名的建筑物前面都有 2 倍于该建筑高度的距离，以方便人们欣赏该建筑（图 2–3）。

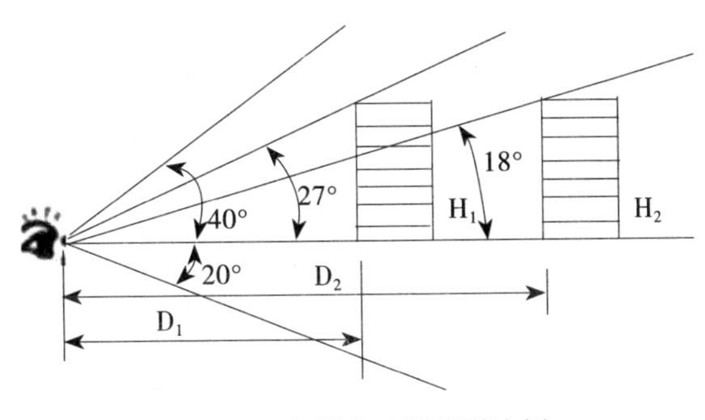

图 2–3　视觉角度看街道比例

现代的高层建筑会破坏街道原有适宜的比例关系，可以通过小品、绿化、护栏等方法对街道空间进行重新划分，降低高层建筑对街道空间的影响，还可以控制沿街建筑的高度，有效地限定街道空间。

（二）街道的功能

街道是城市重要的公共空间，是城市中最易识别、最易记忆、最具有活力的部分。街道的主体是人，其实质是促进社会生活事件发生的活动场所。随着社会的发展，街道已经逐步演变为一个多含义、多功能、多层次的共生系统，往往集节庆、散步、购物、集会、健身、餐饮、观演、绿化、交通集散、文化教育、人际交往、游憩休闲等于一身，成为一个活动的、展现生活百态的舞台，其形象和实质直接影响市民大众的心理和行为。与此同时，街道是城市社会经济、文化历史等多种信息的物质载体，这里沉淀着物质财富和精神财富，是人们了解、体验和感受城市的首选场所。很多城市都是因其某些或优美，或温馨，或历史悠久，或气势宏伟的街道而闻名于世，如巴黎的香榭丽舍大街、柏林的菩提树大街等，这些著名的街道甚至成为其所在城市的标志或名片。

（三）街道的物质空间特性

对于任何一条街道来说，构成外在物质特性的基本元素是空间要素。空间要素包括平面的、竖向的和街道节点特性等三个方面。

（1）从平面形式分，可以分为直线型街道和曲线型街道两种类型。

（2）从竖向即建筑高度来分，可以分为高层建筑、多层建筑、低层建筑和混合型建筑四种类型。

① 高层建筑为主的街道：以写字楼和居住建筑为主，由于其体量巨大，对人影响很大。在此类街道中，如果街道太宽，会缺乏亲切感和围合感；街道太窄，会形成大量阴

影区。

② 多层建筑为主的街道：各种类型的建筑都有，比较适合人的尺度，是城市中最为常见的街道形式。

③ 低层建筑为主的街道：以工业区、别墅区、小型城镇居多，工业区以交通运输功能为主，街道通常比较宽阔，界面断断续续又相对单调，缺乏亲切感；别墅区街道通常情况下宽度不大，但街道界面连续性差，缺乏围合感；小城镇街道一般都适合人的尺度，有围合感和亲切感。

④ 混合型的街道：在城市中心区域比较常见，以高层和多层相结合的为多，有功能单一的，如商业街，也有商业和办公或者商业和居住混合的。

（3）从街道的空间构成要素来分，可以分为交叉口、街道转角、广场、街坊出入口、标志物、路段、绿化、构筑物等八类。

① 交叉口：是重要的人流集散地，多条街道在此交会，周围有重要的公共设施，也是人们最容易关注的地方（图 2-4）。

图 2-4 交叉口

② 街道转角：和交叉口不同，只是一条街道的线性弯曲，没有多条街道在此交会；街道转角导致人们的视觉方向和行走路线发生改变，因此往往需要有较强的视觉标志性。

③ 广场：从广义上讲，广场是街道的一部分，是街道线性空间的扩大。广场是大量人流集会、展示、交往、停留、游憩、休息的场所，是城市的客厅，代表了城市的经济、文化水平。

④ 街坊出入口：是街坊内部与街道本身的连接点，人们从此出入街道。对街坊内的人来说，街坊是私密空间，街道是公共空间；出入口则是公共空间和私密空间的过渡和转折区域。

⑤ 标志物：一般是重要的建筑、塔碑、高层建筑等，是轴线街道的对景物，是视觉的焦点。人们可以依据不同的标志物来进行定位和判断行走的方向。

⑥ 路段：是街道中最普通的街面组成部分，提供多样化的功能，供人们使用。通过不同材料、色彩的组合搭配，路段的铺装可以做成很有特点和趣味的设计，这也是最容

易造成乏味单调、平淡无奇景观的地方，所以要充分利用铺装，营造街道的人文气氛，增加街道的情趣和审美。

⑦ 绿化：街道绿化大致分为两类，即以行道树为主的高大植物和以草坪花坛为主的低矮植物。高大植物与低矮植物互相搭配，可以丰富街道空间，增加街道的自然气息。

⑧ 构筑物：包括街道设施和小品等。功能性较强的街道构筑物包括座椅、路灯、站牌、垃圾桶、无障碍设计等，可以保障街道生活需求；视觉信息性构筑物包括路牌、路标、交通指示灯等，帮助人们辨别街道的方向和城市方位，起引导作用；空间限定性构筑物包括栏杆、路障、各种隔离物和围墙绿篱等，主要用于规范人们的行为。

二、街道的类型

不可否认，不同的街道有着不同的性格，呈现出不同的形象、面貌和空间特色，或优雅，或热闹，或静谧，或庄严，这与街道本身的性质以及街道所处城市的文化、地理环境等密切相关。

综合空间特征和功能特征，可以将街道大致分为以下几类：仪式性街道、商业性街道、景观性街道、文化性街道、历史性街道、休憩性街道以及生活性街道等。当然，不管何种类型的街道，其主要功能之一是组织城市交通，无论是车行交通还是人行交通。同一条街道也许会同时具备几种不同的性格类型，这里仅就其中一点进行论述和分类。

（一）仪式性街道

主要作用是展示城市形象、构建城市空间轴线等，一般而言都是尺度宏大、壮观，有很强的仪式性和展示性特征。比较典型的案例有北京的长安街（图 2–5）、巴黎的香榭丽舍大街等。

长安街以天安门广场为界，往东为东长安街，往西为西长安街。长安街两侧有中央政府的机关和文化设施，还有许多重要的商业区。中国人认为长安街是“神州第一街”，阅兵仪式都会在这里举行。

图 2–5　北京长安街

（二）商业性街道

主要由一系列商店、餐饮店以及其他服务性店铺组成，其主要行为特征就是商业活动，人们在此购物、休闲。著名的商业性街道非常多，如北京的王府井，上海的南京路（图 2-6）、淮海路等。

图 2-6 上海南京路

（三）景观性街道

与人文景观、自然景观联系密切，以景观营造和展示为主，往往成为一个城市或一个地段中的地标性街道，如杭州的湖滨路、苏堤（图 2-7）等。

苏堤俗称苏公堤，在西湖的西南面，北起曲院风荷，南接花港观鱼，全长 2.8 千米。堤上有跨虹、东浦、压堤、望山、锁澜、映波六桥，堤两旁尽种桃柳，胜景如画。

图 2-7 杭州苏堤

（四）文化性街道

顾名思义，是与文化相关的街道，此类街道其实往往是某种类型的商业性街道，如北京的琉璃厂大街等。琉璃厂文化街位于北京和平门外，东至延寿寺街，西至南北柳巷，全长约 800 米。在琉璃厂有诸多老店，如槐荫山房、瑞成斋、一得阁等，最著名的是荣宝斋。

文化性街道一般为历史遗留下来、保存了较多历史建筑遗迹或发生过重大历史事件的街道，如北京的南池子大街（图 2-8）、南京的乌衣巷以及邯郸的回车巷等。

南池子大街位于故宫东南侧，呈南北走向，长792米，宽15米，与“土木之变”“夺门之变”两大历史事件有关。清代称南长街，俗称南池子，有内务府属库房、衙署。2000年，北京市政府开始对南池子大街进行改造，胡同全部得到保留。

图2-8　北京南池子大街

（五）休憩性街道

满足人们休憩需求的街道，有时候与居住区联系密切，可以为人们提供短暂休息的空间场所，具备相应的绿化、座椅等设施，有一定的景观性特征，是人们散步、休息、交流的场所。一般的居住区街道都可以认为是休憩性街道，当然，也有更具公共性特征和社交氛围的休憩性街道，如上海的衡山路、北京的三里屯等。

三里屯因位于东直门外三里而得名。据粗略统计，三里屯方圆一千米的范围内，云集了北京60%以上的酒吧。三里屯路是北京夜生活最繁华的娱乐街之一。

（六）生活性街道

满足人们日常生活需求，如买菜、散步等的街道，往往与休憩性街道密不可分，只是更加侧重日常生活。一般的居住区街道都属于生活性街道，其最典型的特征是具有日常生活性商业活动，如邯郸陵园路、水院北路、石家庄休门街等。

第二节　城市街道的定义

城市街道是一个区域内的人民在城市历史发展过程中建造起来的，它是城市的生命线，也是联结区域、场所、建筑的基本要素，更是城市的形象之一。正如简·雅各布斯在《美国大城市的死与生》中所述：“当你想到一个城市时，你脑中出现的是街道，如果一个城市的街道看上去很有意思，那这个城市也会显得很有意思，如果一个城市的街道看上去很单调乏味，那么这个城市也会非常乏味单调。”理论上，城市街道的定义有广义和狭义之分。广义的城市街道就是指能够起到承载交通和人类日常需要的室外公共场所；

而狭义的城市街道是指机动车道、步行道、街道广场等。笔者主要针对商业步行街、景观大道以及居住区的步行道等这一类型的城市街道中柔性空间的人性化设计进行研究与分析。

第三节 城市街道的构成要素

有界性与有用性是空间的两大特性。对于街道空间来说，底界面、两个侧界面、顶界面和对景面共同限定了街道的空间形态。

街道空间的这五个基本界面决定了街道空间的结构，是街道空间的“基本物质框架”，在此“框架”中还有许多凸出来的“附加物”。芦原义信在《街道的美学》一书中把“决定建筑本来外观的形态”称为建筑的“第一层次轮廓线”，而把那些“建筑外墙上的凸出物和临时附加物所构成的形态”称为“第二层次轮廓线”。相对应地，地面可作为底界面的“第一层次轮廓线”。

一、底界面

底界面即路面，其形态构成包括车行道路面、人行道路面、道路绿化带等，并设有座椅、垃圾箱、路灯等公共设施。

底界面是街道空间中人们接触最密切的一种界面，是人们融入街道生活的主要的落脚点，有组织活动、划分街道空间和强化景观视觉效果等作用。由人的视觉规律所决定，人们总是习惯于注视着眼前的地面，其构成材料的质地、平整度、色调、尺度、形状等为人们提供了大量的空间信息。因此，地面设计是城市设计中重要的一环。

二、侧界面

侧界面是由沿街建筑、构筑物立面集合而成的竖向界面，它同底界面一样可以看作由“附加物”（广告牌、灯饰等）和沿街建筑、构筑物外观“细化”而构成的侧界面环境，它与底界面一起反映着城市的历史和文化，影响着街道空间的比例和性格。

侧界面作为划分建筑外部与内部的边界线，对街道空间环境的影响十分重大，边界不同，建筑的外观以至街道的构成迥然不同。沿街建筑对街道空间环境的构成起着极为重要的作用，因此街道宽度与沿街建筑高度之比对街道空间具有很大意义。同时，街道两边建筑的形式与建筑底层的开敞和封闭，都会使街道空间产生相应的开敞感或封闭感，从而对人们的活动和心理产生不同的影响。

侧界面是形成街道空间的重要因素，它可以是直的，也可以是曲折的，随不同建筑的形状而定。人在空间中活动，无论是动还是静，在正常状态下都和侧界面相对，所以它又是观赏面。在一定的视距情况下，垂直界面常成为空间的背景和轮廓，被作为景物来考虑，可以利用它的质感来渲染空间的气氛，利用它的高低、前后的错落来增加空间的深度。

三、顶界面

顶界面是两个侧界面顶部边线所限定的天际范围，它是最富变化、最自然化并能提供自然条件的界面。其上所横跨的挂布、框架、旗饰、天棚是顶界面的“第二层次轮廓线”，有时街道两旁行道树高大的树冠也可看作顶界面的一部分。

四、对景面

街道一般不是笔直地从头到尾，而是有许多转折处，人们的视线沿街道向前看时，引起视线封闭的街道尽头或转折处的景观面即为街道的对景面。对景面可以是建筑的立面、植物、标志性构筑物或远处的建筑群，作为街道的对景面应具有容易识别或形象鲜明的特点。

第四节　人性化的概念

人性化是近些年来逐渐强调的一种观念，它的产生是当代可持续发展背景下人文精神复萌的体现。人性化指的是一种理念，具体体现在美观的同时能顺应消费者的生活习惯、操作习惯，方便消费者，既能满足消费者的功能诉求，又能满足消费者的心理需求。人性化设计是根据人的行为习惯、人体的生理结构、人的心理情况、人的思维方式等，在原有设计基本功能和性质的基础上，对建筑和展品进行优化，使观众参观起来非常方便、舒适；是在设计中对人的心理、生理需求和精神追求的尊重和满足，是设计中的人文关怀，是对人性的尊重。

一、人性化的由来

在我国，人本思想的提出可以上溯到先秦时期，如庄子阐述的“天人合一”思想，《论语》中的“人之天道”思想，《管子·霸言》中“夫霸王之所始也，以人为本。本理则国固，本乱则国危”等，这些思想充分反映了我国古代的思想家对人性的尊重和重视，对后世产生了深远的影响。

作为一种人文思想，西方的人性化思想可以追溯到古希腊时期。古希腊时期，著名的哲学家普罗泰格拉最早提出了“人是万物的尺度”的思想。伴随着科技的发展和社会的进步，在14世纪文艺复兴时期“人本主义”思潮兴起，主张以人的理性作为衡量一切事物的尺度。工业革命对自然环境和生态平衡的破坏，引起人们的反思，可持续发展的思想逐渐兴起，而人性化思想正是当代可持续发展背景下人本主义思想的发展和体现，它的形成标志着人类从初期与自然、社会之间原始状态的和谐，经历了沉痛的代价之后，最终上升到了更高层次的向自然和社会的回归（图2–9）。

先秦时期 古希腊时期 → 文艺复兴时期 → 人文主义时期 → 人性化 → 人性化设计

图 2-9 人性化设计由来

二、人性化设计的起因

伴随着科技的发展和社会的进步以及可持续发展思想的深入人心，人们对于生活品质的要求日渐提高，由过去的简单便利到现在的新要求，即同时满足人们的生理和心理需求，不仅仅要实用美观，还要有文化意义和精神象征。人们对人性化设计的强烈呼吁，逐渐成为现代设计领域的必然追求。

第五节 人性化街道的定义与研究

人类的社会文明建立于物质和精神两种要素之上，而这两种要素与人一起构筑了社会，当其中的一方不平衡的时候则会出现许多的问题，我们暂且称之为“能量失衡”。物质与精神两者相互介入，物质若无精神层面则不与人发生关系，在康德看来则是物自体。物质与精神叠加之后产生与人发生关系的物体，并且这个物体是被我们所知的，任何被人所知的物质都是有精神意义的。人性化的街道则是人类对物体的一种精神表现，根据雅各布斯和其他设计师的资料研究发现，人性化街道的出现是一种物质过剩、精神空虚的现象，可能人活得很好，但人不知道为何而活。在中国，街道随着城市的扩张不断出现，模块化的商业、住宅楼、消费模式正在消磨人积极的生活态度。许多设计师认为人性化的街道是快速交通的代名词。城市庞大，快速交通能节约人的时间，在这个看似合理的逻辑之下，这样的街道已经剥夺了人步行出行的权利，在这样的街道之下，人出行只有起点与终点，其过程毫无意义。按照这样的逻辑，是不是一个人在出生的时候就要结束他的一生呢？显然是不可能的，人是有始有终的，但其精彩的过程才耐人寻味，街道也是一样。

步行街道对于人的消费而言更多的是时间消费，通过消费时间和一定的物质获取精神及物质满足，犹如前文所说，街道的存在是为了加强人的出行体验，在体验的过程中人所付出的是物质消费以及时间消费。但街道毕竟无法满足大型城市的主要人流交通需要，且出行距离有限，应当与其他交通方式配合使用。

一、人性化街道的定义

在汽车交通诞生以前，街道只是路径而已。对于交通运输的高速公路而言，由于汽车行驶的速度与所带来的视觉感受不同于步行速度，以至于当人们乘坐汽车观察路边的景物时是模糊的。而且，交通运输的公路的特点往往是距离长、路面宽阔，但这样的空间并不适合人步行，因此文中所指的街道为步行街道，或者以人为首要使用对象的街道。

街道首先应该是人类群居并分享空间的存在，因此街道首先具有邻近性，并且街道的历史已经可以等同于人类文明的历史了，人类的许多活动都是在街道上发生的，因此街道承载了人的日常生活并且具有经济价值、宗教（信仰）价值和政治价值。街道的建筑寿命因为人的保护而得以延长，如意大利的一些街道是罗马时期一直沿用至今的，因此街道是具有文化价值与艺术价值的。无论是新城市中新兴的街道，还是千年古城中的古老街道，只要街道被人所使用，那么它至少是包含了上面一类的含义。

街道作为路径，在现代社会中，尽管在物质生产与交通运输方面不及交通运输公路所产生的经济价值，但其本身可以作为主干道之间的连接。一个城市除了科学的交通运输网之外，更需要由街道相互之间组成的城市网架，如户外休闲与逗留，或是广场、公园之间的连接。街道不仅仅是一个城市的“交通机器”，更是一个城市的容器，以及城市和外面的世界之间的纽带，以及社区所赖以生存的联盟。街道网络本身并非只是一种实用的形态，“它还是各处所寻求与规则有关的某种概念，并渴望被城市居民视为天上秩序和地面秩序之间的理想等价物”。卢原义信在《街道的美学》中认为，“街道是生活的一部分，是挚爱的表现”，他认为理想的街道“不仅仅是为了交通，而是作为社区而存在”。

在工业化的城市诞生以前，尚无汽车交通时，街道两侧的建筑可以相互围合成一个社区，在这个城市空间中的日常生活是丰富有趣的，且可以邀请其他人共同参与。人与人之间相互不那么陌生，因为人们都同时处于这一空间中，相互之间存在着凝视与自我认同。并且街道周围的商店和座椅可以为这样的城市交流活动提供必要的场所，曾经的城市中任何空间都可以演变为人与人交流的舞台。

今日在汽车门对门的出行方式之下，户外的交互场所被专门的营业场所取代，并且许多这类场所是不具备城市公共空间的。专门的商业场所带来的空间重复性，还有经济门槛较高的分化使得一群人不得不离开它，这样的建筑立面让城市生活备感压抑。而在道路两侧，高架桥下的沿街商店因无人问津而显得死气沉沉，曾经供人步行的街道被高架桥和高速公路所取代，在这样繁忙的干道上，道路两侧的商店显得毫无意义，倒不如多修建一些绿化带。

如同荷兰鹿特丹市中心的街道，许多城市已经放弃大规模建设高层写字楼与住宅，而是将低层建筑与街道结合，配以绿化、长椅、沿街商铺和小型的公园、广场来连接街道。在沿街建筑的立面，平面比值差异也不大，$D : H \approx 1 : 1$。过宽的路面让人缺乏心理上的安全感，而建筑过高则与地面距离过大，从而让人感觉与之失去联系。在人口高密度的地区采取欧洲这样的做法似乎是不可行的，近年来日本开始以“联合设计”的方式来解决高密度建筑群中的街道问题。由多个设计单位相互协调共同开发的项目，位于日本桥室町地区的中央大道的五个街区，便是一个值得借鉴的案例。

二、西方人性化街道

欧洲社会自16世纪起就已经着手发展由文艺复兴所带动的城市规划与透视性街道的

设计，平整、铺砌街道以及塑造风格协调一致的装饰性立面，以城市主要街道及核心建筑为中心的透视性街道开始出现，如瓦萨里设计的“乌菲齐走廊”，街道视觉上的尽头正是一所教堂。视觉上的透视和丰富的建筑立面所组成的街道和广场就这样数百年来占据着欧洲城市，然而工业革命的出现打破了这种城市格局，尤其是现代主义将公共空间、步行活动和城市聚会的场所置于次要的位置上。另一方面，土地的出售也仅仅是成块的，开发商的建设和现代主义的建筑模式使得越来越多的注意力放在单体建筑上，这样建筑就显得过于孤立了，而使用建筑的人也是一样的。雅各布斯出版了她的著作之后，曾经丰富的街道模式重新被人们所关注，或许饱受现代主义城市折磨的人已经受够了噪音、汽车污染和钟表城市的生活方式，他们宁愿让生活过得慢点儿也不愿意再忍受这些了。另外，在欧洲，由于设计规划严谨以及人口密度低、社会福利好，城镇的生活节奏变得缓慢，人们更加关注生活环境与品质，对于人性化城镇的追求与建设也更为积极。

步入 21 世纪以来，新的全球问题成了各个行业研究的对象，以人性化维度思考问题也成了必要的逻辑，再加上缺乏人文关怀和精神空虚等短板，建设人性化的城市也成了重要的目标。优异的出行环境能让人们的出行与城市活动融为一体，加强出行与日常生活的联系便是西方人性化街道设计的宗旨。

（一）一个充满活力的城市

当更多的人被吸引到城市空间中步行、骑车和逗留的时候，一个充满活力的城市的潜能就被激发出来。公共空间的活力在于人对公共空间的使用，特别是社会文化生活体现在公共空间当中。

（二）一个安全的城市

当更多的人在城市空间中游走和逗留的时候，一个安全的城市的潜能就会得到强化。能够吸引人步行的城市空间必须通过界定才能拥有一个合理的、有凝聚力的结构，以提高步行的距离与质量，对人具有吸引力的公共空间和多样化的城市功能结合之后，才能创造步行出行的条件。当人在步行与逗留的时候，城市空间的行为会为其增添更多的眼睛，更会为建筑和住宅周围的城市活动提供安全。

（三）一座可持续的城市

一般来说，如果交通系统的绝大部分能够作为绿色移动而发生，即通过步行、骑车或公共交通的话，可持续的城市就被加强。绿色移动提供了对环境的显著益处，降低了许多资源消耗以及限制了尾气排放、城市噪音等。

（四）一个健康的城市

如果步行、骑车能够成为正常日常生活方式一部分的话，一个健康的城市的愿望就可以得到强化。公共健康问题近年来一直在快速增加，久坐、肥胖等现象不断出现，因为汽车提供了门对门的交通方式，人也越来越习惯坐着了。步行及骑车能成为日常生活中强化身体锻炼的要素，这样的出行和户外活动能有效地强化人体健康。

综观上述四个目的，建设人性化街道在发达国家的城市规划中已经占据了一定比重，城市规划中的人性化维度也已成了基本出发点。

20 世纪 60 年代，在饱受现代主义钟表式城市的摧残后，哥本哈根于全欧洲首先开始解决城市空间的问题，在市中心减少汽车交通和停车，目的是再次为城市的公共空间提供良好环境。其主要街道 Stroget 于 1962 年被改成一条步行街，一年后步行人数便提高了 35%。无车街道提供了更适合步行的城市公共空间，丰富的沿街商店也为户外步行提供了物质支持和更多选择的场所。越来越多的街道成为步行交通和城市生活的服务空间，步行街道相邻的马路则为城市提供汽车出行与运输。从 1962 年开始着手建设步行街道到 2005 年，哥本哈根的步行活动和城市生活服务空间已从 1 500 平方米到 100 000 平方米。哥本哈根自 1962 年开始着手建设无车区，1968 年、1986 年和 1995 年关于公共空间与公共生活的研究表明，建设无车区能更好地满足人的户外逗留需求，让人更多地融入城市中。哥本哈根市中心的街道模式因获得成功而被推广使用，在其他城市和偏僻的地区也在使用。许多街道和广场已从交通岛变成与人友好的场所，步行交通和城市生活相应得到提高。

三、街道与日常生活

当步行街道日益完善，人们使用共同的城市空间的时候，建筑与街道之间的生活涵盖了人们各种各样的活动：从一个地方有目的地步行到另一个地方，散步、短时间的停留、长时间的逗留与橱窗购物、聚会和交谈、跳舞、锻炼、街头娱乐和休闲、杂耍、贸易等。当城市生活与城市空间融为一体的时候，走路与步行的概念才得以区分。当我们步行在其他人群中时，大大小小的活动都会相互连接与发展，形形色色的生活才能展现出来。一个城市当中，充满活力的、安全的、可持续的且健康的城市生活，其先决条件就是提供良好的步行空间。当步行生活时，大量的有价值的社会和娱乐休闲的可能性就会自然而然地产生和出现。之后，在城市空间中有比简单步行更多内涵和意义的生活，“人与周围社区、新鲜空气，定时户外活动、生活的自在愉悦，体验和信息的获取等之间都存在着直接的联系。其核心，步行就是一种平台与框架。”对于城市居民来说，这样热闹的步行生活并不比一些专门在建筑内的生活差，在广场或街道旁边的户外咖啡厅喝上一杯或者在街上购物不仅是一种愉快的消遣，还是一个城市健康风格的体现。当人走在城市空间，置身于真实的社会环境中，不同的人群、年龄层级，不同的人际关系，都会纳入人的视野。这样的经历有助于塑造一种集体感和宽容感。它们反过来又会支持这个不断多样化和文化多元化的城市中生活的繁荣。所以，要塑造一座充满活力的、安全的、可持续的城市，先要让城市空间是与人友好的，能让人与人产生关系的，再由这样的城市来塑造我们，在每一天的生活中塑造。

城市空间中日常生活的特征是多样的和复杂的，并且具有明确的目的性，这样的日常生活存在着许多重叠且频繁的转换，是不可预测和不可计划的。自发性的行为无疑是能使在城市空间中的往来和逗留活动具有吸引力的一个很重要的原因，当人们在街道上活动时，观察周围信息会得到不一样的答案。这样，人便会被吸引住而更仔细地看，并且逗留甚至参与或被邀请参与。城市空间的日常生活尽管种类繁多且无法被预测，但实质上仍然能分为两种类别。一种为必要性活动，即人们每天都从事的活动，如工作或上学，等候公共汽车，上街购买日用品等。这种必要性的刚性活动并不会受到城市公共环境、出行环境及天气等各方面影响，即便天气不允许步行出行，人们也会以其他方式取代。另一种为选择性活动，在城市空间适合人们步行出行，城市环境较好以及天气状况允许的时候，人们将会在城市空间选择他们喜欢的活动，沿着林荫道散步，在公园或广场进行一些体育活动或休息，以及在露天咖啡厅喝一杯等。绝大多数具有吸引力的、普遍的城市活动属于这类选择性活动，良好的城市品质就是这种活动产生的前提条件。

步行生活并不局限于欧洲传统文艺复兴时期的街道结构与环境，在新兴的城市中，只要有良好的出行环境，步行生活同样会出现于城市空间之中。例如，在美国纽约，曼哈顿地区的街道步行出行占有主导地位，2007 年出台了一个全面企划以鼓励更加多样化的城市生活。这个企划的目的就是要提供更多、更好的出行的选择，使街道成为有广泛的目的性的步行交通的一种补充。麦迪逊广场和赫勒尔广场以及时代广场建立了许多新的无车区，以提高城市步行空间的质量，老百汇街上增设了许多沿街摆放的咖啡座椅。几乎每天都有各种各样的活动丰富着城市的生活，从而增加了纽约城市生活的兴趣，使其拥有了更多的吸引力。

人们为了实现多样化的生活而将普通街道改成步行街道，事实证明，即使在大都市的街道，也存在步行生活的可能性。

四、街道的路面与边界

在城市空间中，步行出行的过程能体现大量不同的类型：有的是从一个地方直接快速走到另一个地方，也有边走边逛、享受生活欣赏风景的漫步闲逛，或者一些人一边交谈一边步行前进，也有年迈的老人或坐着轮椅或缓缓地走着。无论目的及方式怎样，人行走于城市的街道中就会与周围各种社会活动融为一体。各种社会现象的发生需要有一个场地，而街道就是这样一个平面，规定街道边界的建筑便成了街道的立面。街道本身的构造也是由路面及两侧的建筑，或者景观绿化、邻里公园及广场围合而成的，街道的路面给城市空间提供了行走空间，而两侧的建筑则是为了丰富步行内容与质量，也是各种社会现象发生的必要条件。

街道的路面决定了城市居民在城市空间中步行的基本状况，其路面长度、宽度以及铺装等路面的环境决定着人们步行出行的基本心理与身体感受，如一条过长以至于望不到头的街道给人的心理感受是劳累的旅途，而不是漫步在城市空间中。以扬·盖尔的研究成果中“可接受的步行距离”为参考，比较理想的街道的长度为 500 米。过长的街道会让人的步行欲望减少，在这个距离下 500 米左右的街道只需要几分钟便可走完，街道与街道之间可以用小型的广场、街道的纵向交错以及邻里公园等方式连接。综观汽车交通出现之前的城市规划，其市中心的面积以一平方千米左右居多，只需走一千米的距离，就能够到达市中心任何想去的地方。像伦敦、纽约这样的大城市，在“可接受的步行距离”概念之下，将城市分为多个“市中心”及其他地区，“可接受的步行距离”并不会因为城市的扩大而变化。若到达的目的地较远，则可以乘坐公共交通以及骑车前往。对于适合步行出行的街道的距离，芒福汀则通过研究街道的长度与人的视线感觉，得出结论：“街道的连续不断的长度的上限大概是 1 500 米。超过这个范围人们就会失去尺度感。即使是远远短于 1 500 米的街景，视线的终结也会引起相当的难度。”

虽说这个数值是个较为让人接受的行程，但绝非一个真理，因为步行的身体疲劳程度永远是与街道的整体质量成正比的。可接受的步行路程由路线长度与路线质量共同决定，如果步行路线的质量较差，那么可接受的步行路程就会较短；如果步行路线质量较好，那么可接受的步行路程就相对较长。较好的路面质量与环境能为人带来舒适的步行体验，行人往往因此而忘记距离的遥远，充分享受步行的乐趣。路面的视觉状况也会对步行人群造成心理影响，有种说法叫“未走先累的路线”，一条笔直的、望不到头的路面会对步行者造成相当大的心理压力，而这类路面往往是以汽车行驶为主的。柯布西耶在“光辉城市”的理想图中，将城市切割成方方正正的体块，笔直的道路有利于汽车行驶却不利于步行。相反，将路面设计成多个部分，行人可以从一个广场走到另一个广场，也能从一条街走到另一条街，可以将街道规划成若干个不同的阶段或者修建一条蜿蜒迷人的街道。所谓“蜿蜒”，并不是单单指街道一定要曲里拐弯，避免行人一眼看穿，而是指在这种街道的角落和拐弯处总有全新的景色吸引人上前观看。若是街道由于其他原因必须规划成笔直的话，两侧建筑应当内容丰富，在这样的情况下，行人会因步行活动变得丰富而对城市空间中的步行产生积极性。

天津的金街，笔直的路面会让人觉得步行生活过于疲劳，街道尽头的建筑与拍摄距离为 2 千米左右，步行时间约为 30 分钟，尽管处于步行能够达到的距离，但视觉上造成的心理疲劳仍然十分巨大。值得庆幸的是，该街道为步行商业街道，其丰富的建筑立面（该处曾经为外国租界，当时的许多建筑也被保留了下来）与户外活动缓解了视觉上的疲劳，丰富的业态也为步行过程提供了许多行为与选择，在这样的环境下，笔直的街道的视觉问题得到了缓解。

路面对于步行质量的另一个影响便是需要提供一个相对自由、不受阻碍的步行空间，人们不会穿来穿去，也不会被人群拥挤推攘。在汽车交通诞生以前，行人在路面上行走并不会因为其他交通工具而居于街道两侧，在当时，街道的主要对象是行人，然而随着汽车交通的出现，在一段时间之内，街道的主要承载变为车辆，行人被迫在街道两侧狭窄的人行道上行走，而这种人行道往往是单调无味并且很长很长的。另外，在汽车交通的路面中，为了使汽车能顺利到达路边的目的地，人行道被迫一次又一次地中断，这样的问题在许多国际性的城市中同样存在。例如，在伦敦的摄政街，这样的中断达到了 13 处，而在澳大利亚阿德莱德市中心的街道上，人行道被中断了 330 处。在当今中国的许多城市里，除了汽车交通对人行道的中断，还有许多路面设施立于人行道上，使步行变得好像障碍训练一样。另外，我国频繁的路面施工也是行人步行质量障碍增加的一个主要原因，施工中断了原本的步行路线，施工所产生的环境噪音和污染更是破坏了路面的步行环境，这种随处都存在的问题大大降低了人们对于步行生活的重视与城市居民参与的积极性。

街道的路面为步行人群提供了基本的场地，两侧的建筑则为街道本身提供生命力，只有路面与两侧建筑结合在一起的时候，街道的概念才得以产生。街道的形式、空间的设计、丰富的细节以及强烈的体验都会影响步行生活的质量。当人们在步行时，很多时候都在左顾右盼，因此当行人在街道中步行时，视平层的建筑立面质量就会具有重要的意义。正如前文中的“街道与日常生活”，有质量的街道的立面为城市生活增添了无数的色彩。如果人走在街道上时，周围空荡荡的，那么什么也不会发生。走一条人烟稀少没有生机的街道还是一条充满活力的街道？对于步行人群而言相信他们大多数的选择是后者。街道两侧的设施处理，特别是建筑底层的部分，对街道空间的生活起着决定性的作用。

“柔性边界”的概念提出以后，城市空间的生活质量得以提高。街道的柔性空间广义上是指城市居民相互交流和传递信息的一种媒介，其自身的发展状况由国家、地区和城市本身的状况决定，是一个集经济、科技水平和人文环境于一体的重要标志。狭义上则是指街道的柔性空间设计，如绿化带、沿街建筑、街道的过渡带和街道的装饰小品等。对于街道以及柔性空间的探讨从没停止过，其本身定义也具有相对性，在高密度地区与低密度地区的比值与体验感也不尽相同。这种边界提供了在街道空间中停留的可能性，当行人倚靠或坐下时，其背部因靠向街道立面而得以保护，可以在休息中欣赏街道、城市的景色。这种边界在城市中是一处良好的栖息地，步行人群得到了休息的权利，也能通过视觉或亲身参与到城市活动中来。例如，在街道旁的咖啡厅喝上一杯，与熟悉的人聊天或者自行阅读、欣赏城市街道的景色。柔性边界在多样的条件下产生了人群的聚集与行为，被邀请参与各种各样的社会活动或者观看他人活动都会使街道更具有生命力，而生机勃勃的街道才能提供良好的步行环境。但若街道两侧无供人停留的基本设施，如长椅、植栽座椅等一级座椅，以及供人休息的台阶等，那么街道上许多行为就很难发生，因为行人很少会在没有休息的环境下停留。

街道与建筑的宽与高之比一直是街道设计中沿用至今的一个比值。当街道的宽度与街道边界的建筑高度达到什么样的比值时，街道的整体感觉才会觉得协调呢？芦原义信认为 D/H 等于 1 是一个临界点，它是外部空间品质发生急剧变化的临界点。根据芦原义信的研究成果，宽与高之比为 1 时，会产生一种平衡的美感，大于 1 时，由于建筑之间的距离增加，便会产生分离感。过于宽阔的路面并不利于人群的步行，如果人群离建筑很近，那么又会出现行人只沿着街道两侧行走的公路式步行，如果离建筑太远，则两者之间又不会发生联系。而且建筑之间的距离越大，两者之间的互动性就越小。北京的长安街是一条非常宽阔的马路，当人处于马路一侧时，并不会去关心另一边的情况，除了距离较远外，车流动线也阻隔了行人的视野。反之，当 D/H 小于 1 时，将引发空间的闭合之感，在更老的历史古城的街道中，很多 D/H 的比值都是小于 1 的。

除了街道路面的宽度与两侧建筑的高度比，街道与建筑的尺度（以人作为参照物）与步行体验感仍然是直接联系的。我们的眼睛、耳朵和鼻子能够感知的范围是有限的，以人的视觉来参考，当人处于步行活动时一般视觉角度是以视平层向上 60° 和向下 60°，若是按照宽高比而忽视了街道与建筑的尺度来设计，即便是达到了 D/H=1 的情况，人们也无法观察到大尺度建筑的上部空间，一是距离太远，二是人不可能仰着头走路。扬·盖尔的研究成果显示：如果沿街建筑的高度达到 5 层或以上的情况，那么之上的空间则已经不属于街道了，在这个距离之下，处于上空的人看不到街道的细节，地面上的人既不能被认出，又不能被接触到。而地面上的人根据透视原理，已经无法看清建筑的立面或里面发生的事情。随着社会经济与建筑技术的发展，建筑的体量、建造速度都有了质的飞跃，然而体量巨大的高密度建筑，如商业综合体、写字楼、住宅公寓等，这些巨大的、超高的建筑耸立于城市中间，建筑体积巨大所导致的结果就是街道会变得非常长，在这样的距离之下步行变得艰难，不得不使用汽车来代替步行，最终的结果就是行人被排挤到马路两侧，而中间是宽阔的机动车道。这样的大体量建筑往往是孤立存在的，很少能与周围的建筑、街道发生联系，因为每个建筑所在的土地都是由不同的开发商负责的，他们很少能联合起来共同修筑一条街道。

现代城市规模越来越大，城市的尺度已经不符合人类步行出行的规模，机动车辆又不断入侵步行空间，20 世纪 90 年代在美国兴起的新城市主义的规划设计方法便是对这一现象的改变。新城市主义的建筑师采用“传统的建筑形式”与“传统的城镇尺度”相结合的手段，其结果就是设计的语言更容易被非建筑、非规划专业的人们所接受。“从专业和更深层的角度讨论新城市主义引起人们强烈反响的原因有三：一是人们对于小城镇生活中浪漫和富有诗意的生活的向往；二是新城市主义的城镇模型具有可持续发展社区的性质；三是新城市主义的设计更重视行人，它将步行系统的重要性提升到车行道之前，将对行人的重视提升到对汽车的重视之前。”通过对新城市主义城镇模型的观察，一切设计的根源是从人的视平层角度考虑的，在富有情趣的、浪漫的日常生活之中，不受干扰的步行方式以及合适的出行距离等要素之下，新城市主义的作品才得以受到其他人的关注与认可。

在规划与设计之初，建筑师便将该区域与所处社会和环境进行综合考虑，在实际街道设计当中减少机动车的使用量，设置和鼓励使用公共交通出行方式，将更多的土地用于步行生活的体验。在建筑设计当中，他们使用更为多样的、复杂的和混合的建筑，并与建筑类型学相结合，尊重自然环境与历史的文化特征，保持传统的城镇的特征。当这样的街道与建筑作用于同一区域中时，其设计结果就变得美妙而且怡人，如适合步行出行的距离尺度、蜿蜒的街道、明确界定的公共空间和步行距离内足够丰富的节点以及多样化的建筑与住宅等。

滨海城是较早期的新城市主义的设计作品，在这件作品中，设计师考虑了人类天性的本质，通过缩小建筑、街道来形成狭小的场所。这些城市空间作为人们步行生活的场所，不仅生态与环境得到了加强，社区性、邻里感也应运而生，营造出一种让人们交流合作的生活方式，并且重新建立起了专门的步行道、街角商店、行列树与社区活动中心。后来这座城市被当作城市设计的模型而被推广，“这个时期的城镇建设特点是老式的、高密度的、小尺度的和亲近行人的，该模型成为美国城镇规划和设计的范式”。

人出行某街道的目的，取决于该地区的功能。以长沙市太平街作为参考的话可以发现，街道的功能为小吃以及休闲性质的消费居多，从城市地图上观察则可以发现其街道周围包含了酒吧街、商业步行街、餐饮街等。从沿街建筑的风格形式上观察，该街道建筑风格以民国时期建筑为主，但仍有不少历史遗留的痕迹，如 20 世纪 80 年代所修建的住宅楼等。这些建筑很难构成一个大型的室内公共空间，毕竟它们的占地面积只有百来平方米，就是这条小小破破的街道却充满了活力。一是它独特的步行体验，但更重要的是在整个业态上，太平街与其周边的商业相联系，所以这条街道的仍然是为满足商业消费出行而设计。

本节主要是根据前章中所提及的人性化城市中与街道相关联的部分进行更深一步的理论分析。对街道做出了定义的同时，对于为何要建立人性化的街道给出了解答。

街道若要实现人性化则会受到诸多条件的制约，包括街道的长度、宽度、高宽比等空间形态的要素，也包括沿街的业态、设施、景观等影响步行者心态的要素。可以说，人性化的街道是能在物理与心理上都能与人发生共鸣的一种街道。

本节同时强调了人性化街道在日常生活中的重要性，人性化的街道并非单指在我国经常见到的商业步行街。人性化的街道是一个城市的重要组成部分，它是由高速马路围绕着的区域中，供步行人群行走或以步行为主导的慢行街道。

五、街道广场

之所以在这里要谈到广场，是因为街道与广场其实是一个整体，两者密不可分。芦原义信在《街道的美学》中就说到“广场是街道的扩展”。简·雅各布斯在《美国大城市的死与生》中，在谈到城市有效街区的时候说：“将公园、广场和公共建筑作为街道特性的一部分来使用，从而强化街道用途的多样性，并将这些用途紧密地纺织在一起。”

（一）街道广场的类型

广场，英文为“场所”，place，来自拉丁语 platea，意指宽敞的空间或宽敞的街道。街道广场是将人群吸引到一起进行休闲活动的空间形式。凯文·林奇在《城市意象》中谈到，广场是高度城市化区域的核心部分，被有意识地作为活动的焦点。

现代广场更强调人性化设计的休闲功能，它是集散步、休闲、用餐或观察周围世界于一体的室外空间，被称为人类交往的城市起居室。之所以被称为城市起居室，是因为广场容纳城市居民及外来者多种多样的交往活动，如节日聚会、商业集市、文化、娱乐、市民休憩以及宗教活动等。

城市街道广场按其性质、用途，可分为休闲广场、纪念广场，商业广场、宗教广场和交通广场。

（二）城市街道广场的空间形式

早期的城市广场，如意大利的大多数广场，由于当时的城市规模小，人口不多，并处于马车时代，周围街道建设也不完善，广场多建于平地，由建筑围合成简单的空旷场。然而，现在情况发生了很大的变化，人流、交通、建筑都发生了根本的变化，因此单一的平面展开型已经不能履行广场的职能，广场开始向立体化、复层化发展。例如，平面型广场就是我们在生活中最常见的，从古到今已建成的绝大多数城市街道广场都是以平面型广场的形式出现的，上海的人民广场就是典型的平面型广场。下沉式广场在当今城市建设中应用也较为广泛，特别是在一些欧美国家。相比平面型广场，下沉式广场不仅能解决交通的分流问题，而且在当今城市的喧哗、嘈杂的外部空间中，更容易获得一个安静、安全、有效，且具有较强归属感的广场空间，如长沙的五一广场就属于下沉式的广场。

（三）当代城市街道广场设计所体现的问题

笔者认为，当代城市街道广场设计有以下三点问题。

第一，大面积使用绿地来进行设计。从小我们就从教科书上知道城市绿地是城市的肺，可以吸收周围的废气，大量的绿地释放出新鲜的空气，从而改善我们居住的环境。我们可以观察到大量的绿地使用在我们城市街道广场的设计中，甚至还可以看到有些街道广场设计就是高大的松树和绿色的草坪，然后再用围栏围起来。而《美国大城市的死与生》的作者简·雅各布斯说过这样一段话，让人感触很深："一定量的绿地并不会比同样大小面积的街道更能为城市增加更多的新鲜空气。缩小街道的面积，把原本是步行的地方增加到广场里面去，对城市吸收新鲜空气的数量来说是无关的。空气不会理会人对绿地的崇拜，也不会按照这种要求增加或自我选择。"所以，大量地使用绿地在城市街道广场中会显得设计过于单一。

第二，城市街道广场设计过于孤立。设计师在对街道广场进行设计时，多把它们处理成领域上的自身独立的空间。因此，在广场四周围以大树、栅栏或是用周围的街道加以隔断。虽然对广场自身来说是创造了一个安静的空间氛围，然而在领域上是孤立于周围环境的。人们在这些广场周围的街道上活动时，由于在视觉上和领域上被隔断，往往都是望而止步。长沙芙蓉广场就是一个典型的半封闭式的广场，该广场位于长沙市芙蓉路与五一路相交处。但是，当你经过周围的芙蓉路、五一路时，你的视线就会被高大浓密的常绿树所阻挡，只能远远看见广场上的大型雕塑，加之该广场周围都是快速通行的车行道，人们很难在同一平面上直接进入广场，必须走地下通道才能到达，由于道路不便，所以该广场很少有市民青睐（图 2-10）。

图 2-10　芙蓉广场周边环境

第三，城市街道广场过多而无特色。在一些大城市中，我们可以看到，在一个区域中有多个广场，而且设计目的相似，所以对市民的吸引力不大，往往可以看到一个广场上只有零星的几个人。在长沙的五一路上，几百米的距离内就有两个广场——五一广场和芙蓉广场，而且两个广场在设计上并没有独自的特色，所以很少有人在此逗留。

（四）柔性空间中街道广场的设计要素

第一，在设计上要与周围的街道相连，不要用一些道路进行分隔，让其在空间上是一个整体，能够将周边街道的市民很好地吸引到广场中去。20世纪70年代，美国提出“袖珍广场”这个概念，小广场采用了连接的手法，靠近道路，进入方便，同道路一体化。虽然这些广场不大，但是开敞、方便，比那些大而进入不方便的封闭式广场要更受市民的青睐。如美国的帕来广场、韦考特广场等。第二，将那些设计目的类似的一般性广场改成有某种特殊功能的广场，这样可以在广场使用方面有效地吸引各种各样的使用者，从而增加街道广场的活力。例如，我们可以在城市中设计一些专门以体育项目为主要特点的广场，可以在广场中设计一些篮球场地、羽毛球场地、滑冰场地，将这些球场与一些开放性的小商店结合，既可以为来参与体育项目的市民提供方便，又可以起到对这些场地进行管理的作用。我们也可以设计一些舞台型的广场，在这种广场中，设计一个或多个小型舞台，然后安装一些音乐设施，让市民成为舞台的主角。第三就是广场内部尺度的人性化设计。首先考虑踏步、步行空间以及栏杆等应合乎人的尺度，其次考虑广场空间交通组织的协调统一，人流的集散，各周边街道到广场的便利性，步行空间起始与结束点位等。第四就是广场设计要考虑空间开放性问题。广场从视觉上的可见性，是被周围地域使用的一个重要因素，人们要是从街道上看不到广场，就不会经常光顾。这些要素的设计能够让市民的户外活动与这些空间相互渗透、相互依赖、相互交流，这是关键所在。

第六节　城市街道柔性空间人性化设计的意义

一、柔性空间定义

在当今的城市设计中，设计者们往往重视中心地段或重点区域，而忽略了与百姓日常生活密切相关的空间设计。例如，滨水区人工砌成的硬质驳岸取代了自然的河流驳岸绿化，不便于人们近水享受自然之趣。在城市里，单位用地各自为政，院墙将其绿化与街道和公共空间隔开，公园高大的围墙隔断了景区与外界的联系，而构成以上用地空间的边界往往也是相对应街道的空间界面。我们在进行城市设计时忽略了对城市街道边界的处理，从而使这些地区成为城市的消极空间，让人感觉陌生和恐惧。丹麦著名建筑师扬·盖尔出版的《交往与空间》一书中曾指出“柔性边界”在城市街道中的作用。在此，提出城市街道中“柔性空间”这一概念，除了用以指代街道边界处的出入口、交叉口、步行道、街道绿地外，还涉及街道停车场、街道广场等空间领域。“柔性空间”就是将视野对准能与人类户外活动紧密相连、相互作用的城市街道空间，柔性空间设计原则最重要的是相容性、开放性与可达性，从而营造出连续的整体空间，并使其能够与人类的户外活动相互渗透、相互依靠。柔性空间的出现使城市街道空间变得更加有吸引力，使人类的户外活动更加精彩，使我们的城市更安全更人性化。

二、城市街道柔性空间人性化设计的意义

《周礼》一书中我们可以清楚发现有“列树”这么一说，它所阐述的意思是指在街道两旁种植一些大型冠木供路人纳凉休息。由此可见，古人已开始考虑街道设施与人类之间的关联。而正是这种思想的形成，为我们后人对城市街道柔性空间的人性化设计打下了基础，具有深远的意义。当代随着城市不断发展，城市街道柔性空间设计也逐渐被重视，主要体现在以下两点：第一是综合性。城市街道柔性空间设计是多角度、多方面、多元化的综合体系，在对街道系统进行全面考虑后，将道路、绿化、水景、雕塑小品、休闲设施、娱乐设施与人类文化科学技术等各种元素统筹于设计之中，进行整体规划。第二是艺术性。从古代开始就有不少文人、画家参与到城市建设

和宫廷规划中，如著名的辋川别业便是由诗人王维亲自规划的，他们为我们留下了许多具有文学与美学韵味的文化遗产。当代城市规划以及城市街道设计已不单单是专业人员的事情了，许多文学家、科学家、艺术家都参与其中，从而使城市街道柔性空间的艺术性得以不断提高。

第三章　柔性空间及相关理论分析

第一节　柔性空间设计与自然环境的关系

人类的起源于大自然，并伴随着自然环境发展至今，人类与自然环境相互依存、不可分割，人类在不断地适应自然环境的同时也在改造自然环境。自然环境是人类在地球上生存的基础，对人类有着巨大的作用。

一、人类生存和发展的基础

人类在很早以前就深刻地认识到了环境的重要性。人类在与自然环境的相互依存中，从不刻意地对自然环境进行改造，而是创造和发展了自身的生活空间，并从这种生活状态演变成了一种社会形态。而这种社会形态又通过建筑、设施等体现。自然环境的本意是“天生自在”“不假为人”，而作为文化表现形式的艺术却是人为的。因此，自然环境有时被看成与人文和社会对立。但在具体的现实世界中却往往是互相包容的。所以说，人类的生存和发展是与自然密切相关的，彼此是不容分离的。

二、人类的活动场所

通过对历史的研究我们可以看到，人类早在 6 000 多年前的新石器时期，就开始对自己生活的环境进行初步的分区了，而且对自己生活环境的装饰活动也已经有一定程度的设计表现。人类通过对自然环境的改善提高自身的生活质量，柔性空间设计是公共环境的构成因素，它与建筑和其他自然景物共同构成环境场所。随着人类的进化与发展，人类与自然的关系变得更加复杂与丰富，自然成为人类活动的场所。

从空间的角度来分析，外部空间泛指由实体构件围合的室内空间以外的空间范围，如公园、绿地、广场等可承载人们日常户外活动的空间。但是随着当今对空间这一概念的不断发展以及科学技术的不断加强，空间室内外的领域逐渐发生了变化，出现了很多内外相互渗透的空间模式。例如，露台、内天井、屋顶花园等，室内空间被室外化，室外空间被室内化。所以，人类的活动场所也相应地发生了改变。

柔性空间设计与其他的艺术设计一样，有着自身的发展规律，表现出一定的内容形式，它通过一定的性状，传达一定的情感信息，容纳一定的社会文化、地域、民俗的传统含义。所以，它具有自然属性和社会属性，是科学、艺术和技术的综合。

刘永德在《建筑外环境设计》一书中对场所这一概念做了详细的阐述，他认为，场所是以空间为载体，以人的行为为内容，以事件为媒介的时空概念，提出场所对外界有相吸与相斥，有向心与离心，有亲和力和游离力的观点，并应用于环境空间场所的相应效应与设计诉求上。他认为作为场所空间，首先，要有适合某种活动内容的空间形式，才具备功能载体的条件。其次，要有适合某种活动的空间容量，才能接纳使用者的光顾。再次，要有完成相应活动内容的时间保证，才能实现活动的目的。最后，要有人流的集结和疏散的交通条件，最好“就近、顺路和捷径到达”。所以，当柔性空间与人类活动进行组合时，就构成了活动场所，在进行场所设计时，应提供有向心力、凝聚力的逗留空间，划出一定的活动空间，最重要的是这些空间要能与人类的日常活动紧密相连，相互依存，不能让这些空间成为某个区域的孤立空间。而且还应该对在这些空间里活动的人提供庇护、遮拦、依靠的设施。这样柔性空间才有生命力，才富有人性。

当今社会，人们普遍生活在高效率、快节奏、充满竞争的环境中，加之人际关系的淡薄、家庭结构的松弛、信仰的失落造成了精神空虚，需要以娱乐及参与性的环境加以调节，希望在精神上追求一种健康的、愉快的、休闲的、人性化的自然环境。这不仅是一种精神上的追求，也是消除疲劳、增强健康的追求。所以，将柔性空间这一概念放到人类日常活动场所中来是至关重要的。

第二节　柔性空间设计与人文环境的关系

柔性空间设计起源于人们对生存环境物质与精神两方面的追求。柔性空间设计是为人而创造的，是以人为本的设计，从广义的角度来理解，它是一种人为的环境空间。它的价值必须通过人类在其中活动才能得到实现。人们对环境的认知反映出柔性空间设计在人类文化总体所占的特殊地位，它与人类文明息息相关。

一、文化场所在柔性空间中的作用

柔性空间设计作为环境空间的特有视觉焦点，具有强化场所的作用，能提高场所的实用价值，它所传达出的社会意义与地方观念，也能引发人们的共鸣与联想，产生审美情趣和观赏价值，从柔性空间设计与人们的相互交流中激发柔性空间的生气与活力。

任何一个地区，任何一个城市，都有着自身的历史文脉、宗教、民俗等，而这些因素往往能够通过柔性空间与柔性空间的设计表达而流露出来，感受到它们的性格与活力。而且人们的价值观、审美观等文化观念都会对设计产生很深远的影响。就像中国人、美国人和日本人，由于地域的不同，他们的文化观念也会不同，正因为这种差异性能够通过柔性空间的设计形式表现出来，所以演变成了丰富的人类文化。

传统的城市尽管设施陈旧、交通拥挤、空间狭小，但处处都可感受到它独特的地方品位和历史踪迹。欧洲有很多这样的城镇，古堡式建筑、尖顶教堂、磨坊风车等，它们虽然失去了往日的风采，但它们的历史文化仍然深深感染着每个人。在中国江南许多城镇中，人们通过各种楼、台、亭、阁、牌坊等体验中华文化的韵味，领略传统观念与环境空间的融合所表达出的意象特征与审美意趣。林振德在《公共空间》一书中就提到过两个这样的实例，一个是中国宁波月湖文化景区园中园，内有甲第士家、书院精舍、寺庙家庙等，体现了浙东生活环境，传统、纯朴、豪放，接近自然；月湖景区中的园中园，充分体现月湖景区的地域特色，并注意与城市环境相结合，着力提高景区的空间价值。另一个是由法国著名设计师柯布西耶设计的朗香教堂，粗重厚实的体块，混沌的形象，岩石般稳重地屹立在群山中的一座小山上。这座位于群山中的朗香教堂，屋顶东南高，西北低，气势高昂，教堂的三个高塔上开有侧高窗以营造柔和的环境，南立面不规则深凹窗孔可使强烈的阳光在室内分散开来，营造出神秘、超乎寻常的氛围和情绪，充满往昔宗教神秘、浪漫的气息。超乎传统的建筑构图形式，变化自由，造出一个令人惊奇，让你难忘的陌生化的教堂形象，令人产生无限遐想。它形体独特，雕塑感强烈，令人感到中世纪乡间小礼拜堂的亲切。这两个实例充分体现了文化的场所在柔性空间中的作用。

二、开放的空间

欧洲中世纪的街道广场通常是一个城市的核心，它是城市户外生活和聚会的场所，是集会的地方，也是市民了解信息、讨论时政的地方，中世纪的城市通过街道广场发挥作用。伴随当代生活和私有化，中心街道广场的功能已经过时，保留下来的只是分散的、孤立的，只为部分人使用的广场。今天，大多数人不再去露天的集市购物，除了工作就是回家休息，正因为如此，人们渴望户外活动，人们正在寻找摆脱汽车的方式，生活在一个人性化的城市中。城市户外活动正在向不同形式和环境转化，需要相应的物质形式来包容与支撑，使现代城市的户外活动在形式和文化上都充满活力。为了改变原有的生活形式，设计师们在对城市进行规划时都力求满足当今人们对城市空间的要求。例如，“新加坡位于市中心繁华地段地铁转换站附近的集购物、休闲、餐饮、办公为一体的超级综合商业设施，在空间处理上，运用传统美学、现代科技美学和地方民族文化等设计手法，显示空间的形式节奏、韵律美感，将严正的形式要素提炼出来变为轻松诙谐的语言，占有空间的建筑变成了虚化的空间。设计师综合运用石材、金属、有机玻璃、织物做成的侧入口灯柱群，有机地把侧入口不规则空间组织起来，形成一个小的广场，空间复杂，耐人寻味，具有探索性。综合体也成为购物中心的中心标志物，不仅提供照明，同时因其精湛的工艺，成为环境装饰艺术。在宽敞的户外空间构筑喷泉水池，平日可作景观，到假日可作表演台；中庭地面为避免过度空旷，用咖啡色调组成一个色彩突出的立体图案，把舞台空间向外延伸；空间适当布置绿化，将室内外连成一体，利用户外空间，将购物中心景观化，使购物与观景相结合，创造有利于吸引潜在购物者的节日气氛。在高大的回旋中庭内部，利用相互穿插在空间的步桥、自动扶梯增强建筑空间的流动感，使行人在不同方位上感受变幻无穷的空间美感；多重叠的空间划分使空间更加丰富，满足不同的使用功能。立面的划分、虚实墙面的处理，在传统美学中创造令人耳目一新的立面景观”。

三、多元化生活空间

创造城市街道步行环境的重要性远胜于其他美学的吸引力，甚至胜过为人们提供户外活动的机会。在户外咖啡馆或者购物街上度过的时光不仅是一种愉快的消遣，还是健康的城市生活的必需要素。街道作为运动、休闲、嬉戏和静思的场所，也成为重要的集会社交场所。

随着现代城市的发展，城市人口与组成结构都发生了很大的变化。新的产业产生了新的社会人群，新的人口结构追求时尚生活、休闲空间，对环境与户外空间提出更高的要求。加之经济发展的多元化，促使城市改变过去单一化的格局，这也为柔性空间设计的多样化、丰富化发展提供了条件，作为城市经济发展主要动力的金融业、商业和服务业，为适应现代城市的变化，也从过去旧的封闭式店铺经营方式，朝着组合化、大型化形式发展。所形成的大型或超大的户外空间与服务环境，为柔性空间设计的发展创造了广阔前景。

现代西方是高度发展的资本主义社会，有其独特的历史与文明。在城市环境空间方面，现代发达的物质文明融合现代高水平的设计，形成富于魅力的柔性空间设计，西方的传统建筑、园林、广场空间和环境设施都体现着规整与秩序。在强化环境意识的同时更注重人与空间的交流与对话。

四、环境与文化继承性

文化艺术的发展，来源于社会，又往往领先于社会，对柔性空间设计起到推动作用。例如，英国世纪景观园林的兴起和发展，就离不开作家、诗人和画家的功劳。美国景观规划设计发展过程中，也涌现出一大批致力于景观设计思想研究和宣传的专业和非专业的作家。奥西安·科莱·西蒙兹，就被认为是一位美国景观自然美的捍卫者，对自然的魅力非常敏感，创造自然美的手法娴熟，他唤起了人们对城市理想的追求，这种理想在城市和景观规划的发展过程中不断地表现自我。

即使在今天的信息时代，文化艺术互相交融日益开放，地域与民族的文化仍然顽强地表现自己，并且，现代化、国际化的加强反而激发了地域与民族文化的发展。今天的城市文化，无不与过去的历史存在某种联系。

这种关系的产生有些是地域的技术、材料和风格特征的原因，有些是民族文化和性格的影响。例如，德国人对金属材料和装饰的偏爱可以追寻到哥特式建筑文化；法国人的自由浪漫及高贵艺术风格也造就了其毫无拘束的建筑构思，使其精美的品质和环境完美结合。这些古今之间的联系说明，现在的建筑文化和技术是过去历史的积累，是传统文化背景对认识的影响。今天的辉煌是在继承昨天的成就上发展起来的。

从设计的角度看，由于工业时代的文化意识引导人们崇尚物质主义，使得柔性空间设计的行为只能改变局部环境的协调，使其趋向合理，而且往往以干预和榨取自然为前提。对于生态问题，有识之士，包括艺术家和设计师，都在不同程度上做过努力和实践。

21 世纪最主要的文化现象，是解决生态平衡。为此，我们可以说，生态文化将是 21 世纪最主要的文化现象，关注生存空间，将是 21 世纪柔性空间设计的宗旨。为此，我们不仅要转变文化价值观念，也必须调整设计思维方式，以生态的审美意识去重建设计理性，科学理念与艺术性质的结合，将在人与自然和谐共处的基础上向可持续发展的方向努力。

我国和西方在建筑和环境规划上有很多不同，我国传统民居生活空间设在庭院，建筑序列是从院门开始的，封闭的空间和院落之间是有中国特色的。而西方人的生活空间在街道上，街道是生活的场所，具有一个开放的户外空间环境。这种差异导致当中国人大力装饰我们的室内环境时，西方人却对它毫不在意，而是更关注室外环境的营造。

在 20 世纪 90 年代的时候，钱学森就提出："把中国的山水诗词、中国古典园林建筑和中国山水画融合在一起，创立山水城市的概念。"吴良镛在规划广西柳州时，就以山水城市的概念指导柳州城市建设，企图运用中国绘画的长卷形式，增加叙事性，表达一种浩阔的空间意境。与之相比，西方城市美学传统是从希腊、罗马或两河流域文化继承发展起来的，城市设计中以雕塑美学为主导，建筑的造型、街道广场的塑造，以至于雕塑、喷泉、建筑体量的构图等，均呈现出一种雕塑美。

现在的城市规划与设计，从本质上看，是两种美学观念的冲突。中国一些城市，一些基于现代构图的建筑，与传统山水美格格不入，西方式雕塑美的建筑在中国绘画美的长卷中不能协调。在一些风景绝佳地带，四周环境是中国的山水景观，包括山水文化，但建筑是西方式的，是建立在雕塑美基础上的城市设计和空间设计，两者难以协调统一。根据吴良镛的观点，对山水城市，不同城市根据不同条件需要深入研究；山水城市的研究还需拓展至城市的历史、地理、生态及山水美学等，并将其融合起来进行多学科意义的研究，进一步形成科学的规划理论和设计理念，并在实践中发展。由此可见，文化的继承性对柔性空间的发展是有着至关重要的作用的。

第三节　柔性空间设计的研究方法

一、研究倾向

柔性空间从学科意义上提出并作为一个整体性的研究对象，是在现代城市高度发展的同时于近年才提出的课题。

对柔性空间设计的概念及理论的研究，涉及环境、文化、地域、景观、科学与艺术等纵向与横向的多学科的综合及进展。

目前，多数人所理解的柔性空间设计，主要是美学意义上的柔性空间设计，也即对环境的美化。

随着现代城市对自身形象的要求与社会公众公共环境意识的加强，对柔性空间设计的认识和评价也出现多元化的倾向。

艺术家偏重于把柔性空间设计看成形体、线条、色彩和质地的表现，即从视觉美方面进行认识和研究；建筑学家偏重于把柔性空间设计与行为、空间、功能和结构联系起来，纳入城市建筑小品和辅助设施加以评价和研究；规划学家偏重于把柔性空间设计与生态、地域、城市意象及城市质量联系起来评价；心理学家则把柔性空间设计理解为“刺激—反映”的关系，主张以社会公众的普遍审美趣味作为评价标准；而社会学家则更多偏向于对历史传统、地方文脉、哲学内涵的讨论与评价。

二、研究方法

柔性空间设计是一项富于创造性的工作，它在实践中逐步提升，从认识中归纳，形成方法，并用以指导设计实践。

现代城市环境面临复杂的局面和严重的挑战，迫切需要方法论的指导。近代建筑理论奠基者维奥莱特·勒·杜克在《论方法》一书中指出：“如果没有方法，面对丰富的材料和知识，人们将感到窘迫和迷惑，不知所措，丰富的知识反而成为障碍。”

社会越发展，人们对公共环境的要求越高，设计所碰到的问题也越复杂，设计者则越需要掌握系统的方法和合理的工作程序。

城市现代化之前，环境建设量小、类型简单、技术单调，所以那时柔性空间设计基本靠经验。现代化的城市环境功能复杂化，环境场所的类型、营造规模都不同于过去，社会化城市生活复杂、高效、多变的环境要求有更广泛、更综合的解决方法。

高科技与信息化的今天，设计周期大幅缩短，要求有更高的工作效率、先进的施工技术，同时对设计精度要求更高，需要经济观念的更新和准确的经济分析等，这些问题都需要先进的设计方法。

目前，有关柔性空间设计方法的研究已经在发达国家普遍展开，从基本情况来看，主要有较理性的研究倾向与较感性的研究倾向。

（一）较理性的研究倾向

这类设计方法从理性的角度进行，研究的主要问题是：为设计过程建立适当的框架，探索新的设计技术与程序，应用逻辑法和归纳法，主张设计过程是一个收集资料、分析理解、综合归纳、评价的合理设计过程，即逐步优化的过程。

按照这种观点，一个完整的设计过程包含分析、综合、评价三个阶段。分析是收集各种与设计有关的信息加以分类，综合是提出系统可能的答案，评价是按一定标准判定哪个是最佳方案。

著名方法论专家拉克曼就持这种观点，他将设计看成一个多层渐进的过程，每一层都含有分析、综合、评价三个阶段。

另外，有人提出柔性空间设计不同于一般科学研究工作，它一开始就有明确的目标和限定，柔性空间设计通常只有一份任务书和委托设想。所以，设计程序过程必须先确定目标——希望达到的特定要求。

只有确定目标，才能开始分析、综合、评价工作，从合理性的角度寻找思路，所以设计的第一步应该是“发现问题”，这样设计程序变为假设—分析—综合—评价，并包括反馈。

这类方法应与系统分析法、运筹学、逻辑学、计算机辅助设计相结合，有讲究科学、提高效率、计划性强的特点。

（二）较感性的研究倾向

较感性的方法主要从“创造性”的角度探索设计师是如何工作和思考的，关键在于设计者的头脑。

这类研究力图建立设计过程的大脑活动模式，揭示创造性思维的生理和心理机制，将设计置于设计者头脑思维和创造过程中。

现代医学表明，人的创造活动离不开想象和思维。想象和思维同属认识的高级阶段，它们可产生于问题的情境，由个体需求所推动，并能发展为未来的想象和思维。

想象是以形象的形式出现，而思维是以概念的形式出现。想象和思维经过加工、转换可能产生新的组合。

大多数人认为设计的创造介于神秘、非理性与可解释、理性两者之间。它应分成几个阶段：开始的阶段为解决问题而做的努力是有意识的、多方面的；经过艰苦的探索后，注意力转向其他似乎与解决问题不相干的方面，这时潜意识在发挥作用，经过这段潜意识的暗箱操作后，在某一个“恰当的时刻”灵感突然出现，解决问题的想法产生了。最后再加工提炼，使之成熟完善。

这种心理学、艺术学、创造学结合的设计方法，需要设计者进行周密的准备，集中精力，主观性更显著。这种较感性的研究方法难以量化，强调结果，忽视过程，有时会影响可观效果。

（三）理性与感性并重的研究

这种研究方法结合以上两种研究方法的长处，使它们在整个设计过程中发挥动态的交替互补作用。这种科学与艺术的交叉兼顾，是建立在对现代设计的边缘性、模糊性、综合性的认识上的。

柔性空间设计中的思维是一个高级、复杂的心理活动，是多种思维的综合表现。既包括理性的分析，也包括感性的体验。

设计没有现成的答案，设计师必须付出艰苦的脑力和体力劳动，必须依靠高级神经系统的创造，才能设计出满足各种物质与精神需要的设计作品来。

柔性空间设计没有绝对标准，只有相对优劣，所以，柔性空间设计总有超出理性可以把握的方面，有不能以理性解释的价值观念的考虑。柔性空间作为生活空间与艺术形象的对立统一体，所涉及的设计不仅取决于物质技术条件，而且还受制于社会文化以及人们和设计师的自身情感。

柔性空间设计也不同于文学、绘画、音乐等纯艺术作品创作。它既是一种艺术创作，更主要还是一种物质生产，它受实用功能、结构技术、地域环境等因素的制约。因此，柔性空间设计方法的最佳选择是科学的理性与艺术的感性相结合的方法。

第四节 街道公共设施要素

随着城市的不断发展，不断复杂化，现代城市街道产生了诸多变化。城市中的信息和交通最大限度地集中，促使城市街道设计必须具备以人为本的基本服务理念。根据不同的街道环境特点进行设计，才能使街道实现持续性发展。街道设施的功能性包括基本功能、形式意象、装饰性及附加功能。例如，街道上的护柱，它的作用是阻拦车辆进入，防止干扰人们的活动，保证行人的安全，这就是基本功能。设计师通过调整护柱、护栏的形态、数量、空间布置方式，对周边街道环境给予补充和强化，使其形式意象通过造型、色彩、肌理的精心处理而具有一定的美感，这就是装饰性。在本书中主要对以下几种街道设施做研究分析。

一、休闲座椅

在柔性空间中座椅的设计是基于为使用者提供方便考虑的，在街道环境中设置的供人小憩的设施，一般采用长椅的形式。

长椅是否有靠背对休息的好坏有很大的影响，譬如，有靠背的长椅就决定了人的坐姿方向。因此，如果座椅放置不妥的话就会影响路人的使用。在街道上，座椅的使用者一般是相互不认识的，所以首先应避免将座椅面对面放置，以免造成尴尬。其次座椅应尽量放置在沿街道建筑的四周，如凹处、转角处等能提供亲切、安全和良好微气候的街道场所，尽量是能让使用者观察到街道上所发生的一切活动的地方。甚至为避免使用者受日晒、雨淋之苦，可以将长椅放置在沿街的树木下。这些都是城市街道中柔性空间人性化处理的突出表现。

座椅设计与放置如果不能和周围环境相融合，会在一定程度上破坏街道的整体氛围。如果能和周围其他设施达到整体上统一的话，就能使街道的整体形象得到好评。

二、公交站台

公交站台是现代城市街道中不可缺少的设施，站台周围的环境要适合乘客候车，应尽量避免汽车废气、灰尘，同时还要尽量减少恶劣天气的影响（如图 3–1）。

对这些问题的人性化处理方法是，首先可以设计带有顶棚的候车亭，应尽量减少其占道面积，避免给行人造成不便。其次，可以考虑用树林代替顶棚，起到遮蔽的作用。街道两旁的树木使人感觉更亲切、舒适、自然，如果设计得当，会使公交站台显得富有生机，成为街道绿化的又一个重要体现。最后，就是要注意站台与周边环境的协调，站台周围经常设有护栏、路墩等设施，站台设计得再好，如果与周围设施不协调，也会给人带来杂乱、无序的感觉，所以，可以让站台在色调上与周围的护栏、路墩相统一，同时还要注意站台与周围护栏、路墩的空间关系，能够保证正常的通行。

图 3-1　公交车站

三、电话亭

出于使用便利的考虑，电话亭的设置一定要以不妨碍行人行走为前提，而且，还要最大限度地给使用者提供适宜的通话环境（如图 3-2）。

图 3-2　电话亭

在我们周围的街道上，电话亭的设计可以说是被忽略了，根本谈不到人性化设计。所以，街道电话亭的设计，首先应让使用者免受周围噪音、恶劣天气等的影响，其次要考虑电话亭的设置既不妨碍行人通行又能让人有安全感，所以可以将电话亭面向树木设置，使用者可以背对着树干，面对着街道，从而减少不安的感觉。最后电话亭的设置还应充分考虑周边地形、环境的特点。

有基座的电话亭除了可以防止雨雪天气街道积水问题，还可以给人稳当的感觉。所以，在电话亭基座的设计上应考虑到与路面的结合问题，达到柔性空间整体和谐的效果。

四、报摊、小卖店

由于街道空间位于公共场所，为进行商业活动而设置永久设施在原则上是不允许的，但是可以移动的摊点、柜台等暂时性营业设施是允许开设的。这些设施一般出现在人行道空间内的空余地，多为简单的设施，大多数情况下设计质量不高，所以放置这些设施时应根据街道环境的不同而进行统一设计，以达到与街道环境相协调的目的；另外，夜间照明是这些设施进行运作的重要光源，在设计时要考虑照明因素。

五、公共厕所

公共厕所是城市街道空间中的便民性设施，它常设于街道以及街道广场的附近，是街道环境的重要因素。它的设计、内部设备和管理，标志着一座城市的文明程度和经济技术水平，直接关系到市民的生活质量，其本身的卫生状况反过来影响市民参与维护环境的自觉性和对城市公共环境的评价。

公共厕所的设计，对设置在人流量密集的街道，应隐藏处理；在街道广场可做半隐蔽或露明处理。不管采用何种处理方式，都要避免公厕在街道环境中过于突出。为方便人们识别使用，可通过路标和特殊铺地等方法辅助识别。除特殊环境外，对公厕的建筑外墙一般不做过多装饰，以保持其外观的清洁感。目前，随着社会的进步、城市街道的不断发展，公共厕所的建设已经逐步被重视（如图 3–3）。

图 3–3 公共厕所

六、雕塑

雕塑是具有三维空间的造型艺术，伴随着城市街道设计的发展，其作为街道环境的表意和表情而存在已具有相当长的历史时间了。早期的雕塑，除少数具有纪念意义的题材外，绝大部分含有宗教、王权和神话色彩。随着社会的进步和社会文明的发展，现代雕塑已从封建的束缚中解脱出来，向大众化、人性化和多样化发展，成为时代、社会、文化和艺术的综合体，在公众的精神中注入了新的活动，并已成为城市街道设计中的重要内容（如图 3-4）。

图 3-4 城市雕塑

城市街道雕塑是将现时社会、生活、艺术、技术和大众情感融于一体的可供人们从多方位进行视觉观赏的空间造型艺术，它具有时代性和大众性，符合时代发展的步伐，所以在设计时应注意以下几个方面。

首先，雕塑的形象是否能直接成为可视对象进入大众的眼帘，主要看它能否从周围街道环境中显露出来。如果与背景混杂或受到遮蔽，雕塑便失去了易读性的特点。其次，雕塑的各部位在尺度上有视觉折减和透视消逝关系，故对体部上下、前后要做视觉修正，选择适当的尺度和比例。同时，雕塑与环境的尺度对比也会影响雕塑的艺术效果。雕塑置于狭窄地段时，尺度过大显得拥塞，放在空旷地段时，尺度不足会显得荒疏。再次，在一般情况下，一座雕塑有主视面和次要观赏面，不可能每个角度都具有同质的形态，但在创作时应尽可能地为多方位观察提供良好的造型。最后，雕塑通过具体形象或象征手法表达一定的主题，并通过主题向大众传达某种信息，如果与周边环境不协调，则不容易唤起大众普遍的认同，而且容易产生形单影孤、无根无境的茫然感。当然，并非一切雕塑作品皆需按环境的条件被动地成为附庸，也可对街道环境进行重新围合、组构和再创造，形成新的氛围。

总之，一件成功的街道雕塑不仅可为城市街道增添色彩，同时也为人们在街上驻足停留提供条件。

第五节 城市街道中柔性空间的功能分类

由于城市街道柔性空间设计分类方法繁多，涉及的门类和专业广泛，尤其是当代城市快速发展，新技术、新样式层出不穷，对其进行非常明确而细致的分类是比较困难的，所以笔者将对柔性空间在城市街道中的具体表现进行分析研究。

一、步行道在柔性空间的体现

步行道就是在城市街道中为行人提供一个在不受汽车干扰和危害的情况下，可以经常性自由地与他人交往并愉快地活动的充满自然性、景观性和其他设施的步行空间（如图 3–5）。随着城市的不断扩张，城市街道并没有得到应有的发展，特别是步行道的设计没有得到人性化的发展。如何让当代城市中的步行道设计更具柔性，笔者觉得应从以下几个方面充分考虑。

图 3–5　步行道

第一是步行道的空间需求，或者说是街道的具体尺寸。步行是需要一定空间的，人在街上行走不受到阻碍和推拉，能自由地行走是最基本的要求，步行道的宽窄给人的感受大不相同；一种是步行者的天堂，让其能够驻足、停留；一种是交叉口接踵而至，步行者走在路上心情紧张，时刻感到危险。经调查研究，双向步行道可通行的密度最大限度是每米街道每分钟可通行 10 人左右，相当于在 10 米宽的步行道上每分钟通行 100 人左右，根据这个数据可以自由确定拥挤的程度。可是在中国，由于人口众多，城市街道规划还不够完善，所以远远超过上述数据，导致人们在步行道上的活动自由受到了一定限制，出现过度拥挤的现象（如图 3–6）。

图 3–6　拥挤的步行道

第二是步行道的长度和路线设计。大量的调查表明，对大多数人而言，在日常状况下，在步行道上步行 500 ~ 1 000 米的距离是可以接受的，但是对老人、儿童或是残障人士而言，可接受的步行的距离就会短很多。其实这里所说的距离包含两层意思，一个是步行道实际的距离，另一个是步行者在行走过程中所感受的距离。平日人们在生活中有体会，如果前面是一条 200 米的小道，而且小道看上去很平直，没有任何的设施，单调无比，再加上是你一个人行走，你会感觉这条小道好像很长，很枯燥；相反，如果道路蜿蜒或富有变化，你会觉得步行会增加很多情趣，会对此留下印象，从而对这个城市留下印象，就像凯文 · 林在《城市意象》中所说的："道路是给城市留下印象的主要元素之一。"步行道的路线设计也是柔性空间的一个重要因素。首先，人们只要一出门就会自然而然地选择自己的步行线路，人们都不愿绕过多的路程，毕竟步行是一种比较费力的运动，加上人们在步行的时候会习惯性地选择较为便捷的那条路，有时甚至冒生命危险，所以设计者在规划步行道路线时，应注意步行者在步行时的心理状态，尽量设计便捷而富有变化的步行路线。其次，就是步行道的竖向高差变化，会给步行者带来很多不必要的麻烦，所以人们总是试图绕开或避免高差变化。

笔者对长沙市车站路阿波罗商业广场前的十字路口人流进行过分析，这里人们过马路主要有两种选择，一种是选择向火车站方向前进 150 米的一个地下通道，一种就是选择阿波罗商业广场门口的人行天桥，经考察，80% 的人选择走地下通道，20% 的人选择走人行天桥，但是如果天气恶劣，走天桥的人就更是少之又少（如图 3–7）。由此可见，人们对步行道中的高差变化是不习惯的，所以对步行道中出现的高差现象，应该进行合理的处理。

图 3–7　人行天桥

首先，如果条件允许，步行道上应不出现高差变化；其次，在客观条件不允许的情况下，就要处理好高差之间的联系，使其尽可能方便、自如，避免造成额外的困难。处理高差之间的联系，一般采用的是台阶与坡道的设计，台阶与坡道的人性化设计也是步行道中柔性空间的重要因素。其实对步行街的设计而言，坡道比台阶更受青睐，因为台阶对步行者的步行节奏会有很大的影响，短而平缓的上下坡就比长而陡的坡道要更适合行走，长而陡的台阶则是令人望而生畏，由有瀑布、流水、花坛、雕塑等设计的休息平台联系的台阶，会让人心理上轻松一些。例如，罗马的西班牙式台阶就完美地体现了这一点。

第三就是安全防护设计。步行道的安全防护设计是至关重要的，行人在步行道上行走，首先考虑的就是安全问题（这里所讲的是交通安全，在第六章中会谈到防止犯罪的人身安全）。如果这一要求不能得到很好的满足，会极大地影响人们户外活动的质量。孩子们就不能在步行道上自由、开心地玩耍，必须由大人拉着；老人则更害怕在街道上行走。为了防止步行道上机动车对人们的伤害，除了限制车速外，还可以设计一些护柱。护柱一般有固定式、插入式和移动式几种形式，护柱之间还可以加上链条的联结。护柱制作材料有混凝土、金属、塑料等坚硬材料，能经受冲击。为了使护柱融入步行道的设计，在造型上也应独具特色，有时我们可以将照明、休息用的灯柱、坐具，或者是种植容器作为护柱，这样设计可以使其更生动地成为柔性空间的一个要素，使之更人性化。

二、街道绿地在柔性空间的体现

绿地是城市街道柔性空间中最普遍、最广泛、最生动，也是最具亲和力的元素之一，是由树木、灌木、草坪和花卉通过不同的种植以及结合一定的水景或者是雕塑小品组成的综合形态。它起到围护、遮挡、划分、联结、导向的作用，产生净化空气、调节心理、衬托街景、美化环境的效果。它有如树木的年轮，是时间和历史的见证，是人们对街道的回忆、对城市的印象，街道绿地一年四季循环变化，形成城市街道的不同容貌和性格。

绿地将在城市街道环境中占有越来越大的比重，它不仅能调节人类的心理，而且可以振奋人的精神，同时还可以产生特有的生态和化学作用，更重要的是绿地是城市街道构成中最特殊的要素。

以上所说的是对街道绿地设计的一个比较笼统的概括，笔者觉得除了上述所说的外，城市街道柔性空间中的绿地设计还应注意以下几点：首先应遵循统一、调和、均衡、节奏、韵律、尺度和比例等原则，街道绿地有其特殊性，其植物配置最为重要，植物配置要体现多样化和人性化结合的美学思想，使街道呈现层次感。其次，应该能让人融入其中，而不是用围栏将其围起，人们只能远而观之。所以，笔者觉得在对街道绿地进行设计的时候应该让其融入步行道中，而且在绿地之中安排一些座椅或是雕塑小品，让人能够停留下来尽情地欣赏，这对于深居大城市的人们来说是一种舒适的享受，也是柔性空间人性化设计的一个具体体现。

如果一方面能够不断宣传大众素养，时刻爱护街道绿地中的植物，另一方面不断完善街道绿地系统，及时修补绿地中的植物缺损，城市街道绿地就会更加完美，城市街道就会更具活力。

三、城市街道节点在柔性空间的体现

（一）街道交叉口

交叉路口的人性化处理是城市街道柔性空间的重要因素，是使人加深街道印象的一个重要方面。任何城市的街道都会出现交叉口，每条道路的交叉情况不同所形成的空间也不同。道路交叉口的情况从平面上来看，可分为三岔路（就是平常所说的T字路、Y字路）、四岔路（平常所说的十字形路口）等。由于这些交叉路的出现，在交叉路的中央部分就形成了交叉空间，从街道的整体上看，其实它属于街道的一部分。但是在很多地方我们发现，这些空间并没有好好地被利用，甚至被遗忘。如何让交叉路口中央部分的人性化设计成为城市街道柔性空间的一部分，应该从以下几个方面考虑。

首先，把这些交叉路口设置成袖珍型的广场空间，在这些空间内设置小型的水景喷泉。其次，可以将其设计成一个专门陈列城市雕塑的空间，政府可以每隔一段时间举行一些文化活动，鼓励雕塑家们把自己的作品展示出来，由市民参与评比，这样不但可以利用好这些空间，同时可提高市民的文化素养，最重要的是增加了人们与这些空间相互交流的机会。最后，在一些路面宽阔的主干道的交叉路口，为了能够更好地对车辆进行分流，有时可以将这些中央地带设计成安全岛，但是有些地方安全岛的设计过于粗糙，成了一个只安置交通指示牌的封闭性空间。所以，在对安全岛进行设计时，第一应注意安全岛与周边街道的关系，彼此之间相互联系，做到灵活处理。第二，在安全岛上种植林木时，不要将大乔木、小乔木以及灌木混合栽种，这样不但在视觉上显得杂乱无章，有时还会妨碍驾驶员的视线，造成交通事故。

（二）机动车停车场

当我们行走于街道上时，我们会发现街道两旁停放了许多的车辆，而随着人们经济水平的不断提高，私家车不断走入人们的生活，街道上的停车位或停车场已严重缺乏，在某一些路段，可以发现车辆都停在人行道上，严重影响了街道的通行。因此，在城市街道中合理地设计停车位或停车场是必需的。如何让这些停车设施既能方便停车，又不影响街道空间的设计呢？可以从以下方面考虑：首先，可以在种植乔木的行道树之间留出一定的空间，并在该空间的地面铺装上做明显的改变，提醒司机该处有停车位，从而使车辆不在街道上乱停。其次，可以对街道的下层空间进行开发，将停车场修建在街道的下层空间，这样既可以解决停车问题，同时也可以减少过多的车辆在道路上行驶，从而提高街道的整体质量。

（三）非机动车停车场

随着环保理念的不断推广，人们的环保意识不断提高，在城市街道中使用非机动车代步的情况也日益增多，但随之而来的问题是，非机动车在街道上随处停放，特别是在步行道上随意停放，这从步行者安全角度上考虑是极为不利的，对于残疾人士来说就更是如此了。对非机动车停车场在街道上的合理规划是值得考虑的。可以从以下两点考虑：首先我们可以将非机动车的停车场设置在街道绿化带中间，让非机动车统一与街道边界线呈垂直角度停放，这样做空间利用率较高，而且摆放也较美观。

其次还可以将非机动车停车场与护栏、路障、灯柱等进行一体化设计，这样做既不占用多余空间，又能与周边环境相融合。

在城市街道上合理地安排停车位，能够给人们的出行带来诸多的方便，也是城市街道柔性空间人性化设计的重要体现。

（四）城市街道出入口

城市街道出入口是一条街道形象的开始，出入口设计是否突出且有特色，是否符合人性化设计是城市街道柔性空间设计的重要前提。

街道出入口的设计需要适中，出入口处除了要照顾到街道内部功能安排的需要外，也要照顾到外来人流进入的问题，要与主要人流来的方向相照应。在来人的视觉搜寻范围之内，出入口处的外部空间既要有充分的面积，也要有适当的形状，要给人以“停留感”，以帮助人们对出入口所在位置进行判断。

出入口设计中的城市街道柔性空间主要体现在三个方面，第一就是在造型上要突出，这里所讲的突出，首先要与周围建筑的其他部位相区别，其次要与其他街道的出入口有所区别。这样就能给人们留下印象，方便出行。而在现代城市中，建筑造型单一化，街道设计也是千篇一律，不仅使人觉得乏味，而且给生活带来诸多不便。到城市去办理一些公事，或者去找个亲朋好友，面对模样都差不多的楼房与街道茫然不知所措，转来转去找不到要去的地方，这样的事情在我们生活中听到得太多。第二就是出入口设计要符合该街道的文化背景，当人们看到某条街道的出入口时就能感受到这条街道的特色。这两年国内大多数城市争当“文明城市”，对城市建筑及街道进行了大面积的改善与翻新，这对城市街道的形象起到了积极的作用。第三，街道出入口是人们最容易聚集的地方，应该在这些地方设计一些雕塑或者是街道小品吸引市民驻足停留。在长沙让人印象最深的街道出入口设计应该是黄兴路步行街的出入口设计。黄兴路步行街在出入口处首先采用了对外八字形设计，黄兴路步行街是长沙最著名的商业步行街，聚集了长沙的众多人口，这样设计可以有效地疏散出入人流。其次在出入口处摆放着革命伟人黄兴的大型铜像，在铜像基座上清楚地刻着“黄兴路商业步行街”的字样，这样就很容易给初次到来的人留下印象。再次在出入口处还放置了几个城市小品，在这些城市小品后面还设计了一个街道水景，这些设施在很高程度上吸引了市民的参与。最后，在出入口处用圆形大理石依次排开，对机动车起到了隔离作用，让人们非常清楚地感受到街内逗留的安全。

四、城市街道边界区域的设计

（一）建筑立面

与城市街道联系密切的就是城市街道两旁的建筑，两者缺一不可。建筑立面空间可以说是街道柔性空间的一个延伸，同时对建筑立面进行人性化设计也是城市街道柔性空间的一个重要因素。大多数建筑在建设时，是没有考虑建筑立面与人之间的关系的，忽略了建筑立面与人之间的潜在关联。其实通过观察我们可以发现，如果条件允许的话，人们是很愿意在建筑立面周围逗留的。因为人们觉得站在街道空间的边缘，是观察街道活动的最佳场所，而且从人们的心理角度考虑，站在建筑物立面周围，比站在街道中暴露得少一些，并且不会影响任何人和物的通行。最重要的是当人们在街道上驻足停留时，身体靠着建筑立面，会感觉受到建筑物的保护，心里会感到踏实、轻松、自由。所以，在对建筑立面特别是靠近街道的低层建筑立面进行设计时，应尽量考虑与人的联系，可以设计一些类似于柱廊或者是台阶等设施，供人们驻足停留，这既可以为建筑自身吸引众多的人气，又可以提高城市街道的空间质量。

（二）城市街道围墙

在城市的建设中，为了对城市空间领域进行限定，常常使用实体围墙的形式，以墙来划分城市的内外区域。走在城市的街道上，我们随处可见大大小小的围墙，我们的街道空间被这些长短不一的实体围墙所限定。特别是北京的老街，曲曲折折，除了围墙还是围墙，对陌生人而言就好像是迷宫一样。也许一开始人们对围墙的建设是对私密空间的保护，但是对私密空间的保护并不一定要全部采用墙体来处理。这种被墙体围起的街道毫无生气，人们对这样的街道感到厌恶，不愿意在此通过，更不用说逗留了，因此这些地方往往成为犯罪高发地段。如何改善这种不人性化的设计呢？我们可以采用开放式的边界、象征性的边界、绿化边界等方式代替实体围墙进行分隔。如果在某些特殊地方不得不采用围墙时，可以将围墙设计为适宜的形式，使街道空间与单位空间相互融合、相互渗透。甚至在有些地方我们可以将绿化、标志、台阶等因素相结合，成为所谓的围墙，这样做既美观，又不缺乏个性，从而成为城市街道柔性空间的重要组成部分。

第六节 城市街道中柔性空间设计的社会功能

一、交往场所的营造

交往场所的设计是城市街道中柔性空间人性化设计的核心部分，然而在当代城市街道建设中设计师忽略了城市街道与柔性空间设计中心理与社会方面的因素，对柔性空间漠不关心，没有考虑到街道中柔性空间的设计对人类户外运动、交往和聚会等诸多方面的潜在影响，从而使城市街道变成了汽车专用道，街道广场变成了让人厌恶的空旷而危险的荒地，在这种情况下人们的各种活动在空间和时间上被无形地分散开了。

（一）人类在城市街道中的活动特征

人在城市街道中的活动特征，一般可分为三类。首先是必要性的活动特征，如学习、工作、饮食等。其次是自发性的活动特征，如散步、驻足观望等。最后是社会性的活动特征，如参与街道活动、相互打招呼等。当城市街道中的设施不完善时，就只可能发生必要性的活动，当城市街道设施完善时，尽管必要性活动的发生概率不变，但由于场地和环境设计人性化，人们驻足、休息、饮食等大量的各种自发性活动和社会性活动会随之而来。

（二）交往场所设计要素

交往场所的设计中应该注意以下几点：第一，应该考虑尺度的大小，在当今城市街道建设中，没有必要刻意建设一些窄小的街道，就像古城威尼斯一样，也大可不必去追求一味的大尺度。而应该是设计符合城市大小的适宜街道场所，让人们能够在咫尺之间深切地体会到这些街道场所带来的温馨和亲切。第二，交往场所的设计应尽量发生在同一平面上，因为在这样的条件下，人们非常容易与发生在身边的活动接触，从而能够参与其中，如果活动发生在上升的层面上，人们参与到活动中的可能性就会相应减少，而在下沉的层面上，效果也会如此。威廉姆·怀特曾说过："除非有充分的理由，否则开放的空间决不应该下沉，除两三个明显的例子外，下沉空间都是死的空间。"所以，应尽量避免在同一平面上的高差变化出现在交往场所的设计中。第三，就是交通环境，要想有交往场所的产生就必须将城市街道中的快速交通过渡到慢速交通，特别是在住宅区的街道设计中，应把停车场设计到住宅区街道的边缘，让人们在住宅区的街道中步行一段距离才能到家。这样设计可以有效地增加人们户外逗留的时间，提高人们相互交往的效率。第四，就是交往场所是否有吸引人的地点，人们到达该场所是否有事可做。在街道中，娱乐场所设施、运动设施、休闲设施都是人们投入到户外环境之中适当的理由。对孩子们来说，场所中的娱乐设施是他们向往的地方，尽管有些活动在这些场所中不能充分实现，但是能将孩子们吸引到此聚集在一起，使他们有事可做。对于其他年龄的人来说，运动设施、休闲设施也能很好地起到同样的作用。在良好的天气里，人们在户外的长椅上坐一会儿，与周围的居民闲聊上几句，或者是观察一下周围的活动，都是令人惬意的事情。所以，在交往场所中，不仅要有供人散步、休息的条件，而且还要有让人们举行其他各种户外活动的场所，吸引他们从家中走出来，做一些户外活动，这一点至关重要。第五，就是在交往场所的设计中应该注意开放性，不应该将这些场所与周边环境隔开，如果与周围环境隔开，这些地方就会变成无人光顾的场所，从而失去了自身的魅力，变得冷清、乏味和危险。第六，就是气候环境对交往场所的设计也起到了一定的影响，不利天气条件的类型在不同地区、不同国家都有很大的不同。例如，在我国南方，防暑、防晒在夏季是至关重要的，但在北方，问题就截然相反。而且还应该注意一些场所的微气候，如街道周围有过多的高大建筑，就会在一定的场所形成过多的阴影空间，从而影响人们的活动。所以，设计师对交往场所进行设计时应充分考虑这些气候问题，从而将街道中的交往场所安排到最适宜的地方。此外，在一些细节上要下功夫，例如采用风障以及在最重要的地方加上顶盖等方式来改善场所的环境。

成功的交往场所设计是对以上因素的具体综合展现，是城市街道柔性空间人性化设计的最终目的。

二、社会治安的改善

对人类而言，户外活动中的人身安全是至关重要的，一个成功的城市街道设计的基本原则是人们走在大街上处于陌生人之间，除了能够享受街道空间的乐趣之外，自身安全是必需的，不会时刻担心自身安全受到周边人群的威胁，如果做不到这一点，人们就会对街道感到恐惧，减少到不安全街道的次数，结果就会造成街道的萧条、衰落，最终使街道越来越不安全。

有些人认为街道的安全维护是警察的工作，警察有义务保护每个人的人身安全。试想一下，我们走在街道上，看到的都是全副武装的警察，心里感觉自己在街道场所中的一切行为都被人监视，会感觉浑身不自在，从而根本没有任何心情去享受街道场所带来的乐趣。甚至有些人认为街道的不安全是街道的照明不够，认为只要有充足的照明，街道就会十分安全。其实他们忽略了安全街道形成的真实原因——人们相互之间的制约与监督。简·雅各布斯在《美国大城市的死与生》中说过这样一段话："街道的安全不是主要由警察来维护的，它主要是由一个相互关联的，非正式的网络来维持的，这是一个有自觉的抑止手段和标准的网络，由人们自行产生，也由其强制执行。"所以，一个连正常的、一般的文明秩序都无法自行来维护的街道场所，有再多的警察，再多的路灯都是没有任何作用的。笔者对长沙河东、河西两条沿江风光步行道进行了分析与调查，这两条风光带都是城市的步行街道，但是治安状况却是相差甚远的。河西的这条步行风光带的设计主要是以绿地为主，偶尔出现几个零星的雕塑小品，没有任何防风避雨的设施，最突出的是它与周边的道路有较大的高差变化，除了在凉爽夏日的晚上可以看见周边的居民在散步以外，其余时间很少有人出入，如果是恶劣天气的话，就更难发现人了。在河西岳麓区派出所调查得知，这条步行风光带也是抢劫等街头暴力行为发生最频繁的地方，他们建议周边的居民，特别是学校里的学生，不要在晚上单独在此逗留，而且在风光带的地面或者是护台上清晰地写着"危险多发地带，请注意安全"。

而在河东的这条风光步行道上，首先，我们可以看到灌木、优雅的亭子、长长的走廊，既可以遮风避雨，又可以休闲娱乐，在这条街道上，设计了一些可供人休息的座椅，而且座椅的安放也很合理，人们除了休息外，还可以观察到周边所发生的事情。其次，在这条街道上建设了一些小型的广场，这些广场有可供人自发举行活动用的，也有供游人休闲娱乐用的，还到处可见一些城市雕塑小品、报刊亭、茶馆。最后，这条步行道周边的住宅区大多都是面向这条街道的，人们在家里很容易观察到街道上所发生的事情，从而可以吸引他们从家中走出来，参与到其中。所以，这条街道的气氛非常活跃。笔者曾对这两条街道分三个不同时段的人流进行了分析，第一时间段是早晨。在河西的风光步行道上，只见三两个晨跑的人，而在河东的风光步行道上，随处可见进行晨练的人。第二时间段是下午。在河西的风光道上基本上看不见路人，除非旁边大学里有班级在此开班会，因为这里足够安静。而在河东的这条步行道上，可以看到有许多老人在亭子和走廊里聊天、下棋，许多孩子放学后在广场上玩耍，甚至还可以看到许多外地人在此拍照留念。第三个时间段是晚上。在河西的步行风光带上 9 点以前还可以看到较多的散步者，而且还有零星的几个摆地摊做小生意的，但是 9 点以后就很少见到有路人出现了，只剩下几个孤零零的路灯。而在河东的步行道上，除了可以看见在步行道对面饭店里吃完晚饭散步的路人外，还有很多父母带着小孩在此玩乐，而且这种状态一直要持续到晚上 11 点左右，在节假日甚至会更晚。最让人惊讶的是，通过对周边民警的访问得知，在这条街道上基本没有出现过街头犯罪的行为。

通过对这两条街道的对比与分析，可以清楚地认识到要想我们周边街道的治安环境得到改善，以下几个方面应该是值得注意的。

首先，要设身处地站在市民的角度上考虑，要设计出符合市民活动的适宜场所，在空间上要注意开放式设计，不要让街道场所被自身的一些设施或是周边的地形或街道所孤立。

其次，可以在人行道的边上布置足够数量的商业点，如报刊亭、茶馆、饭店等，这些设施的设立既可以增加街道的气氛，又可以提高街道自身的质量。

再次，必须要有一些无形的眼睛对街道进行监督，街边楼房居住的市民以及周边正在营业的商铺恰好能够起到作用。如果这些建筑背向街面，那么街道就失去了这无形的眼睛的保护。

最后，街道上要有吸引人们从家中走出来的设施，或者是成为人们通往另一个场所的必经之路，这样街道上就会热热闹闹，人来人往。

综合以上几点，我们可以清楚地认识到要想使街道治安得到改善，街道上就必须有人，人是能够解决这一问题的最终办法。

三、商业机会的创造

当代城市为了提高城市整体形象，增强城市经济活力，在城市中心修建了许多的商业步行街，不但为市民购物提供了方便，而且还营造了一种新的户外活动空间，为城市创造了更多的商机。

一条成功的商业步行街，应该是一个以提供包括零售、娱乐、餐饮、休闲在内的混合功能的总体规划设计，而且还应和公共艺术设施进行合理、协调的设计与管理。避免单一化、死空间，保护面向步行街的店面的连续性，对提高商业步行街的活力来说是尤为重要的。如果在商业步行街中出现隔断的空闲地块，或者出现与街道整体不协调的凹凸建筑，会对商业步行中的步行活动造成较大的影响。而且要提高商业步行街的商业机会，就应该创造一个使步行者在不受机动车辆干扰和威胁的情况下，可以自由在自然性、景观性和其他公共设施中活动的步行购物环境。就像凯文·林奇所说的："步行购物环境应该具备活力性、感觉性、适合性、接近性和管理性的特点。"

人们在步行街的活动内容无外乎就是逛街、购物、休闲、吃饭、打电话、使用厕所等，所以为满足人们的这些要求就应该设置座椅、电话亭、雕塑小品、餐馆等公用设施。而且还应该注意尽量在最短的距离里设置最多的商铺，采用窄门面宽进深的设计方法，这样设计不但可以满足人们出门购物不愿走较多路程的心理，而且还可以创造出更多的商业机会。同时，还应该对残疾或智障人士设计无障碍设施，如盲道等，这样可以为这些人提供更多的活动机会，使他们能够和正常人一起健康地生活。

长沙的黄兴路可以说是非常出名的商业街，但是南北路段的商业气氛却相差甚远。为什么会出现这样的现象？通过深入调查得知，黄兴南路是完完全全的步行道，在路口设有保护柱，防止任何机动车辆进入，在黄兴南路商业步行街的两侧是商铺，中间是由绿化带、水景、座椅、雕塑小品、小卖部所构成的街道，而且最重要的是在黄兴南路的中段还设计了一个小型的广场，在广场的一侧搭建了舞台，平日里许多社会性的活动在此举行，吸引了众多的路人参与，而在另一侧有露天的咖啡厅，众多的路人在此逗留，喝上一口美味的咖啡，观看对面舞台上的活动。这些设计吸引了长沙的市民，甚至是周边城市的市民都到此地来购物，从而使这里的商业气息特别浓，同时也带动了周围超市、酒吧、商场的生意，使这里成了长沙市商业中心。如果将黄兴南路商业步行街的路面再加宽一倍，在步行街的上面加上顶棚，那么就更加完美了。而黄兴北路虽然也是商铺林立，而且周围还有像百联东方购物广场这样的大型购物中心，甚至在旁边还有一个绿化优美的五一广场，但是商业气氛却很冷清。

笔者通过深入研究发现了问题的所在：首先，黄兴北路是人车共行的商业步行街，中间是车行道，两侧是不到 3 米宽的步行道，而且没有护栏等设施，人们购物时深感周边车辆的威胁。其次，就是在该路段上没有任何公共休闲设施，只有几个垃圾桶和一个报刊亭。最后，如果人们想去对面的商业广场购物或者去五一广场休闲娱乐，就必须经过一条非常危险的人行通道，或者是选择前方较远处五一广场立交桥下面的人行通道。这些原因造成了人们不愿意在此逗留，从而这一路段的商业氛围也就不如黄兴南路。

通过对黄兴南路步行街的分析与研究，可以得到这样一个结论：如果一条街道的商业机会要得到改善，就必须对街道的柔性空间进行人性化设计，吸引人们从家中走出来，而且愿意在此逗留。因为商业机会创造的最根本因素就是人，人越多商业机会就越大，如果没有人的参与，就算有再多的商铺也不会有任何商机。

第四章　街道的人性化设计体现

第一节　人性化街道的特点

一、合理空间尺度

传统的街道修建于没有汽车的时代，合适的街道宽度与街道立面形成的高宽比更能为城市步行生活提供良好的情感与参与性，在 0.9 ~ 1.2 的高宽比之下，建筑往往能作为街道合理的立面而参与到街道的日常活动中来。当街道的宽度与长度合适时，步行人群的出行感受能变得更为丰富，人们可以获得城市步行生活的快乐，提高步行出行的质量与效率。一般街道的节点之间距离不宜过大，以 200 ~ 500 米这样的距离较为适宜，这也取决于街道的属性以及街道周围的自然景观。

二、街道的参与性

参与城市步行生活，这样的情况应当从两个方面来理解，一是城市人口能参与到城市步行活动中来，这包括了“刚性出行”以及“选择性出行”。在“刚性出行”的环境下，人对于出行过程的感觉相对较低，在建设人性化街道的前提下，能将“刚性出行”在一定程度上转化为“选择性出行”，提高人群的出行质量与感受。“选择性出行”是人们主动投入到城市步行空间中，也是城市活力的真正体现，“选择性出行”所占出行比例越大，越能证明城市街道的人性化建设、城市的经济状况与福利等多方面的情况。街道作为“选择性出行”的主要场所之一，承载了人们对于精神消费需求的职能，建设人性化的街道能够激发城市居民步行出行的积极性，当越来越多的人愿意参与到街道的活动中来时，人性化的街道才显得更有意义。

三、街道边界的互动性

人性化的街道边界应当是可以与行走在街道上的行人发生关系和进行互动的柔性空间，即能对人产生行为的街道边界。因此，街道边界能否与步行人群发生较好的互动以及这样的互动边界是否具有连续性，是街道人性化体现的一个较为重要的参考依据。

许多街道的边界都是高耸的围墙、封闭的院落，行人只能孤零零地走在无聊的街道上，没有丝毫的停留之处与停留的机会。街道的边界不应当再以封闭的边界来划分内外的秩序，相反，保持街道的通透性与互动性能更好地维持街道的活力以及保障步行过程的多样性与自主选择性。当人们能够在街道上从事各种各样的活动之时，步行出行的概率才会得以提高，当街道的互动与出行的人群增多，一个充满活力的街道才得以显现。

四、街道的舒适性、安全性及无障碍性

街道的路面状况同样会影响步行的状况，如坑洼的路面下雨后会产生积水，鹅卵石的铺装不利于人群的行走等，因此人性化的街道铺装应当是平整、防滑的。另外，平整的路面同样让步行过程变得更为安全，在步行人群中包括老年人和存在身体缺陷的人群等，平整的路面会让步行过程更为安全、舒适。这里所说的平整除了街道路面外，同样包含了街道的高低差、台阶等因素。因此，街道的舒适性在一定程度上影响到了街道的安全性。

人性化的街道同样是需要无障碍的，街道中存在障碍时，除了会对步行体验造成影响之外，也会减少人们参与步行活动的积极性。这里所指的障碍多半为不合理的街道设施或者车辆的停放，这些设施的摆放影响或是阻断了步行路线的流动，使得原本就不宽敞的人行道变得更为狭窄。

第二节　以步行为主导

生活街道与商业步行街、宽阔的马路相比有着自己的特点，这样的街道既不是城市高速运输的主流载体，也不是商业消费的场所，而是在城市的日常生活当中提高生活环境质量，为社区步行出行创造条件的街道。在宽阔的马路所围绕的一些区域当中，许多社区周围都存在着步行出行能到达的场所，如公园、学校以及小型的广场之类平时人们常去的场所。这些场所与社区共同组建的区域构成了日常生活，也是人们选择性出行的一些主要目的地。然而在步行的过程当中经常存在着被机动车干扰，步行路线被迫阻断的情况，这是街道在设计之初以机动车优先于行人所导致的结果，其表现就是步行路线受到阻碍，甚至被忽视，并且出行的过程单调无聊，步行空间被人为破坏（如机动车停放在人行道上）。

以步行为主导的街道，其首要核心理念便是主要参照标准是以人的尺寸来衡量的。包括人的步行速度、身体机能、身体感受以及步行体验等方面，当这些要素都具备的时候，人性化的街道才得以产生。比如，以速度为例，汽车速度即便是在较慢的情况下也能达到 20 ~ 30 千米 / 小时，在这样的速度之下，街道两侧的情形基本无法与驾驶员发生关系，而在乘车的情况下，乘客也只能观察到 4 ~ 5 秒内的景物。在步行时，行人的速度按 5 千米 / 小时来计算，在行走而不停留的情况下观察街道两侧的情形至少能维持到 30 秒以上，如果步行者对这个情形感兴趣的话甚至可以达到数分钟的停留观察时间。在两种速度之下，街道两侧的设计方法便会不同。

当街道以步行为主导的时候，对步行行人的考虑排在了首要位置。伊丽莎白·伯顿

和琳内·米切尔在《包容性的城市设计——生活街道》一书中将生活街道的特性进行了总结与归纳，街道的可达性、舒适性以及安全性便是建立在完全步行状态的基础之上。当以步行为前提的要素满足之后，以步行为主导的街道同样可以接纳机动车辆（如图 4–1、图 4–2）。

图 4–1　步行为主的街道

图 4–2　步行为主的街道

第三节　街道的尺度

一、街道路面的尺度

人性化的街道在尺度上往往比那些为城市提供车流运输的马路要窄小得多。当以人为参照标准的时候，街道的构成符合人的身体特性，往往比较紧凑，如人的步行速度与时间。“如果以 5.4 千米 / 小时速度行进，450 米的步行路程需要 5 分钟，900 米路程则需要 10 分钟。”扬·盖尔除了以步行速度衡量街道的长度之外，对于街道所覆盖的面积也做出了统计，“大多数城市的中心面积都在 1 平方千米左右，也就是一个 1 km × 1 km 左右的区域。这就意味着，只需走不超过 1 千米的距离，就能够到达大多数城市设施。”而克利夫·芒福汀则以人对于建筑、街道的空间感知为出发点，认为“街道连续不断的长度的上限大概是 1 500 米。超过这个范围人们就会失去尺度感。即使是远远短于 1 500 米的街景，视线的终结也会引起相当的难度。”

但无论哪种说法，人性化的街道长度永远是小尺度的，人性化的街道必须符合步行出行的前提，若是街道过长则会增加步行过程中的体力消耗与时间的占用，在这样的情况下，出行者往往会选择乘车而非步行了。我们不妨将街道的长度与步行出行所带来的体能消耗、时间占用以及步行过程中的视线感作为共同参照，根据不同长度的街道采用笔直的或者是弯曲的路面来完成街道长度的控制。

二、街道的宽度

人性化街道的宽度应当受到一定的限制，首先若是以步行为主导的街道其主要的交通方式便为步行，一条 10 米宽的步行街道便能满足每小时数百人的通行。“当街道在 6 ~ 9 米宽且两侧都是三至四层的建筑物的时候，它就给人以街景的完整性和围合性的感觉……”同时，狭窄的街道也有利于步行人群参与周围建筑、场所的活动，若是街道的宽度过宽，除了街道的空间感消失之外，人们对沿街建筑、街道周边场所的关注度也会下降。当然，根据不同的人流、不同的区域类型设置街道的宽度也同样重要，以上所述主要为日常生活区域的街道。但无论何种类型的马路与街道，都应至少保证提供足够宽度的空间给步行人群。

第四节　街道的路面设计

一、街道的路面布局

在现代主义城市规划中，以汽车为主导的路面一直占据着主要的位置，笔直的马路是为了满足汽车行驶的需要，尽可能地发挥汽车的速度效率而减少路面与马路边界的互动等带来的驾驶方面的干扰。

在人性化的街道设计中，人的视角成了新的参照，笔直而宽阔的路面对于步行人群而言显得多余而又单调，同时由于使用者的速度降低，行走与停留可自由选择，人性化的路面选择变得更为丰富起来。当步行人群走在街道上时，目光的注意往往是街道上的景色，街道路面的布置可以是蜿蜒曲折的，也可以是笔直的。对于数百米的街道而言，采用直线的街道也可行，以步行速度而言，一条500米长的街道步行也只需不到10分钟的时间，而直线的街道更具有识别性以及方向感。较长的街道则可以布置成蜿蜒曲折的，以街道的边界作为视线的消失点能让步行人群在视觉上消除一定的疲劳，不会再出现“未走先累的”街道了。

丹麦的Stroget步行街便是采用蜿蜒曲折的街道布置，由于视线被街道两侧的建筑遮挡而望不到尽头，从而增添了街道的神秘感。其街道全长约为1 000米，若是采用直线的街道布置则可能会造成视觉上的疲劳，更不会增添步行过程中的情趣。

罗马的朱伯纳里大街便部分采用了直线的街道布置方式，在两条直线街道的交界处设置了节点。即便是直线的街道布置方式，两条街道也并非保持在同一直线上，而是成角度地折弯了。在保持街道直线的同时也让视线落在了街道两侧的建筑之上。当步行完一条直线街道之时，也只会看见下一条街道的终点，这样既能够保持街道的规整性，又能为步行人群创造更为丰富的步行视觉感受，同时也能够减少视觉上造成的身体负担。

二、街道路面的舒适性

人性化的街道路面在街道布置上显得丰富多彩。步行出行同样也受到多方面的制约，以街道的铺装为例，平整的街道路面对于不同年龄层级人的步行状况都不会造成影响，随着老年人口的增多，步行人群的运动能力可能会有所下降。步行的出行也并非全是行走的状态，婴儿车、轮椅以及购物车这样的步行车辆也经常会出现在街道上。“平坦防滑的路面是良好的选择。从视觉上说，传统的鹅卵石和天然板石碎块个性十足，但是很少符合现代需求。在那些一定要保留原有鹅卵石特色的地方，就应该设置花岗石路带，以便轮椅、童车、老年人以及穿高跟鞋的女士相对舒适地通行。”平坦而防滑的路面同样让行人不容易摔倒，对于步行出行的安全也有所提高。

人性化的步行交通应当是能够自由地、畅通无阻地进行的，这点对于人性化的街道路面同样提出了要求。在以往的街道设计上，往往为了区别人行道与机动车道而采用抬高人行道的方法，这样虽然区分了两种交通模式，但是对于行人的步行过程却是一种阻碍。最为典型的现象便是机动车辆为了进入街道两侧的区域而经过人行道时，人行道便会被迫阻断，原本处在同一水平面上的步行路线会因机动车道低于人行道而下沉（如图4-3）。

图 4-3　不同类型街道路面

三、无障碍的街道

另外，在中国，城市发展与建设过快，导致街道在设计人行道的时候对步行的干扰没有重视，在步行路线中随处可见电线杆、垃圾桶以及下沉的树池等，这些街道上的设施对步行路线造成了干扰，使得原本就有限的步行空间再一次被压缩。“在都市步行环境中，还会引发其他很多小麻烦、小困境。比如，为了把行人限制在拥挤的人行道上，很多地方都加上了护栏。在街道相交处，还有一些障碍阻挡行人靠近街角，此类障碍甚至延伸到马路上，让更多的人绕行，气恼不断。”红绿灯的出现同样会造成步行路线的阻断，延长步行出行的时间，若是建立以步行为主导的街道，将街道的主动权交给行人的话，这类情况将会避免。

步行人群在出行的过程中，往往比较注重体能的消耗，这点在阶梯和台阶上便能得到体现，往往水平运动所造成的体力消耗较少，而攀爬阶梯、台阶等会造成较大的体力消耗。在步行人群当中往往也存在着老年人口，推着婴儿车出门的家长以及拖着行李箱、购物车出门的人。当这些人群遇到台阶或阶梯的时候往往会因为行动上的不便而产生更大的体力消耗，甚至出现安全事故，若是在必须要设置台阶或阶梯的情况下，则需要另外设置坡道，供这类人群行走。

第五节　街道的边界设计

一、街道的沿街建筑

街道的边界往往决定着步行人群出行活动的数量，沿街建筑的数量较多时，人们在一次步行出行当中更容易参与不同的街道活动，多样化的步行生活体验也更容易实现。同时，沿街建筑单元布置得较为紧密时，步行出行的效率也会得以提升。以一条 500 米长的街道为例，若是街道两侧的建筑开口为 5 米时，行人走过这条街道便会经过接近 100 个建筑单元，那么数百米的步行距离或许可以满足一个人日常生活中一次步行出行的全部需要。紧凑的建筑单元还能够将步行人群的注意力集中在观察街道两侧的活动中，从而淡化步行所带来的身体疲劳及距离感。紧凑的建筑单元所展现的形式往往也是垂直方向的，“如果建筑立面主要采用了垂直方向上的表达形式，那么人们就会感到步行路程更短、更省力，相反，如果建筑采用强烈的水平线条，则会加深和强化距离感。”沿街建筑的高度都应当符合步行人群在视觉上的规律，步行空间属于一种视平层的空间，人在步行状态下对存在于过高空间中的事物感知往往较弱，甚至无法察觉。前文已经分析了在步行状态下，人的视线角度是有限的，在能观察到街道边界现象的距离内，步行人群往往只会感受到沿街建筑一层、二层的建筑立面以及建筑内所发生的事，再往上便脱离了人的视线角度了（如图 4-4）。

图 4-4　沿街建筑

二、街道边界的开放性

街道的边界能为行走在街道上的行人开放的时候，其边界才具有人性化的特性，人们才能更方便地投入到街道的活动中来，如前文所述，一条街道若是不存在任何业态的话，那么过往的人群除了行走之外便无法进行任何城市活动了。为了街道而开放的沿街建筑不仅让步行出行的人群获得了更好的步行效率与质量，对于整个城市生态的建设来说也是极有帮助的。当街道上布满人群，人们都投入到城市公共空间中的各种活动时，街道的生命力以及活力才得以显现，而数个这样充满活力的街区组合在一起的时候，便使整个城市都充满了活力。当今中国的城市建设中，街道两侧往往是围墙或者围栏，这种情况不仅在汽车行驶的马路上存在，在一般的慢行街道或者人们日常生活的社区中也较为普遍。国家的规划标准在一定程度上造成了这种现象的出现，因为对步行出行的体验及感受而言它们并不在这个范畴之内，但更多的是因为城市建设过快导致了设计上对步行人群的忽视。

三、街道边界的尺度

街道的边界同样要适应步行人群的尺度，在距离上应当符合步行的规律，如果街道边界离得太远而又不具有吸引人群停留的条件的话，那么这类场所往往无人问津。街道经常出现边界距离人行道太远的情况，在这些场所中，很难看到人群参与到这些场所的活动中来。这种情况往往同宽阔的机动车马路和大型的建筑一同出现，也是这些原因共同造成了城市尺度的失调。封闭的建筑以及场所单一的功能使得这些场地无人问津，过长的街道对于步行状态也不友好。

四、街道边界的场所

若是在街道边界设置供人停留的“凹空间”的话，则同样需要设置许多供人停留的设施，如座椅，或者能让人坐下的景观盆栽以及较好的环境等。这些街道边界上的“凹空间”可以是各种供人停留的场所，如袖珍公园、小型的广场等。

位于中央美术学院南侧与另一处商业住宅用地之间有一处条状的空地，通过查阅望京的规划记录得知这里曾经应当作为街道之用，由于大学与邻侧的公园之间间距过短，导致原本修建街道的土地宽度不够而造成了土地荒废的情况。这片区域由于年久失修再加上无人管理、维护，地面铺装损耗严重，形成的坑洼不计其数，对于该区域的过往行人造成了较多的不便。对比其他大学周边的情况，作为学校的出入口之一的场地应当是能提供行人方便出行、丰富学校生活的一处场地，大学周边由于有学生人群的存在而更能体现出城市生活的活力。由于土地使用的单一功能与无人管理等情况，那块空地现在被作为公共停车场之用。

除此之外，该场地也临近住宅社区，作为社会公共土地更应当向社会群众开放，这个位置正好可以连接花家地社区与旁边一处公园。从社会功能上考虑，重新规划使用这块场地能更好地发挥公共土地的属性，让其作为供社会人群停留、步行、休息的城市空间。开拓新的步行路线也能更好地激发人们出行的积极性与旁边公园的使用效率。从公共艺术上考虑，该大学的艺术作品可以进行临时性的公共展示，既丰富了出行人群的视觉、文化，也能让更多的公共艺术作品展现给社会，而不是只待在学校的某个库房或展厅里。

根据现场的调查，该处荒废的土地使用频率其实是很高的，虽然目前只直接联系着两所学院以及街道，但人们在日常生活中出行以及儿童上下学都必须经过该处荒地（见表 4–1）。

表4–1 荒废土地使用情况

时间段	使用人群以及目的	使用频率
6：00–9：00	晨练、家长送小学生上学	较少的使用频率(范围内 5 ~ 10 人)
9：00–14：00	大学生的日常出行，家长接送小学生回家吃饭	较高的使用频率(范围内 20 ~ 30 人)
14：00–18：00	家长接小学生放学、大学生的日常出行	超高的使用频率(范围内 30 ~ 50 人)
18：00–22：00	散步、大学生回到学校	较少的使用频率(范围内 5 ~ 10 人)

通过数据的统计与整理，不难发现该处场地尽管目前作为单一功能的用途，其使用的频率以及时间段仍然是较广的，然而场地的恶劣条件使得刚性出行变得更为麻烦。尽管人们不得不经过此地，但没有任何的停留，当然这里也不会是一处休闲的场所，也不会有任何的选择性出行在此处发生，在场地与街道的交汇处，偶尔才能看见晨练的人经过。

由于地处街道沿侧，再次利用的土地也可以理解为街道的一种节点与延伸，在许多国外的街道中均有采用这样设计的方法与案例，针对场地面积不足以建设建筑时，往往采取了修建袖珍公园以及供人停留的一些场地。比如，美国纽约的帕莱小公园以及古林埃卡小公园，原本的场地建成公园后，使得停留的人群增加了，与此相联系的是街道的使用效率以及步行的出行感受得到了加强。

场地连接着花家地南街、中央美术学院、方舟苑小学以及南湖公园，作为一条需要集合街道、公园以及学校的场地，需要具有不同类型的功能与作用，如行走、停留、等待以及视觉艺术的展现。作为街道的一种延伸，场地需要具备良好的可达性和视觉上的通透性，在街道的边缘，良好的可达性和视觉的通透性能让过往的人群稍作停留，在确认内容的情况下可进入场地步行等活动。学校门口，需要具备良好的集散功能，其中包括校园活动时较大人流的集散情况，也包含平日上下学时家长接送、等待的情况，因此一定量的一、二级座椅和空闲的场地成了必需。作为连接街道与公园的场所，在绿化种植上应当成为公园与街道之间的过渡，并且地面铺装也应当与人友好，前往公园的人群也可能包括了老年人、婴幼儿等情况，同时也有可能含有轮椅等载具出入的情况，应取消阶梯，保持路面的水平或者专门设置这类载具通行的平整路线。

对于这块场地而言，除了与场地直接联系的区域与业态能直接收到作用以外，其周边的更多场所也会因为这块场地的人性化改造而得到益处（见表 4–2）。

表4-2　场地延伸

联系到的场所	作用与效果	人性化的体现
花家地南街	街道边界的美化与延伸	视觉的美化以及步行路线的延伸，公共艺术的展示
中央美术学院	学校大门的美化	步行的舒适性提高，供人停留的场所增加
方舟苑小学	学校大门的美化，新增供家长等待儿童放学的场地	步行的舒适性提高，儿童上下学的安全性提高，家长等待时的环境提高
南湖公园	更为便捷的交通	前往公园的时间减少，公园的使用效率将会更高

第五章　柔性空间的人性化设计研究——街道步行空间

第一节　城市街道步行空间的概念及街道步行空间的功能

一、城市街道步行空间的概念

城市是由建筑和空间虚实围合构成的空间，城市空间特征是由空间形态结构及相对规模尺度决定的，城市空间可归纳为城市广场空间、城市街道空间和城市公共开放空间。城市街道空间集结了建筑、人和环境设施，把景观节点组合成连续的景观轴线，其街道本身就是城市景观的艺术文化风景长廊。

街道的概念上文已作讲述，下面描述步行空间的概念。

生活离不开步行，步行是古老传统的出行走动方式，也是短距离外出首要选择的交通方式，每个人每天出行的目的各有不同，如办公、散步或观光等，出行的次数也不等。对于城市街道步行空间来说，包括居民步行的道路体系，和步行带、步行区，还有路两侧界面的建筑形式、公共设施、植物配置，还有路径穿越的活动场所、绿地和开敞或围合的空间等，这些综合因素之间相互协调形成用于人们步行的完整的街道步行空间。其步行空间应具备宜人的空间尺度、空间形式、浓郁的生活气息，给行人带来不同的视觉与游憩体验。

步行空间与步行区概念一般是不同的，步行区是为了缓和城市中心区的交通压力，同时为了满足人的需要而进行的人与车分离的单纯的步行区域，为行人提供安全的购物环境。有效地组织步行系统可降低人们对汽车的依赖，增加人们的安全感，优化城市人文及物理环境，带动沿街商业的发展，步行空间不仅是美化城市的规划设计，也是支持城市街道商业活动的重要元素。步行空间体现了现代人向往有活力的城市生活的特点，从现今大量步行空间的改建不难看出，人们对购物的关注已慢慢转向对交往环境的关注。

二、街道步行空间的功能

步行空间是城市街道的一个重要部分，步行空间的交通功能只是一方面的内容，排除这些，城市街道步行空间还提供了展示我们日常生活的平台，见证了历史的变迁和人间冷暖。步行空间还有社会属性，具备一定的社会功能，主要表现如下。

（一）交通功能

交通功能顾名思义就是人们生活中，担负人的活动和远距离物流的责任，是我们出行必选的一种交通方式。在步行空间中，生活性街道的交通功能远不如交通性街道的便利性好，不管从速度还是物资方面都赶不上，运载功能较弱，毕竟是步行，不可能运载大型物品而且时间上也慢。一般只要是出行，必先步行，所以街道步行空间自始至终首先满足的还是交通功能，任何室外活动都离不开它，我们需要凭借街道步行空间来提供自己与外界接触的平台，无论怀着怎样的目的，都需要它的帮助，提高城市居民的生活质量和城市自身的建设发展水平，为我们城市的后续发展提供有力的保障。

（二）社会功能

进入一个陌生的城市，最容易看到的就是该城市的街道，它代表了一个城市的整体形象。假如这个城市街道的设计考虑到各类人群的需求，富有人性化，自然给人印象深刻；反之，这个城市的街道杂乱无章，设计风格单一无个性，那么给人更多的是失望。城市街道除了交通功能外，还具有更多的社会功能，需要得到我们的充分重视，主要表现在以下三点。

第一，精神需求场所。城市街道步行空间是由都市人的接触与交流得来的，人们在长椅上喝咖啡聊天，陌生人之间谈论天南地北，通过沟通互换彼此的心事，老人与小孩同家人嬉戏，或者坐在路边不停地观望，这些是《美国大城市的死与生》中对街道活动的描绘。通过这些可以看出，我们除了在街道上满足日常的物质需求外，更需要的是在与他人交流过程中对精神的放松，建立对他人和自身的认可，获得生活的积极性，缓解生活和工作带来的精神压力。

第二，感性意识。归根结底，人都需要情感的熏陶，面对日夜生活的城市，我们需要对它产生一种归属感，哪怕是个陌生的地方。不同的性格对同一种事物会有不同的认知，这是由我们的感性意识决定的，不管是街边的长廊或者座椅，甚至是路灯和路灯旁的植物，都是我们的一种感性认知。

第三，历史的记录者。街道见证了太多的历史和文化，世态变迁，太多的东西在你我之间潜移默化地变换着，我们的需求通过街道来展现，有时曲折，有时直达，还有时柳暗花明又一村，自然和人文风情的沉淀，构成了我们辉煌的历史。

第二节　城市街道步行空间的表现形式

一、街道步行空间与城市的相互作用与联系

街道步行空间是城市居民生活中不可缺少的场所，城市是街道空间的表现形式，步行空间构成了城市的主要经络，两者相互联系。早期部分的城市都是街道发展演变而来的，在一条街上往来的生意流动，慢慢地发展成十字街形式，随后又出现了网格式道路网的城市格局，在我国桂林阳朔、江浙等地，都能看到这种发展轨迹。街道步行空间与城市生活的联系主要表现在以下几点。

1. 街道步行空间支持人们的多数日常活动，是我们出行、交流的必经之地，是城市文化的载体。我们漫步于路上，与街道的景物产生了交流，街道步行空间还直接容纳了诸如游行、杂耍、观赏等城市活动，不管是清晨锻炼的人们，还是路边小商贩的摊位，这些都是城市生活不可缺少的部分。

2. 城市空间的尺度、形式及用途，取决于街道步行空间及其周边建筑之间的组合。城市沿街建筑的日照、通风和建筑形式直接受街道步行空间的绿化、街道沿街建筑和划分区域的影响。城市中最常见的步行道路都含有伴随行车道的人行道，无论去哪里或者转乘交通，或多或少都必须要有一段步行路程，这一现象的发生必须在街道步行道路上完成。

3. 街道步行空间的发展意味着城市空间的延续，保障了城市与其他部分的有效联系，如铺设在街道下方的给排水管、供暖管道及燃气管道等，无时无刻不联系着其他城市的基础设施。若把城市比喻成网络，街道步行空间就是“信号”，以此支持城市生活的活力和发展道路。

城市空间与街道步行空间是整体与部分的关系，两者在竖向的统一协调是对城市历史的尊重；在横向的统一协调是对实际环境的尊重；同时与大自然的协调是对自然环境的尊重。街道步行空间没有城市做依托是不可能存在的，提高步行空间自身与外界的信息交流，注重安全性和景观价值，对内部的环境和功能的发挥都有一定的影响，街道步行空间体现了城市的文化涵养的沉淀。

二、城市街道步行空间的表现形式

“城市街道规划与设计，起初源于步行空间环境的创造。”这一看法早已得到许多经济发达国家的认可，并成为城市规划和城市设计的主要宗旨，可以将城市街道步行空间分为以下几种类型。

（一）满足生活需求的次要道路和支路

城市街道具备生活性需要，限制行车速度且速度较慢，提供人流量较大时可停留的公共性建筑和长时间停车的场所，一切服务于大众，我们将这种道路称为生活性街道步行空间。

（二）传统街区的步行空间

传统街区主要指的是承载城市历史文化，具有深厚的地域文化底蕴的城市空间，记录了城市发展的点点滴滴，看尽城市发展的潮起潮落。在这充满古典特色的街道中，是简单的街道规划，无处不散发出街道魅力，更显活力。现代人的小资情结泛滥，更爱去寻找有特色的街景，人来人往的古巷给内部沿街商业和附属设施带来飞跃式的发展，店面装修的特殊设计不得不让行人驻足，这样会有更多的观望、交流、玩耍、交友等活动，让人在精神层面得到一定的放松，有谁不希望在工作之余、放假期间好好放松一下，这样的情调一下子就会令人心旷神怡，城市街道的生活服务功能被展现得淋漓尽致。总而言之，传统的步行空间不单只是满足了人们物质生活的需求，更是满足了人们精神层面的需求，成为我们情感需求的寄托（如图 5-1）。

图 5-1　南锣鼓巷步行街

（三）居住区步行空间

改革开放后，我国经济发展速度加快，更多城市建设和老城区改建工作开展迅速。居住区道路与市政相互连接，供居民出行和车辆穿过，人们的居住自然带动了周边配套商业和服务设施的发展，居住区的步行空间更为居民的生活便利提供了保障，同时还美化了住宅环境和丰富了居民日常生活。

（四）商业中心区步行空间

城市的很多步行街已经成为城市空间质量的参考标准。具体的表现形式有：一种是以城市主干道上的步行空间为主，如汉口的江汉路、沿江大道；一种是以城市传统街道的步行空间为主，如武昌的昙华林老街、户部巷，济南的芙蓉路；还有一种是以居住区商业街为主的步行空间。现在商业区更多地以营利为主，导致步行空间质量下降，设施不全、规划不合理（如图 5-2）。

图 5-2　商业步行街活动

（五）城市水系建设的步行道

社会经济发展，随之而来的是环境污染，使城市中产生了更多的污水池或者说死水，人们开始对水污染问题高度重视，兴建休闲的滨水长廊，如武汉江滩、上海外滩、杭州西湖步行道等，以及海滨城市步行街道，人们的活动从街道两旁转换到水域的周边，吸引更多人的视线面向水域，亲近水。

城市日常生活中出行率比较高的是城市次要道路和支路，一般都是较普通的生活性街道，但由于数量较多，设计风格和规划类型大致雷同，缺乏个性和特征，特别是这些街道的景观空间更少，对街道步行空间的人性化考虑自然而然地就少了。

第三节　步行空间人性化设计的概念和分析

一、步行空间人性化设计的概念

早在工业产品大规模生产时期，就萌生了人性化设计的概念，人性化是在设计过程中，研究人的生理和心理、行为习惯和思维方式等的不同，其核心是以人为本的设计目标，使任何“产品”服务于人。同样，在城市街道步行空间的设计中，设计的主体是人，切实地关注人的设计才是好的设计，具有可持续发展性，反之亦然。人们希望的街道步行空间是美好的、放松的、愉快的、舒适的、安静的，在城市街道步行空间的研究中，设计不能脱离人而只单一地站在街道美学的角度去考虑，或者是从经济与科学技术的角度去探讨，这样的情况很容易受到原有设计的影响和制约，忘了自己设计的初衷是人性化的设计。

城市街道步行空间的最终目标还是为城市居民创造一个宜居环境，一个可以促进居民交流、娱乐休闲的氛围环境。同时城市街道步行空间还具备便利的交通、较好的可达性的交通网络、舒适美观的步行环境、便捷的生活配套设施和安全可靠的街道景观环境，让人体会到设计的细节。所谓细节决定成败，每个角落的细心设计都体现了居民对城市产生的依赖和归属感。总结下来，城市街道步行空间的人性化设计，有以下几个方面的体现。

1. 物质需求。形式追随于功能，任何设计的前提都要满足发挥其主要功能的作用，设计对象抛弃了功能性，那它的价值就得不到体现，更不可能体现人性化的设计。

2. 心理需求。在街道步行空间人性化设计中的重点是研究用户的行为习惯、心理需求和历史文化，不仅要体现生理尺度，还要表示人们的心理尺度，无论是在哪一方面，这样的设计都不是整体的设计。我们常说的“好的设计”是要在适用的基础上，从对人的生理关注变成对人的心理的关注，着重展现人的心理尺度，满足人的情感需求的设计。因而，撇开心理需求谈设计都是无稽之谈，这样的设计对我们而言是没有现实意义的。

3. 弱势群体的需求。社会还有一部分因其生理或者心理不健全需要我们特别照顾和关爱的群体，而我们的社会却缺少对他们需要的使用范围的考虑。城市街道步行空间的人性化设计就是要大规模地扩大无障碍的设计，充分理解弱势群体对这个社会的呼唤，满足他们的需求，消除他们的顾虑和不自在，让弱势群体感受到人性的平等和社会的亲切感。

4. 城市街道步行空间的人性化设计无处不体现着我们每一个设计人员对生活环境的细心关怀，全世界都在呼吁绿色设计。世间万物总是只能十全九美，科技带来了飞跃的进步但对环境的污染太过严重，我们再也不能直饮长江水，更多的自然灾害接二连三，人与环境的矛盾不断扩大，与我们最初对城市生活环境的设想背道而驰。

二、步行空间的人性化分析

（一）步行空间的分类与特点

不同的参考体系划分出不同形式的街道步行空间。以时间轴为参考体系，街道步行空间可以划分为经常性的街道步行空间（步行街）和暂时性的街道步行空间；以空间轴为参考体系，街道步行空间可以划分为平面的街道步行空间和立体的街道步行空间；以空间的围合程度为参考体系，街道步行空间可以划分为封闭式步行空间和开敞式步行空间；以与汽车的关系为参考体系，街道步行空间又可以划分为机非分离的街道步行空间和机非共存的街道步行空间。

每一种分类方式都是理想状态下的划分，通常情况下，街道步行空间会以几种类型的组合形式出现，构成多样化的街道步行空间类型，不同类型的空间具有各自不同的性格和职能，具有独特的个性。本书按照行人在街道空间中使用权的优先顺序将街道步行空间的种类划分为以下几类。

1. 专用步行空间

专用步行空间是为了完全排除机动车的干扰而设置的，主要供行人步行通行的空间类型。常见的专用步行空间有城市中的步行商业街、人行道、传统小街巷、高架人行道、地下通道、结合景观设置的林荫步道等。这种类型的步行空间根据其空间形状又可以分为完全开放型、半封闭半开放型和完全封闭型三种类型。专用步行空间因明确地界定出了空间的使用对象，减少了其他交通的干扰，保障了行人的出行安全，因而在一定程度上保证了对人性的关注，体现了人性化的设计理念。

2. 步行优先空间

步行优先空间是指通过一定的措施和手段、限制机动车辆通行的空间。例如，通过道路宽度的收缩，曲线型道路线形的选择，限速、限时、限车型等措施的实施，在发挥街道交通通行功能的前提下，最大限度地保障了步行其中的出行者的利益，这种空间就称为步行优先空间。

步行优先空间适用于机动交通流量不大的城市街道，常见于居住区内部道路、城市生活性支路等。步行优先空间虽没有明确地界定出步行空间的范围，但是在政策和措施上，确保了步行对街道空间的优先使用权，保障了步行空间的人性化。

3. 混行空间（共享空间）

与专用步行空间和步行优先空间不同，混行空间是一种没有对空间使用对象做出任何限定的空间类型。在这种类型的街道空间内，步行、非机动交通、机动交通等多种交通方式共用同一道路空间，它们在对街道空间的使用上没有先后之分，这既是它的不足，也是它的特色。

混行空间同样常见于城市中机动交通流量不大的街道，如城市中最贴近于人们日常生活的生活性支路。在这种空间类型里，步行空间没有明确的限定，是随机的、无序的、不明确的，它虽然没有给步行提供独立的空间或在政策上提供给步行优先权，但是，这种充满了复杂性和矛盾性的空间提供给人们发生更多活动和交往的契机，让步行于其中的人们充满了神秘的期待感，街道生活的乐趣也因此油然而生。这种空间类型从另一种形式体现了对人性的关注，是一种特殊类型的人性化步行空间。

（二）步行空间的功能

1. 交通功能

街道步行空间最基本的功能在于“行”。满足市民的基本通勤需要是它的基本功能。因此，不管是从客观现实还是市民需求来看，交通功能始终是街道中步行空间的基本功能。街道步行空间中通勤功能的实现，主要以街道步行空间网络的连续性和通达性为保障基础，并应能与其他交通空间网络有良好的衔接和过渡。

2. 社会功能

街道步行空间是主要供行人步行出行的空间，相比于仅以通行效率为衡量标准的道路空间，街道中的步行空间更侧重于对人的各种活动需求的满足。人作为街道中步行空间的主要参与者，因自身所具备的社会属性，所以对置身其中的步行空间产生巨大的影响作用。出行的人们可以在出行过程中与他人产生交往，可以进行健身锻炼，也可以愉悦身心等，街道中的步行空间因参与其中的主体——人而附带有众多的社会功能，这也正是其区别于一般车行道路空间的重要特征。

在物欲横流、身心浮躁的当今社会，人们的生活乐趣日益缩小，而本应最贴近人们生活的步行活动也渐渐地被机动化发展的大潮流所淹没。2010 年，上海世博会重新提出了“城市，让生活更美好”的口号，让我们意识到生活的美好并不能用单纯的物质财富来代替和衡量，我们想要更好的生活就必须改变现有的思想观念，从最基本的活动中找寻生活的乐趣。步行是最贴近于日常生活的活动之一，通过塑造高品质的街道步行空间环境，促进街道中的各种社会活动的发生，融合社会功能于日常出行中，这将是一个非常行之有效的提升生活乐趣的方式之一。

3. 衔接功能

城市街道中的步行空间是城市综合交通空间中的一个组成部分，除了完成其自身的功能之外，与其他不同交通方式、不同交通空间之间的良好衔接能让城市综合交通系统整体得以有效运转，提升城市综合交通的整体运转效率。

4. 转换功能

城市街道中的步行空间在与各种交通方式进行衔接的同时，相应地也体现了它的转换功能。例如，快慢的转换、不同交通空间的转换、不同功能形式之间的转换以及不同精神状态的转换等。通过在街道步行空间的过渡与转换，人们可以调整自己的出行方式、出行目的以及出行心情。在不同的转换之间，体会生活的多种可能性与生活的丰富乐趣。框架图见图 5-3。

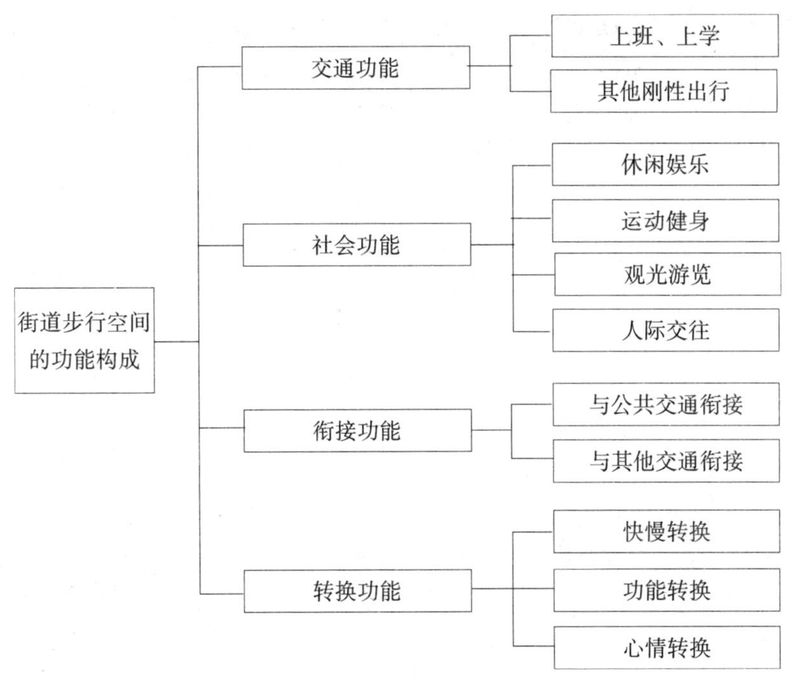

图 5-3　街道步行空间的功能构成

（三）行人出行特征分析

有学者曾经说过，“平常人的本能的特性远比刻意创造的个性重要”。在街道步行空间的人性化设计过程中，需要明确行人的本能特征，而并非是以想象的或创造出的“设计人”为考虑对象，这是人性化设计的根本出发点。

1. 出行特征

事实上，不论选择哪一种交通方式出行，人都是街道步行空间的行为主体。人的活动创造了街道，街道的产生形成了城市，城市为更多的人提供服务，满足人的生存需求，因而吸引更多人的汇聚，这所发生的一切皆来源于人。对街道步行空间的人性化设计进行研究，离不开对参与其中的人的关注。

任何一个有行为能力的人都是街道步行空间的活动主体，包括残疾人、老人、儿童等弱势群体，作为一个群体，他们表现出了广泛的需求。步行与自行车交通的行进速度较低，通常情况下，步行的速度在 0.5 ~ 2.16 米 / 秒，自行车速度一般在 10 千米 / 小时左右；两者的出行距离较短，通常不超过 3 千米。作为社会中的弱势群体，残疾人和老人经常会面临一系列影响其通行的障碍——听觉和视觉障碍，例如有肢体障碍的行人接收其周围步行环境的信息量将会将少。物理障碍可以影响人们的出行行为，并且迫使这些人使用轮椅、拐杖、导盲犬出行或者在陪护的陪同下出行。

一个人的年龄、体能和认知能力对他们行走时言行举止的影响作用见表 5-1。

表5-1　行人交通特征及相关因素分析

特征因素	行人速度	个人空间	行人注意力
年龄	成年人正常的步行速度为 1.0 ~ 1.313 米 / 秒，儿童的步行速度随机性较大，老年人较慢	成年人步行时个人空间要求 0.9 ~ 2.5 平方米 / 人，儿童个人空间要求比较小，老年人则要求比较大	成年人比较重视交通安全，注意根据环境调整步伐和视线，儿童喜欢任意穿梭
性别	男性比女性快	男性大、女性小	相当
目的	工作、事务性出行，步行速度较快，生活性出行较慢	复杂	工作、事务性出行注意力比较集中，生活性出行注意力分散
文化及素养	复杂	受文化教育高的人一般要求高，为自己，也为别人；反之，则要求低，也不太顾及他人	受文化教育的人一般比较注意文明走路，交通安全
区域	城里人的生活节奏快，步行速度快，乡村人生活节奏慢、步行速度慢	复杂	城里人步行时注意力比较集中，乡村人比较分散
心境	心情闲暇时速度正常，烦恼时速度较快	心情闲暇时个人空间要求正常，心情紧张时要求较小，烦恼时要求较大	心情闲暇时注意力容易分散，紧张时比较集中
街景	街景丰富时速度放慢，单调时速度加快	街景丰富时个人空间小，单调时个人空间大	街景丰富时注意力分散，单调时集中
交通状况	拥挤时，速度放慢	拥挤时，个人空间变小	拥挤时，注意力集中

由表 5-1 可知，行人在年龄、身高、体能、视力和对周围环境的认知和反应时间上都有很大的差异性。因此，并不存在理想状态下的“设计行人”，这点在研究街道步行空间设施的配置上非常重要。

2. 活动特征

街道中的步行空间是城市中的线性公共开放空间，其空间内发生的活动类型同样分为三种类型：必要性活动、自发性活动和社会性活动。

扬·盖尔对街道空间中三种类型活动的研究和总结为我们提供了很宝贵的参考资料，对于任何一种类型的公共空间，都包含上述三种类型的活动，它们每天、每时、每刻以不同的比例排列组合，构成多样的城市生活。

其中，必要性的活动通常包括那些不由自己所控制的、每天必须要参与的活动类型，如上班、上学、外出就医等。这种活动类型很少受到外部环境的影响而改变，参与者也没有更多的选择机会，因此这类活动在各种条件下都可能进行。

自发性的活动是根据人们的意愿而自发产生的一种活动类型，这种活动类型通常要根据出行者的意愿、时间和目的，结合外部适宜的天气条件、活动的吸引力等情况做出综合考虑，具有很强的不确定性，如逛街、散步、晒暖、观望等。对于以外部物质条件创造出来的公共空间来说，这部分人群往往成为设计的目标人群，是空间环境极力争取的对象，同时也是空间设计成功与否的最好见证。

社会活动是参与者与空间中其他参与者进行交流互动的一种活动类型，它依赖于人与人之间主动式或被动式的交流，是参与者通过视听的方式感受他人的活动类型，如打招呼、嘘寒问暖、公共集会等。这种类型的活动形式多样、风格迥异，具有很大的差异性，根据不同的活动场所、不同的参与目的、不同的兴趣爱好等会产生不同的社会性活动。而且，这类活动具有很强的诱导作用，在同一空间中的参与者很容易被发生在其中的社会活动所带动而参与其中，从而引发更多的社会活动。

街道步行空间中这三种类型活动发生的数量取决于行人在街道步行空间中的参与程度。当街道宽度增大时，行人之间接触的机会减少，相应的交往频率也会减少（如图 5-4）。

图 5-4　街道变宽，减少交往频率

第四节 街道步行空间人性化设计的必要性和设计原则

一、街道步行空间人性化设计的必要性

（一）思想观念方面

任何一种交通方式都有其存在的前提和适用的范围，在对街道空间使用权的分配上，应能够保证每一种出行方式都有相应的通行空间。这种平等的出行观念在机动化进程快速发展的今天迅速被瓦解，取而代之的是以机动车交通为主导，其他出行方式无条件配合其发展的思想理念，由此导致在我国居民日常出行中占有巨大优势的步行交通在极其不利的发展环境下逐渐收缩，出行比例逐年下滑；街道步行空间的人性化指数逐渐降低，以致消失不见。

道路越修越宽，然而供步行和自行车交通等出行使用的交通空间却被快速发展的机动交通空间越占越多，并一再地被缩减，甚至取消。机动车的强势侵占，带来的不仅是街道空间尺度的变化，还有交通拥堵、汽车尾气的排放、路边乱停乱放等一系列汽车时代带来的城市问题，而且还严重影响街道中步行空间的环境质量。如果不改变“重车轻人”的思想观念，那么，人最终会成为汽车时代的牺牲品。

尽管小汽车出行具有诸多的危害，但是汽车仍然受到越来越多人的追捧，人们甚至想尽办法跻身有车一族的行列，这种现象并不是一时兴起的，而是伴随着机动化的发展以及汽车文化的强势渗透而逐渐形成的。汽车文化在我国的发展可以说是来势凶猛、无孔不入，汽车制造商与商家通过我们日常所需的信息来源渠道进行大肆宣扬，并结合实体店的实际体验，带给我们以强烈的视觉以及精神层面的冲击。有调查数据表明，目前我国七成以上的年轻人愿意购买小汽车，这说明人们对小汽车的追求并不仅局限于舒适、快捷的代步工具方面，而是更多地考虑到它的自由度、身份与社会地位的象征方面。汽车文化的强势渗透在一定程度上提高了经济或城市化的发展。而对于号召进行以人为本和可持续发展的我国来说，更应该侧重的是对绿色、低碳、人性化的步行、非机动车及公共交通出行的宣传，以保障行人的路权，使街道步行空间逐步恢复人性化的尺度和空间环境。

（二）城市基础设施方面

街道中步行空间的基础设施建设目前还存在许多的问题，如空间中基础设施的配置数量不足、设施的位置对街道步行空间的侵占、设施的管理混乱等，从人性化的角度考虑，街道中步行设施建设急需改善。

与城市机动交通系统相比，以步行与非机动交通为主的慢行交通也应当具有相对独立和完整的网络体系以及与之相对应的配套设施。目前，我国城市街道交通空间的建设方面，存在过度重视机动交通空间中设施的建设与投入而过度忽视其他交通空间中设施

的建设的问题。在实际建设过程中，经常可以看到某一商业步行街的开发与建设或者某一特色街区的建设拥有较为系统和全面的设施配置，而在我们日常出行中最为普遍的街道步行空间中却很少有如此系统化的设施配套，即使存在少量的设施，在其布置和管理上也非常无序，与斥重资重点打造的特色项目有着天壤之别。城市中“重点块，轻廊道”的建设思路直接导致了城市街道步行空间中的设施配置不均、街道步行空间的建设和管理滞后、缺乏系统性空间连接等问题的产生。如果政府及相关部门不及时重视这些问题，将会在未来项目的改造中产生诸多的问题并将付出不必要的代价。

二、街道步行空间人性化设计的原则

（一）以人为本原则

在街道步行空间的人性化设计所应遵循的各种原则中，以人为本的人性化设计原则是贯穿始终的基本原则。街道步行空间主要是供居民日常出行和活动的空间，不论是选择何种交通方式出行，归根结底，它的服务对象都是人，都需要满足人在街道出行过程中的心理生理需求和精神追求。也就是说，城市街道步行空间设计的根本出发点和归属点都应该是以人为本，充分体现对人的关怀并对人性给予足够的尊重，这就需要设计师在整个空间设计的过程中遵循以人为本的人性化设计原则，使创造出来的空间处处体现出设计的人性化（如图 5-5）。

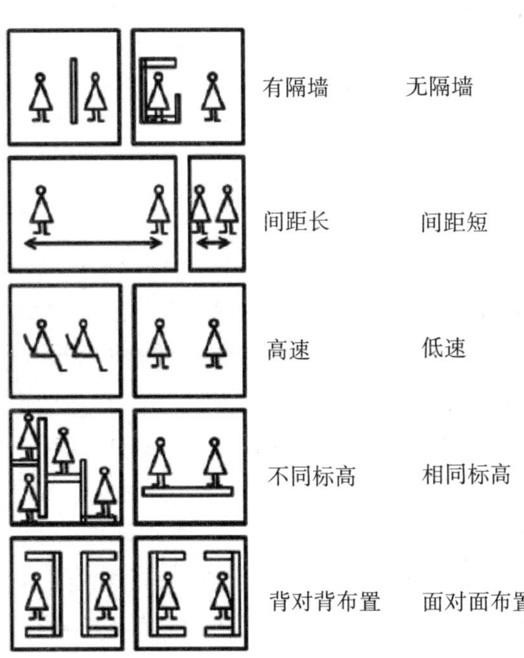

图 5-5　促进（阻碍）交往的原则

（二）无障碍原则

街道中步行空间的人性化设计主要体现在两个方面：对交通空间中弱势群体给予足够的关注以及构建安全、便捷、舒适和环保的人性化步行空间。其中，街道步行空间的设计对弱势群体的关注主要体现在无障碍设计上，它重视残疾人、老年人的特殊需求，是人性化设计追求的理想目标。

我国作为世界上的超级人口大国之一，其60岁以上的老人数量也是一个相当庞大的群体。我国在1999年就已经拥有1.3亿的老龄化人口，约占当时总人口数量的11%，正式步入老龄化社会。老龄化在我国城市中的发展速度很快，它将成为我国未来几十年内发展所必须面临和解决的重大问题，这也将是我国城市人性化设计即将面临的重大挑战。

（三）系统化原则

当前，我国的道路交通规划仅着重于机动交通道路网络的系统化建设，而出行比例占绝对优势的步行和自行车所需的交通空间网络系统的完整性却没有得到有效的保障。城市街道中的步行空间是城市综合交通空间的重要组成部分，是其他交通空间的有益补充，它在充分发挥自身职能和优势的情况下，通过与其他交通空间的良好接驳，使城市综合交通系统发挥出更大的综合效益。因此，需要在设计过程中保障各类交通出行方式空间网络的系统化建设。

系统化的城市街道步行空间网络可以充分发挥系统整体性的优势，如较全面的服务覆盖面、较好的通达性以及与其他交通方式较完善的接驳等，系统化的街道步行空间网络所发挥出的优势性要远远大于局部所发挥出的优势的总和。以通达性为例，街道中步行空间网络的系统化建设不仅可以紧密地联系城市中的各个区域，贯穿城市中的各类功能空间，与此同时，可以方便行人顺利地到达城市中的各个功能空间，即实现了通达性的功能。

（四）多样性原则

正如简·雅各布斯所认为的那样，街道空间的魅力正在于其空间中各种动态的、丰富的、多样性的交织。可以说，多样性是街道空间的本质所在，每天不同的人、不同的建筑组合、不同的交往活动等汇聚并交织在这个大空间中，才形成了街道空间的独特魅力。现如今我们所面临的城市街道步行空间在城市机动化和全球化进程的双重影响下越发地失去了其本身应该具有的多样性的特征，失去了其作为城市公共空间应有的活力。要改变现在街道步行空间的单调与冷漠，需要在设计过程中体现对人性的关注以及对人在其中活动多样性的特征的重视。

街道中步行空间的多样性主要体现在功能需求的多样性、空间形式的多样性及行为活动的多样性三方面。从上节对街道中步行空间功能的论述可以明确，街道中的步行空间并不是一个单一的以交通功能为目的的空间，街道中的步行空间因自身所服务的对象——人的需求的多样性而体现出丰富的多样化特性，如需要向人提供休闲、游憩、健身、娱乐、交往、通勤等功能需求的空间。正是由发生于其中的各种功能的纷繁交织，才构成了独具人性魅力的、具有丰富多样性的城市街道空间。从街道空间的形式来说，街道中步行空间的形式不能仅满足于顺畅性和通达性，还需要处处体现人性化，如需要考虑人的特性、匹配人的尺度以及适应人在其中的各种需求等，体现了其空间形式的多样性。

街道步行空间形式所表现出的多样性的特质首先是由自身的功能需求所决定的，另外也是对人的各项需求的关注。空间和功能具有多样性的同时也决定了发生在其中的行为活动的多样性。街道本身就是一个自由度高、充满众多可能性的活动空间，速度越慢，产生活动的可能性越大，因此在街道步行空间中所发生的各种活动是城市公共生活中最富有活力的部分。一个高度人性化的、充满活力的街道步行空间，应该拥有丰富的多样性，而不是简单的机械化和自动化的叠加。

第五节　街道中地面步行空间的人性化设计

机动交通、非机动交通、行人三种交通方式共同构成了城市中复杂庞大的道路交通系统，三种构成元素以一定的空间配置形式和比例形成了不同功能类型、不同空间尺度和不同空间感受的街道空间环境，因此在探讨街道步行空间的人性化设计这一论题时，需要综合考虑三者之间的空间配置关系，以求从交通系统这一层面对街道步行空间的人性化设计进行深入的探讨，最大限度地满足行人各方面的出行需求，在设计中更高程度上满足对人性的关注和重视。

一、街道空间的发展历程

（一）街道空间职能的演变

小汽车未出现以前，人们的出行通常依靠步行或马车出行，这两种交通方式在速度上并没有形成特别大的差异，对彼此的通行影响不大，因此两种交通方式并没有划分出特定的空间领域，两者共用同一街道空间。此时期街道空间的主导者是步行交通，任何形式的交通出行方式都要以优先满足行人的通行为前提，使步行交通的主导性、安全性以及步行出行环境都最大限度地得到了保障。这种街道形式也就是我们现在所说的人非共板，目前常见于城市道路中的小支路、巷道、弄堂等。

这个时期也存在一些人车分流的街道空间，即使有人行道、车行道之分，但并未真正地实现人车分流，因为“车”毕竟是少数，速度也悠闲，人行道与车行道界限是很模糊的，行人可以自由地使用整个街道空间，穿越不受限制，街道有着融洽的气氛，是理想的交往场所。

真正实行人车分流是在汽车出现以后，此时道路功能开始分化，人行道与车行道担负各自的功能。进入到小汽车时代，小汽车以其高速和高效的通行效率迅速成为街道空间的主导者，街道在规划之初就是以满足小汽车的顺畅通行为依据而进行设计的，在街道空间的划分上，更能明显地感受到机动交通空间主导地位的不可动摇性。道路越修越宽，机动车道越增越多，然而，人行道与非机动车道的空间却被挤压得越来越小，甚至被无情地取消，以满足机动车的通行空间。在这场与机动交通的博弈中，步行和非机动交通俨然成了机动交通的牺牲品。与此同时，一向以步行和非机动交通为主要出行方式的人们，面对机动交通强势入侵所带来的无路出行、出行环境恶化、出行安全受到严重威胁等一系列问题时，不得不减少步行和非机动交通出行的频率，选择机动交通出行，从而导致更多的机动车出行量、更宽的道路建设和更多能源的浪费、更多的环境污染等问题。机动交通的迅猛发展所带来的交通拥堵、城市公共空间的冷漠萧条、人性化的缺失、交通安全问题突出等一系列的问题，让越来越多的人开始意识到过度发展机动交通的危害。相反地，一直被忽视的步行和非机动交通重新被人们关注起来，新一轮的道路交通规划浪潮正在逐步兴起。

尤其是近十多年来，人们对城市环境和居住环境的要求越来越高，要求在环境标准允许限度内使用小汽车，于是出现了交通安宁政策。与此同时，拥有低碳、绿色、低能耗等众多优势的传统交通方式重新得到了社会的重视，如步行、自行车交通和公共交通，它们在日常生活中出现比例的增加必将在一定程度上降低小汽车交通的出行比例，从而遏制小汽车交通的增长。1963 年，英国发布了题为《城市交通》的布恰南报告，该报告后来被认为是制定小汽车使用的交通环境政策的理论基础。报告认为交通功能并不是城市道路的唯一功能，还需要满足交通的可达性和空间的可达性。同年，荷兰出现了“庭院式”道路的实践，并在西欧各国迅速普及。

（二）街道空间尺度的演变

回顾城市的发展和建设历程，不难发现，伴随着城市的发展而发生改变的城市街道形式也日渐丰富和多元化。从街道空间尺度方面，有传统的、小尺度的巷弄、胡同、阡陌小道等，有尺度舒适宜人的（商业）步行街、林荫大道、景观步道等，有适应机动车通行的多车道、宽路幅的城市主干道、次干道等；从街道功能来说，有主要供居民日常生活的城市生活性支路，有景色宜人、供居民休闲旅游的景观大道，有主要供车辆通行的城市快速道路；从道路断面形式来说，有一块板、两块板、三块板和四块板四种基本类型的街道断面形式等，任何形式的街道都是城市发展的见证者，它们共同组成了丰富多彩的城市公共空间。

伴随着交通工具的飞速发展和交通流量的持续增长，我国的街道幅宽逐渐加大，随之改变的是街道宽度和围合感的重要指标，可以直观地看出街道空间尺度的演变。从有关 D/H 比值的研究中可以得出：D/H 的比值在 1 ~ 1.5 时，此时的街道空间存在一种封闭感，当 D/H 的比值在 1 ~ 3 时，街道空间存在一种围合感，当 D/H 的比值在 4 以上时，街道空间完全失去了围合感。

D/H 是研究街道空间尺度的重要指标之一，是建设和评价街道空间的重要参考依据。在运用过程中，可以稍加变通，灵活运用，如结合项目自身的特点而进行巧妙的运用，同样能塑造出尺度宜人的街道空间。广泛存在于我国城市中的巷道，其 D/H 值通常小于 1，但其利用两侧建筑不同形式的围合，形成了开阖的空间，创造出流动的、富于变化的街道空间，这样的空间同样是尺度宜人的。例如，城市化进程中发展而来的大尺度街道——70 米宽的巴黎香榭丽舍大街，其作为享誉世界的著名街道之一，通过对街道空间内各功能空间的配置比例、两侧建筑物的风格以及道路景观的把控，塑造出高品质的步行空间环境和宜人的步行空间尺度，成为大尺度街道建设的优秀典范。可见，街道空间尺度的变化与宜人街道空间的塑造并不冲突和矛盾，是可以通过相应的措施进行塑造和改变的，这对于现如今大路幅宽度的街道的建设具有很好的借鉴意义。

二、地面步行空间的组成

显而易见，地面步行空间的设置方便了人们的出行，保证了出行的安全性。步行空间的空间范围应包括明确的空间界定、绿化、街道树、街道设施和维护等，有助于满足行人对出行的预期要求。有良好管理措施的街道步行空间的范围应包括三个功能区：绿化区 / 街道家具区、行人通行区、建筑临街区。如图 5-6 所示。

（一）街道家具区

街道家具区也被称为绿化带区。这部分区域为行人过街提供缓冲空间，并提供街道树、信号灯杆、标志、路灯、自行车停车和堆积残雪的空间。它包含车行道与行人通行道之间的所有元素，包括路边停车、自行车道、绿化带。这部分区域是人们停泊车的地方，并可能成为铺装人行道的一部分或者未铺装人行道的绿化带空间的一部分。

其中绿化空间又是用来布置街道家具的空间，这个区域配置有最丰富的街道家具和其他物理设施，包括固定的工作台和可移动的座椅、花盆、杂志和报纸的分配箱、广告牌、自行车架、垃圾桶、路灯杆、标志杆、树木等，人们可以在这个区域里观察街道空间中所发生的丰富的活动。这部分空间的尺度并不是固定的，需要根据实际情况进行确定，具有自定义性。

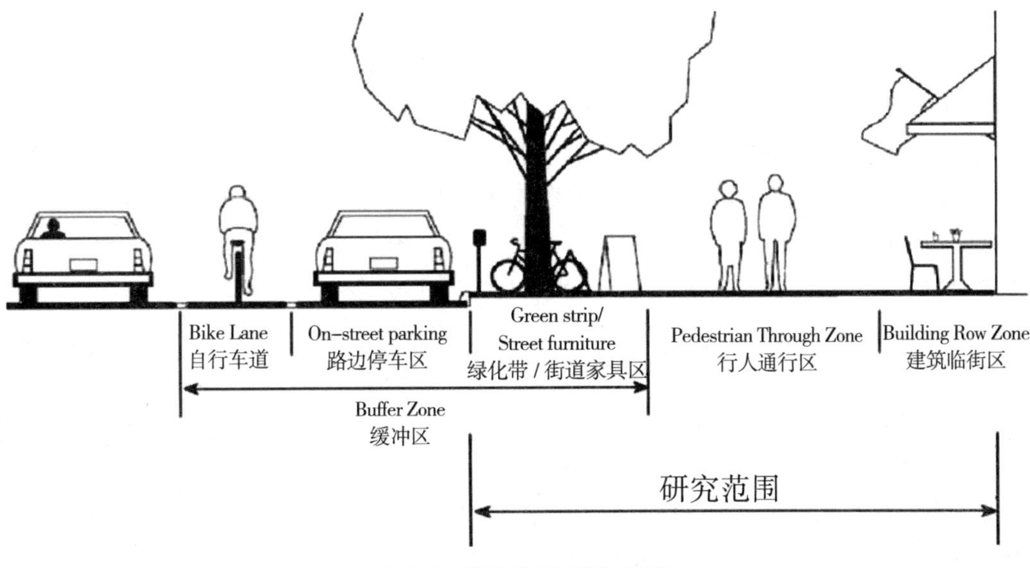

图 5-6　街道步行空间的组成

（二）行人通行区

行人通行区也被称为行人旅游区。这部分区域主要允许行人步行通过，它应该是清晰的、区别于任何物体的，无论是永久性的或是临时性的物体，在这部分空间中，人们会毫不犹豫地停留在这个区域，特别是在人流中做短暂的停留。

（三）建筑临街区

建筑临街区是介于行人通行区与相邻建筑的外墙或路的右边界之间的空间。在城市的中心，这一部分空间基本上是用于进出、逛街、浏览商店橱窗、休息期间吸烟或者打电话交谈、打公共电话、使用 ATM 机、做决策或进出建筑之间的短暂停留等用途，乞丐和街头艺人也可以用这部分空间。无论是建筑设计或者是使用者的创造活动都对这部分空间进行了充分的利用，其中，建筑的外立面是为人们创建角落、街角和台阶以供行人站立和休憩用的最好表达形式。其中有屋檐或遮阳棚以提供遮阴和庇护，还有商店的橱窗以提供有用的和有趣的逛街机会，这里也有公用设施，如公共电话或 ATM 机。儿童被吸引到这个区域，在街上看建筑物或利用建筑的凸凹进进出出或是在街上玩玩具汽车等。

其中，在这三部分空间中行人通行区是行人出行的关键因素，在城市中心区，足够的缓冲区和临街建筑区对于保持行人的便利通行是必要的。路边停车区可用于将来道路的扩展，可用于容纳交通候车亭、电线杆、信号控制器盒等设施。

三、地面步行空间人性化设计的影响因素

（一）机动交通

1. 空间配置形式

（1）分离

平面形式的人车分离主要采用两种措施：在规划之初，明确地限定出人行道路和车行道路。这种措施常用于居住区道路的规划与建设当中。通过一定的限制和改造措施，将机动车道封闭或转换为专供行人通行的街道（区）是另一种人车分离方式，常用于步行街（区）的规划和改造过程中。

平面形式的人车分离形式保障了街道空间中行人的通行安全，提高了街道的空间环境质量，为行走于其中的行人提供了良好的户外交往空间和公共活动空间。与此同时，这种模式的街道形式自身存在着一定的局限性。有研究表明，行人愉快的步行出行距离通常为 300 米左右，超过 500 米的距离就会使人产生疲倦感。由此可知，平面形式的人车分离而划分出的步行街（区）的规模不能超出适宜的步行距离（范围），因此不适宜用于规模较大的城市中心（区）的步行街（区）的建设当中，此时，可以结合立体化的人车分离形式来组织行人和机动交通的顺畅通行。

（2）共存

人车共存的街道形式是一种不同于传统人车混行街道的方式，它通过一些限制措施和设施的设置对机动交通进行限时、限速、限制类型等，同时保证自行车交通的顺畅通行。这种街道形式常用于居住区道路的设计以及机动交通不发达的情况，由于机动车交

通流量不大，因此对行人的通行干扰相对较少，街道的宽度可以得到很有效的控制，既保证了街道尺度的宜人性、行人的通行安全性和步行环境的宜人性，又改善了街道周边环境的交通状况。

随着机动交通流量的不断增加，人车共存的道路空间形式逐渐被机非分离的道路形式所替代。1970 年，荷兰德尔福特地区的居民为了防止机动交通对生活环境的破坏，自发地在自家门口设置花坛、种植树木、铺设地砖，以减少通过性机动交通的穿越。在这种以不威胁行人、自行车的通行和沿街住户的日常生活为前提的条件下，机动车通行的道路形式得到广泛的认可，即人车共存的道路形式。人车共存的道路形式是以保护居民的正常生活为前提的，是生活性道路的一种形式。它的设置主要适用于以居住用地为主、交通量不大的居住区内部道路或城市生活区的支路。

2. 机动车出入口的设置

沿街的机动车出入口的设置在很大限度上关乎行人和非机动车的出行安全，机动车辆的进入与离开严重地耽搁了行人在快慢交通、公共交通之间的接驳时间。大多数行人、非机动车与机动交通的冲突发生在街道上的交叉口、车行道或者小巷中，作为快慢交通的节点部位，沿街的机动车出入口的设置需要进行一定的控制，以保证街道交通者的出行安全。

太多的机动车出入口或者过宽的机动车出入口的设置对于不是很确定进出的司机来说带有很多的迷惑性，同时，也增加了与非机动车、行人之间的潜在安全威胁和交通冲突。对于街道机动车出入口的控制手段主要来自技术方面的控制，包括对出入口的宽度、出入口的数量、出入口间的距离等的严格规定。需要明确的是，对街道机动车出入口的控制主要有以下好处。

（1）保证出行的效率和减少经济上的投资；

（2）减少与行人、非机动车（尤其是与左转的行人和非机动车）之间的交通冲突点，通过合适的出入口设置和较少的机非冲突，减少行人的穿越次数；

（3）减少人行道的处理以便利残疾人士的出行；

（4）减少出行时间和交通拥堵；

（5）提高道路的通行能力和使用寿命，减少道路拓宽的需求，为街道上的行人、自行车或其他非机动车提供更多的使用空间，提高出入的舒适度；

（6）提供协调土地利用和交通之间的机会。

3. 停车空间的布置

（1）路边停车空间

路边停车泊位与非机动车空间、步行空间在街道空间中的布置往往产生一定的交叉，需要在设计中加以考虑。路边停车泊位的设置并不是随意设置的，其前提是保证不妨碍自行车交通和步行交通的通行，其次，它的设置需要考虑该路段的机动车停车需求与否、自行车交通流量的大小以及道路空间是否允许等因素。停车空间的布置形式可以归纳为以下几种情况。

①无路边停车泊位

当路段内自行车交通流量较大且机动车停车泊位的设置严重影响自行车通行时，可以考虑不设置路边停车泊位。该路段的机动车停车问题可以利用附近的路外公共停车泊位解决，或者利用临街建筑配建的停车泊位进行解决。

②人行道外侧停车

无路边停车泊位道路空间的另一种空间布局方式是在道路红线空间范围内，在人行道外侧，结合绿化带或设施带建设临时的停车泊位，其前提是道路红线空间足够设置该停车空间。这种停车空间形式在一定程度上影响了人行道上行人的通行及通行环境的品质，因此仅适用于临时性解决机动车停车问题的路段，在建设后期，需要及时解决机动车停车问题并及时予以取消。

③机动车停车与通行设置在同一空间

当路面自行车道宽度大于 9 米时，可以将机动车路侧停车泊位设置在与机动车通行同一的空间内，二者之间设置机非护栏，以避免对自行车通行产生干扰。

④利用机非隔离带设置临时停车泊位

这种空间形式是在保证对行道树采取保护措施的前提下，确保机非隔离带与路面高度统一以及隔离带上树木或绿化带的间隔在 6 米以上时，才可以设置临时停车泊位。这种停车方式特别适用于城市未改造地区的路段或者旧城区的支路等。

以上任何一种形式的机动车停车泊位的设置都应该保证行人和非机动车的顺畅通行，这是设计的大前提。在设计过程中，应根据具体路段的现状条件进行合理的布置，如若满足不了设置条件，首先应取消机动车停车空间的设置，以保障街道步行通行空间的完整性和系统性（如图 5-7）。

图 5-7　路边停车实景图

（2）公交车站的布置

地面公交车站是人们中长途出行中慢行交通与公共交通接驳不可或缺的公共交通设施，它的设置不仅为行人提供了相关的出行信息，而且它所形成的空间也是快慢交通转换的过渡空间，保障了行人在此等候的安全性。

地面公交车站设施的设置首先应能保证不影响行人的通行，即不占用人行道上的行人通行空间。如若很难避免道路宽度受限制的时候，需要改变以往的公交车站候车亭的设置方式，采用新型的候车亭形式，以保障人行道通行宽度。

公交车站设施的设计从根本上来说是服务于行人的，因此它的尺度和设施的设计应以人的尺度为标准，满足人在此等候所需的种种需求，如休息、查看公交班次信息、防淋防晒等。公交车站设施的设计首先应能满足城市交通的需求；其次应能够方便使用者的使用，如设置挡风遮雨棚、休息座椅、公交班次信息、行车路线图等；它的设置应能保障候车人的安全，便于行人上下车，避免人多拥挤而造成的安全事故的发生；最后，作为城市中的公共交通设施，还应能保证弱势群体及残障人士的无障碍需求。

公交车站设施自身以及自身所形成的空间均具有良好的宣传和展示效应，作为街道景观的重要组成部分，在满足功能需求的情况下，应充分地挖掘其作为景观要素的潜力。作为景观要素的设计原则更适合用于塑造城市自身特色，宣扬城市自身文化，这种设计手法可以很好地突破千城一面的城市街道景观环境，给人以强烈的地方特色和归属感。

为提升城市空间环境，深圳在公共交通建设方面，为倡导绿色出行、改善市民出行换乘的便利性、提升街道的空间环境，提出在地铁出入口与公交站台间增设步行连廊的设计理念，部分连廊还可兼具公交站台的功能，这种类型的连廊体系被称为公交一体化连廊体系。公交一体化连廊设计最基本的功能要求是满足行人在任何天气状况下都能实现在地铁出入口与公交车站之间的“无缝衔接”，同时这一设计能够满足乘客遮风避雨、防晒、通行、绿化景观等多方面的需求，营造出舒适的、高质量的、充满体验感的街道空间。

（二）非机动交通

1. 空间配置形式

（1）人非分离

“人非分离”的道路形式顾名思义，是指利用绿化隔离带、路面高差变化等方法将人行道和非机动车道布置在不同的空间内，常见的形式主要有两种：一种是非机动车道单独布置于人行道和机动车道之间；另一种形式是非机动车道与机动车道混行，布局在统一空间内，与人行道之间有绿化隔离带相隔。其道路断面图如图 5-8 所示。

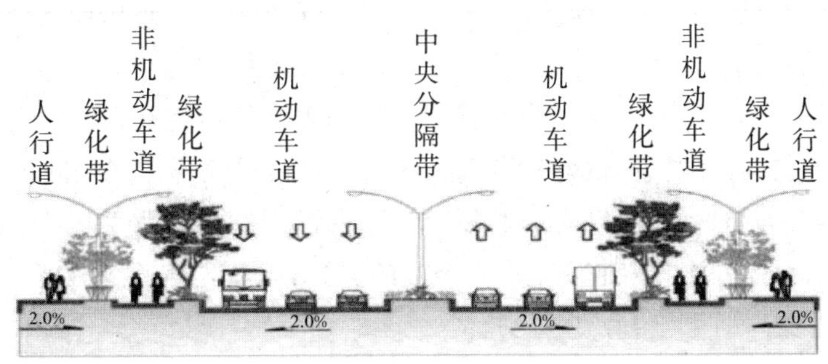

图 5-8　人非分离的道路断面形式

“人非分离”的空间划分形式的出发点是将非机动车道与机动车道作为一个整体进行统一考虑而形成的，这种空间划分在一定程度上保证了人行道空间的完整性，减少了机动车交通和非机动车交通对步行者安全的威胁，保障了作为弱势群体的步行者的出行安全。从非机动交通的角度看，该空间的划分形式对机动车的交通影响较大，尤其是机非混行的道路形式对非机动车的交通出行带来很大的安全隐患，同时，机动车交通的路边停车、公交车停靠、出租车临时停靠等路边停车行为都对非机动车的通行产生很大的影响。

从步行交通这一角度进行考虑，“人非分离”的道路形式从空间上割裂了步行空间与非机动车空间之间的联系，保障了步行交通的通行安全，但是，这种“人非分离”的街道空间的利用率得不到充分的发挥。尤其是在步行和非机动交通在通行时间上具有明显的集聚效应的情况下，这种街道空间会导致步行空间在某些时段的利用率很低，但是在交通繁忙时又明显不够用的现象发生。

（2）人非共板

“人非共板”的道路形式是将非机动车与行人作为整体进行统一考虑，改变了以往的将非机动车与机动车作为整体的板块划分的传统道路形式，即从“机非分离”的形式转向“快慢分离”的形式。此形式的道路不以实物隔离划分通行空间，而是通过警示标志线或者不同色彩的路面铺装加以区分，这样可以方便任何一方在必要的时候借用对方的道路空间进行通行，空间的综合利用性得到更为充分的发挥。

“人非共板”道路类型的优势可以总结为以下几点。

快慢交通的分离，减少了机动车交通对非机动车交通的影响，同时也降低了与非机动车之间的相互借用及侵占的可能性。非机动车与人行道布置在同一空间中，大大降低了步行交通的交通事故率，提高了步行交通出行的安全性。在快慢分隔带宽度足够的前提下，可以利用该部分空间进行公交港湾停靠站或者作为出租车上下客的临时停车之用，在满足机动车停靠要求的情况下，尽可能地减少机动车临时停车对步行交通的影响和干扰。

“人非共板”的道路形式大大提高了街道交通空间的综合利用率，这种道路形式提供了较为灵活变动的通行空间形式，供非机动车交通或行人在交通流量高峰期间借对方空间进行通行，既保证了一定的通行效率，又最大限度地利用了道路空间。

“人非共板”的道路形式方便道路的改造，在必要的时候，可以便利地转换非机动车道与人行道之间的空间。

虽然这种道路形式具有一定的发展优势，但是也不能避免有它的局限性。因在人行道和非机动车道之间并无实物的硬性隔离，很难保证两种交通方式之间不产生相互侵占空间的现象发生，同时，非机动车道毗邻人行道设置，在一定程度上对步行者，尤其是对步行者当中的弱势群体的交通安全产生潜在的威胁，对于逆向行驶的行人或非机动车，这种冲突就显得更为严重与不可避免了。

2. 停车空间的布置

自行车停车设施的设置应能保证有足够的停车数量以及位置的方便性。就其布置的位置来说，应能就近以及灵活地布置，结合绿化隔离带、建筑出入口、门前广场或绿化空间等设置。就公共交通的换乘方面，应在公交车站或公共交通枢纽处根据需求设置足够数量的自行车停车泊位，以方便骑车人与公共交通之间的良好换乘，实现停车换乘模式的有效发展（如图 5-9）。

为鼓励自行车出行，公共建筑、居住区、办公楼、学校等应在其用地范围内灵活设置足够数量的室外自行车停车泊位。室内自行车停车位的设置能更有效地促进自行车出行的数量，如在办公建筑内设置自行车停车位，将更加直接有效地鼓励更多的人骑车上班。

图 5-9　秩序良好的自行车停车空间

四、行人通行空间的人性化设计

（一）通行空间的宽度

城市街道中人行道宽度的设置直接影响到行人的正常通行，设置过宽，将会造成大量的土地浪费；设置过窄，行人无法顺畅通行，势必会挤占非机动车道甚至机动车道，造成交通混乱的同时增加了交通事故发生率。行走在人行道空间中，人们需要躲避绿化带、服务设施、休憩设施、道路附属设施等，其真正供通行的有效宽度远远小于人行道的实际宽度。在街道步行空间的人性化设计过程中，需要明确行人有效通行空间的概念。通行空间是人行道空间中主要供行人通行的有效通行空间，其宽度是人行道宽度减去绿化带或街道家具区的宽度。见表 5-2。

表5-2 不同功能道路人行道最小宽度

道路类型	人行道最小宽度（m）
住宅区内部道路	1.5
区间路	1.5 ~ 3.0
一般街道及工业区道路	3.0
一般商业性街道	4.5
主次干路商业集中路段及文体场所附近道路	4.5 ~ 6.0
大型商场或文娱场所路段及商业特别集中的道路	6.0
火车站、城市交通枢纽及群众集聚较多的道路	4.5 ~ 6.0
林荫路	1.5 ~ 4.5

我国现行的《城市道路设计规范》（CJJ37–90）中仅涉及了人行道的最小宽度不应小于 1.5 米，而并没有对行人通行的有效空间进行规定，无法真正地保障行人对人行道空间的有效利用，建议规范将人行道宽度更改为人行道有效通行宽度。

行人通行宽度的确定需要满足使用者的实际需求，人行道的宽度应以 1.8 米为宜，不宜小于 1.5 米。若出行者为行动不便者，则所需的宽度应有所增加。

（二）无障碍设计

无障碍设计是为不同程度生理伤残缺陷者和正常活动能力衰退者的日常出行和生活提供便利和舒适度的设计。“1961 年美国国家标准协会制定的《关于美国身体残障者易接近、方便使用的建筑、设施设备的基准规范书》首次提出无障碍设计这一理念。1974 年，联合国国际身心障碍者专门会议作为无障碍设计报告书的契机，之后无障碍设计之名词才正式被使用。”

我国在 2001 首次颁布实施了《城市道路和建筑物无障碍设计规范》，并规定“城市主要道路的人行道，应当按照规划设置盲道。”事实上，在我国城市道路的规划和建设当中，盲道并没有得到足够的重视，街道中设置的盲道要么不符合现实需求，要么被无故占用，要么不安全等，对弱势群体以及人性的关注可见一斑。

道路的无障碍设计是方便残疾人室外活动和出行的基本保障，需要在设计过程中保证无障碍系统的连续性和完整性以及配套设施的齐全性。道路的无障碍设计牵涉众多系统，但其设计的基本要求应包括以下几个方面。

基本配置：人行道通行空间范围内应铺设可引导盲人通行的引导砖，在交叉口、地面高差和转折部位应铺设圆点型的提示砖，这两种形式的铺装共同构成了盲道系统。在街道交叉口处应配置相应的交通信号灯、过街提示灯以及可供残疾人使用的专用升降电梯和过街提示音等设施。

宽度要求：一般情况下，小型手摇轮椅的通行宽度是 0.65 米，为确保两台轮椅的并排通行而不受人行道上市政及交通设施等障碍物的干扰，人行道的合理设计宽度约为 2 米左右。

坡度要求：人行道纵断面坡度的合理设置是保障行人行走舒适以及在雨雪等不良天气下行走的安全性的基础，通常情况下，这一坡度值不应超过 20 度，若地形条件复杂而难以满足时，可局部大于 20 度，但需要控制这一坡段内的人行道长度，以提供相应的缓冲地段，同时，需要设置相应的防滑设施。

台阶要求：在地面高差和坡度较大的路段设置的台阶应满足安全、舒适的基本要求，每一梯段的台阶数不应小于 3 级，同时不应大于 18 级，小于 3 级应用坡道代替，大于 18 级需要设置不小于梯段宽度的休息平台，并应设置易于抓握的扶手；每级台阶的宽度不应小于 0.3 米，踏步高度不应大于 0.15 米。

段差处理：人行道与机动车道之间往往存在一定高度的段差，当人行道中存在机动车出入口或者处于道路交叉口时，往往需要设置相应形式的缘石坡道来消解两者之间的高差，同时应能保证缘石坡道的防滑性能，以保障残疾人出行的安全性。

值得强调的是，残疾人通行的空间变化很大，这取决于一个人的体能和所使用的辅助设备的类型。通常提供足够的、能容纳轮椅通行的空间可以满足绝大多数其他行人的通行要求。图 5-10 显示了一个坐在轮椅上的人所需要的空间维度、一个使用学步车的孩子所需要的空间和一个使用拐杖的人所需要的通行空间。

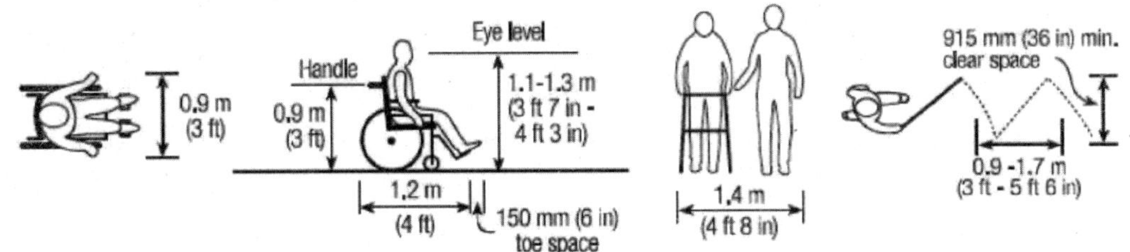

图 5-10　残疾人通行空间需求

（三）过街安全设计

街道空间中地面步行交通与机动交通之间的矛盾冲突点主要集中在两者的交叉重叠部位——街道交叉口，在这一矛盾节点，两者的矛盾冲突最为集中，对步行者的安全产生的威胁最大。因此，在街道交叉口处需要更加关注行人的过街安全性，以体现设计的人性化。

为缓解街道交叉口处的人车冲突，通常会在街道交叉口处为行人提供相应的行人过街设施，主要有平面形式的人行横道和立体形式的人行天桥或过街地下通道。立体方式的行人过街设施虽然能够有效地进行人车分流、保障行人的过街安全，但是，就我国城市街道空间的现状来说，立体行人过街设施的配置并不尽如人意，往往存在着数量不足、间距过大、环境脏乱等问题，因此并不能充分地发挥其人性化过街的功能。从步行者的出行心理来说，选择平面过街设施比选择立体过街设施过街更方便。总而言之，对街道平面步行空间的人性化设计研究应更多地关注并改善人行横道的设计。

人行横道线（斑马线）是街道交叉口处设置的、明确界定出行人过街空间范围的标志线，它能够引导行人安全地通过马路。人行横道线的设置需要满足一定的规范要求，我国的公路交通标志和标志线设置规范 JTGD82-2009 中对人行横道的设置进行了相应的规定和要求，主要包括以下几方面。

人行横道的合理间距的确定需要根据实际的通行需要和设置条件进行确定，但是路段中设置的人行横道之间的最大间距不应超过 150 米。

道路平面交叉口处及行人横过马路相对集中的路段若未设置过街天桥、地下通道等过街设施的，应施画人行横道线；学校、幼儿园、医院、养老院门前的公路没有行人过街设施的，应施画人行横道线，设置人行横道标识。当附近有过街天桥或地下通道时，其前后 200 米范围内，不宜设置人行横道线。

视距受限制的路段或急弯陡坡等危险路段和车行道路宽度渐变路段，不应设置人行横道线。

人行横道线的设置除满足这些硬性的规定以外，相对于使用者——步行者而言，人行横道线应明确醒目，间距不宜过大，应设置在人流量大的地点，应能方便行人的过街等，在此基础上，可以加入一些人性化的设计元素，如醒目的提示语、立体的彩绘或者图案等，既能打破人行横道线冰冷单调、千篇一律的形象，又能给行人带来赏心悦目、温暖又平易近人的人性化特色。例如，香港街道，为方便来港旅游的外地游客能够更安全、更快捷地适应香港的交通法规，在人行横道线处用醒目的中英文提醒过街的行人应注意左侧或是右侧的通行车辆，保障行人的过街安全，既有特色又非常的人性化。又比如，我国国内第一条红色斑马线——位于成都天仙桥南路合江亭的一条人行横道，整条斑马线以红色为基底，中间有一大一小两颗心，心里面写有“I LOVE YOU”字样。这条独特的斑马线成为成都市的一个特色，温暖着每一个过街的行人。

五、街道中临街步行空间的人性化设计

街道中的步行空间不仅包括街道红线内的步行空间，还包括建筑基地外部轮廓线到街道红线之间的步行空间。除了上两节中所讨论的步行空间与机动交通空间、非机动交通空间之间的人性化设计以外，我们还需要探讨街道中临街步行空间的人性化设计。

（一）临街步行空间的类型

临街步行空间的类型是由临街建筑与街道空间之间的结构关系所决定的。临街建筑同时也是街道步行空间中最贴近人的观察视角的临界物，临街建筑的重要性不仅体现在它对街道空间的界定以及性格色彩的影响方面，它独特的地理位置以及建筑自身的功能特性也决定了它对街道空间的主体——人的影响作用。临街建筑的底层是建筑与街道空间的最主要同时也是最直接的转化与过渡空间，因此通过对临街建筑与街道空间的结构关系进行分析，将有助于充分发挥临街建筑的地理优势，通过对临街建筑底层空间的人性化设计，营造出宜人的街道步行空间环境，提高街道空间的活力，维持街道空间中活

动的多样性。根据临街建筑物的用地红线与道路红线之间的关系可以将两者之间的空间结构关系划分为相邻、相离、相融。

1. 相邻

建筑与街道空间相邻是指建筑临街界面与街道空间中的步行空间无其他空间或障碍物的隔离，两者之间有充分的交流与互动。在这种空间关系中需要对临街建筑进行更为细致和人性化的处理，以确保与之相联系的街道空间中各种活动的发生（如图 5-11）。

建筑用地红线与街道步行空间直接相邻，二者之间没有富饶的过渡空间，街道上的行人能够更为直接和细致地观察和体验这一部分的空间，临街建筑主要通过建筑底层的细节处理来体现两者之间的互动与交流，丰富建筑临街区的空间层次，更大限度地发挥临街建筑的公共性。这种空间形式最常用于商业街，临街的商业可以通过设置展示橱窗、遮阳棚、休闲座椅等方式吸引往来的行人，与行人进行无障碍的信息交流与互动，最大限度地发挥自身的商业价值。

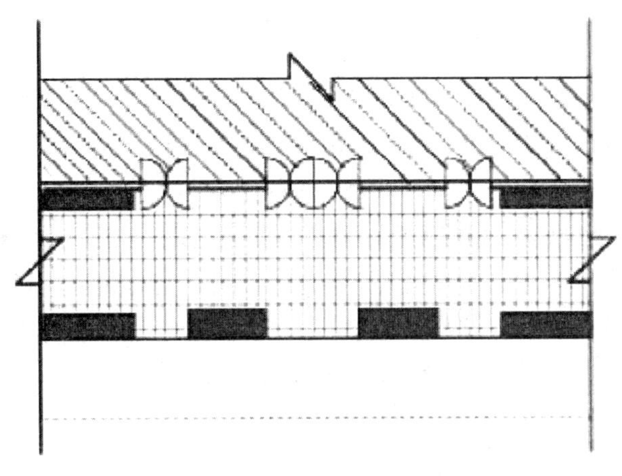

图 5-11　相邻

2. 相离

建筑与街道空间相离即两者之间通常间隔有广场、大片绿地或庭院，街道中行走的行人不能直接到达建筑，建筑与行人之间的互动与联系作用受到一定的限制。与此同时，临街建筑对街道空间的围合也是最弱的，很难形成连续的、封闭的街道界面。这种空间形式下，行人的活动通常局限于步行空间内，临街建筑与步行空间的交流主要集中在建筑的出入口部分，行人通行区内与临街建筑的交流活动往往限制于观望层面，此时，行人虽然不能直接地观察到临街建筑物的材质、肌理、细部构造等细节，但是通过一定的空间相隔，拉伸了行人的视距，行人可以更加完整地观看到建筑的全貌，正因为如此，这类临街建筑不必在体量、尺度以及细部上过多地体现对行人的关注。

扬·盖尔说“没有活动发生是因为没有活动发生”。街道空间与临街建筑之间互动性的缺失，让此段的街道演变成了通过性的通道，行走于其中的步行者无法开展丰富的活动，难以触发多层次的街道活动，街道步行空间也因此缺失趣味性（如图 5-12）。

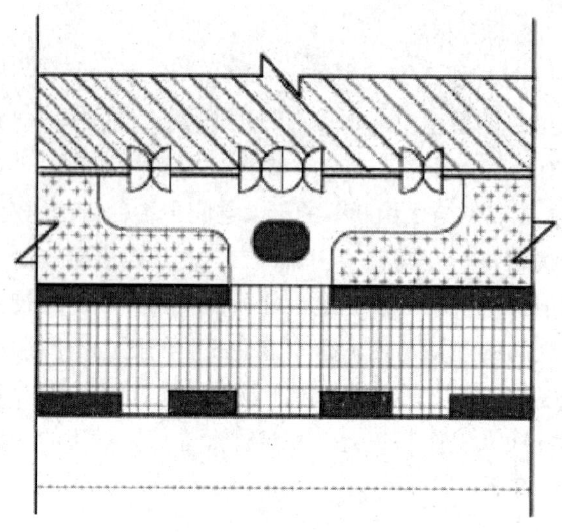

图 5-12 相离

建筑与街道空间相离的这种空间形式虽然在一方面减弱了彼此的干扰性，但是两者之间的隔离损害了街道生活多样性的展开，此时需要在两者之间营造富有活力的“中间过渡地带”，特别是在街道中的停滞区域，加强两者的互动与联系，体现临街建筑对街道交通空间的人性关怀。增强两者之间的互动，通常可以通过以下几种方式进行改善。

首先，需要增强两者之间的视觉信息沟通。临街建筑与街道空间之间的广场、庭院及绿地上发生的各种活动是吸引行人驻足观望的主要因素之一，这些动静结合的景象是街道步行空间中的一道亮丽风景线。两者之间的隔离设施不仅要方便行人驻足观望以及小憩，同时需要有适宜的尺度、美丽的外观和观望所需的通透性。出于功能要求而需要完全隔离视线的空间，则应尽量避免使用硬性的围墙隔离，而应代之以自然柔和的界面景观进行遮挡，若无法避免硬性围墙遮挡，则可以利用围墙设置丰富多彩的橱窗展示位和宣传栏，通过对围墙的细部进行人性化的处理，增强围墙与行人之间的信息交流，可以在一定程度上弥补行人与临街建筑之间的互动与交流，同时也在一定程度上增添了街道其中的趣味性。

其次，需要增加两者之间的可参与性活动空间。街道步行空间与临街建筑之间的空间可以设置一些供行人停留与活动的小型开放空间，如可供休憩的座椅、大台阶、小型喷泉、花坛以及雕塑、小品等。另一方面，临街建筑可以充分利用这一部分空间，提供供行人休憩用的露天茶座、咖啡座椅等服务设施，不仅增加了建筑自身的商业价值，同时也丰富了街道步行空间的空间层次，提供发生更多活动的契机与场所，增加街道步行空间的趣味性（如图 5-13）。

临街建筑与街道步行空间相离的结构关系虽然在一定程度上打断了街道界面的连续性，妨碍了临街建筑与步行空间中行人的交流与互动，但是通过在两者之间设置相应的缓冲与过渡空间，既能满足建筑功能所要求的必要的隔离性，又能与步行空间保持紧密的联系，通过细致而又充满人性化的打造，更能成为街道空间中别具特色的重要景观节点之一。

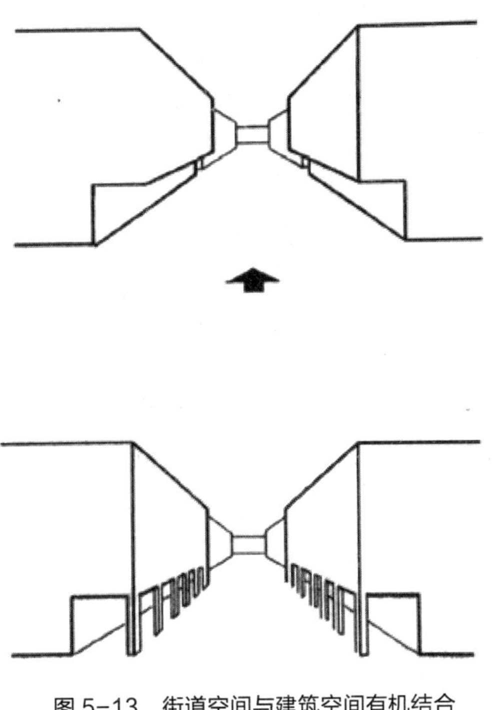

图 5-13　街道空间与建筑空间有机结合

3. 相融

临街建筑与街道空间相融的形式是指街道步行空间延伸到临街建筑的空间内或穿越临街建筑，并向里延伸，与建筑空间相互融合，使两者之间的联系更加密切（如图 5-14）。

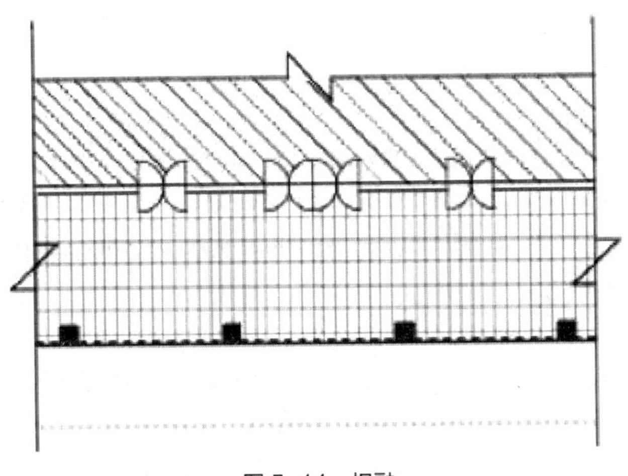

图 5-14　相融

这种空间形式最典型的例子是南方颇具特色的骑楼式街道。骑楼这种独特的建筑类型将沿街建筑二层以上部分出挑，出挑至街道红线处，出挑部分用立柱支撑，形成供行人通行的内部人行道。这种空间形式的步行空间常见于南方城市，骑楼下的步行廊道，既遮阳又防雨，既是居室或（店面）的外廊，又是室内外的过渡空间，既体现了对南方地域性气候的适应性，又丰富了街道空间的空间层次，同时更体现了临街建筑对步行活动的人性化关怀。人们在这种空间中漫步，可以免受机动车的干扰，方便地进出临街店面，同时沿街排列整齐的柱廊又给这一空间增添了不少情趣。

临街建筑与街道空间相融的空间形式更适于用于高层建筑密集的街道。高层建筑密集的街道本身给行人以强烈的压迫感，建筑通过底层架空的形式拓展街道空间、虚化建筑界面、增添建筑空间的开放性与亲和力，这将减弱巨大的建筑体量给行人带来的心理压迫，同时这一开敞空间将有利于促进更多的公共活动和休闲活动，提升街道活力，增加临街建筑的商业利用价值。尤其值得注意的是，这种空间形式的街道步行空间的设计必须保证有足够的空间尺度来满足多样化的街道活动，以满足空间中各种活动的顺利进行，而这种空间尺度的确定标准就是空间中所容纳的人流量。

街道步行空间与建筑空间相融合的形式又可以根据二者之间融合的程度划分为半开敞的相融、穿越式的相融以及立体交叉式的相融。

穿越式的相融往往产生于因多种因素影响而需要加强街道与建筑内院空间之间相互交流的建筑形式。建筑亦可以通过利用穿越建筑空间内部的街道步行空间将建筑内外空间的相关职能串联成一个整体，在增加了建筑内部空间活力、交流和商业价值的同时，使街道的可达性和公共性得到最大程度的发挥。

（二）临街步行空间层次的划分

建筑临街区各组成空间的职能、临街建筑的功能特性以及街道行人对建筑临街空间的需求等因素，决定了建筑临街区的设计不能仅限于简单的空间划分与限定，而需要采用多样化的建筑设计手法对该部分空间进行细致的刻画，融建筑、环境和人三种要素为一体，塑造出内外渗透、空间层次丰富、景观宜人、适合步行的高品质街道步行空间。空间层次的塑造方法主要有以下几种。

1. 以地面材质划分空间层次

以地面材质划分空间层次的方式是一种单纯依靠视觉而无硬性约束的划分方式，这种方式划分出的空间感仅存在于意识层面，并无实体的空间界面，通常用于具有明确导向性的空间里。不同材质、肌理、色彩、图案等的地面铺装可以用来界定不同的空间类型，如动静分区、公私分区、内外分区等。

2. 以地形高差划分空间层次

以地形高差划分空间层次的形式主要有台阶和坡道，相比于地面材质的空间划分方式，地面高差变化处的处理更能明确地界定空间。宽敞的室外大台阶、凸起或下沉的地形高差变化往往预示着不同空间类型的出现，而这些空间往往带有很强的公共性。正如高差变化处的（下沉）广场以及大台阶设计等往往是公共空间设计中最常见的处理方式。

3. 以建筑出挑划分空间层次

以建筑出挑划分空间层次的形式常见于骑楼、出挑雨棚、二层整层或局部出挑等。建筑出挑部分不仅能丰富建筑立面，缓和建筑体景的沉重感，另一方面还为行人提供了遮挡日晒和雨淋的缓冲空间，增加了行人靠近建筑的概率，拉近了行人与建筑之间的关系。建筑局部出挑更能起到突出重点的作用，常用于建筑主要出入口的设计中。建筑整体出挑时所形成的连续空间通常被建筑师重点刻画，配以精致的柱廊和拱券，形成独具特色的建筑类型，如常见于我国南方城市的骑楼。

4. 以街道家具划分空间层次

街道家具是街道空间中必不可少的组成要素之一，不同类型的街道家具对应街道空间不同类型的功能需求。街道家具在体现自身功能的同时，在街道空间中的布置同样起到了界定空间类型、丰富空间层次和空间活动的功能。整齐排列的柱廊、宜人的雕塑小品、别具特色的指示标志等空间设施更容易受到行人的关注与亲近，增加了空间的趣味性，促使空间与行人更深入地交流与互动。

六、街道步行空间人性化设计的方法

（一）与建筑用地的一体化设计

街道步行空间与建筑用地一体化设计将会对周边环境的形成起到很大的推动作用。街道步行空间与建筑用地一体化可以从以下几个方面付诸实施。

1. 人行道与建筑用地中的公共用地统一铺装

街道与临街建筑用地之间的中间地带往往不为人们所重视，这种位于建筑物脚下的附属空间往往与街道人行道之间设有高差、排水沟或隔离设施，成为毫无用处的闲置空间，发挥不了应有的利用价值。若能消除与街道空间之间的高差和隔离，并与人行道进行统一铺装，便可以有效增加人行道的通行宽度，变消极空间为积极空间，提高通行环境的质量。

常用的设计手法有利用地面铺装材料的铺装、拼接和组合形式，以此作为不同空间的分割线，或者通过设置边界石的形式区分不同的空间。

2. 人行道与公共设施用地的协调

因街道与公共设施分属于不同的管理部门，因此常常会出现用地冲突的情况，如公共设施用地占用人行道的通行空间，不仅影响了行人的顺畅通行，同时影响了街道空间环境的质量。如果能将人行道与公共设施用地进行一体化设计，就可以通过灵活布置的公共设施来保障人行道空间中行人通行空间的宽度。

常见的设计手法是将公共设施尽可能地布置到行道树空间或人行道以外的公共用地空间内，统一规划和布置，最大限度地减少对行人的干扰，保障行人通行的有效宽度。

3. 将道路设施与建筑物结合设计

道路设施是街道空间中不可缺少的组成部分，是保障行人通行和安全的道路附属设施，它的设置虽然有相关的规范要求，但是在某些受限制的条件下，仍然会出现道路设施侵占人行道通行空间的情况。人行天桥、地铁出入口、高架桥柱等大型道路设施对街道空间的侵占现象更为严重，对街道空间环境中的景观破坏度非常大。如果能够通过一定的协调和管理手段，将大型的道路设施的建设与临街建筑用地或建筑空间结合起来，实现公共设施与建筑物的一体化设计，不仅解决了侵占道路通行空间的问题，通过合理的设计手法，还能够丰富建筑物内、外部的空间层次。

在土地资源日益紧缺的今天，将大型的道路设施与建筑空间进行综合的一体化设计，可以最大限度地保障街道上行人的通行空间，促使街道上有更多的活动发生。这种设计手法常见于城市综合体、商业综合体以及交通综合体的建筑当中。

（二）与公共开放空间的一体化设计

无论街道旁是否有公共的开放空间，街道的设计都应遵循自己的设计标准，街道的规划和设计又通常是最先开始的工程，因此二者之间的联系较差，通常需要对街道步行空间与公共空间的连接处进行二次改造。街道步行空间与公共空间的一体化设计可以很好地协调二者之间的关系，避免二者之间的后续冲突。在设计过程中需要采用以下措施。

公共开放空间的围墙应尽量使用格栅、绿化等形式的隔离形式，增加与人行道之间的视线与信息的交流。必须设置实体围墙的时候，应尽可能地采用覆盖植栽、退台的手法，在围墙、挡土墙前面种植绿化，以消除对行人的心理压迫感。

围墙、挡土墙等后退人行道设置，使公共开放空间的一部分与街道连成一个整体，给公众提供了更为广阔的人行道空间。

通过在公共开放空间入口处设置小型的公园或袖珍广场等形式，灵活地处理与街道人行道之间的连接，可以增加与行人的联系性。

在公共开放空间与街道连接为一体的情况下，可以把街道上难以设置的环境设施设置到开放空间内部，使两者在功能上相互补充。

第六节　街道中立体步行空间的人性化设计

一、立体步行空间人性化设计的必要性解读

（一）土地资源的短缺

土地资源的短缺是任何城市在发展过程中都会面对的最首要的问题。有限的土地资源意味着有限的发展空间，当发展空间受到限制时，城市中的各种系统就不能正常运作，系统中的各组成要素之间的矛盾就会不断升级。对于城市道路交通系统而言，其矛盾集中表现在机动交通和步行交通之间的空间竞争上。相对于机动交通，步行交通无论从出行速度、空间竞争还是交通安全等方面都处于相对的弱势地位，在有限的街道交通空间中，势必会产生“弱肉强食”的竞争形势，在这种激烈的竞争状态下，势必要寻找另外一种发展空间以解决两者之间的矛盾，满足二者的发展需求，立体步行空间正是在这种背景下应运而生的。

立体步行空间的出现，极大地解决了步行和机动交通之间的矛盾，为步行者提供完整、系统化且相对安全的交通系统。同时，立体化步行空间的发展，提高了街道空间的使用效率，增加了行人与临街建筑之间的互动和交流，为行人提供了更多的出行选择和各种可能性。

（二）城市立体化的发展

城市发展空间的紧缺、城市职能的复杂化、城市空间的综合利用等，必将带动对城市土地高容积率的利用和对建筑空间的综合利用，于是便产生了立体化的建筑空间和立体化的城市空间。

立体化的空间发展摆脱了平面构图的限制，利用建筑空间的处理手法，将街道交通空间立体化设计，以获得更为自由和广阔的发展空间。它综合利用建筑或城市中的使用空间，集住宅、办公、购物、休闲娱乐、交通等多种功能于一身，融合并促进各种功能空间的发展，提升了空间的使用价值和空间的活力。立体化的空间发展首先要面对和解决的是空间内的交通问题，可以说，立体化交通是立体化的城市或建筑空间得以实现的根本前提。楼梯和电梯在实现了人们向高层空间发展的情况下，同样为街道交通空间的发展提供了立体化的发展思路。街道步行空间的发展也开始从二维的平面空间逐步转向三维的、多层次性的立体空间形式，这既顺应了城市和建筑立体化的发展趋势，又能有效地联系和沟通不同层面的建筑或城市空间，保证了步行空间的便利性和系统性。

在土地资源日益匮乏、交通空间发展受限制的状况下，将建筑与交通空间交叉融合的结构形式广泛地用在新型交通建筑、商业（城市）综合体建筑的设计中，在解决交通拥挤问题的同时，丰富了城市中的建筑类型，为城市交通的设计提供了新的发展方向。例如，香港中环地区的高架步道系统。该系统利用高架的步道，从地面以上将主要建筑物、地铁车站及码头联系起来，使街道步行系统立体交叉式地融入建筑空间内，大大缓解了人车矛盾，提高了通行效率，保障了行人的通行安全。

二、立体化的人车分流类型

一些学者的调查表明，日常情况下，人们愉快的步行出行距离通常为 300 米，超过 500 米就会有疲倦感，对老人、儿童和残障人士等弱势群体而言，他们的出行距离通常要短得多。因此，在街道空间中完全采用平面形式的人车分流系统是不够的，它的规模受人们出行距离的限制。在规模较大的城市中心，立体的人车分流是一种常用的交通方式（见表 5-3）。

表5-3 立体化人车分流模式

模 式	适用条件	优 点	缺 点
过街天桥、地道	城市中心区的建设和改造	投入少，见效快	机动交通占据地面空间，行人过街十分不便
人车分层	有地下空间或建筑物底层架空	还地面空间于行人	建设有条件限制
综合换乘系统	城市中心区新建设的大型城市、商业或交通综合体	紧凑、便捷、高效、综合地解决了不同交通方式之间的转换	投资大，建设有较高的条件限制

从机动交通与步行交通的发展演变过程中可以总结出立体化的人车分流模式主要有三种形式：建设过街天桥或地道、人车分层（地下空间为机动交通所用，地面空间为行人所用）、综合换乘系统。三种形式都能将机动交通和行人进行有效的分离，但需明确的是，它们有其各自的适用范围和最佳的使用效果，需要在设计过程中，综合考虑项目所在的条件，权衡三种形式之间的利与弊，采取适合的立体化人车分流模式，在实现人车分流的同时尽可能地保证项目的安全性、经济性、实用性以及美观性。

建设过街天桥或地道解决步行者穿越城市交通干道的困难。在城市中心的改造中，这种方式投入少，见效快，但汽车交通仍然占据地面空间，步行交通十分不便。

利用地下空间作为机动车交通和停车的空间，结合建筑物底层架空等手段，还地面空间于人。市中心大型综合楼通常将交通引入地下，然后通过电梯到达各层。

采用综合换乘系统完成不同交通工具、快线交通与慢线交通、市际交通与市内交通的转换，从而实现紧凑、高效、便捷的转运系统，形成立体、网络化的交通环境，满足市中心日益复杂的功能需求。通常，中心区的城市空间从地下往上依次为地铁系统、汽车公路系统（交通及停车）、换乘中心、地面步行系统、地上一层或多层步行系统。

三、街道中高架步行空间的人性化设计

（一）高架步行空间的特征

1. 步行活动的连续性

立体化交通的出现最初是为了解决地面交通空间中日益激增的人车矛盾而形成的，它可以有效地进行人车分流，避免行人与机动交通之间的矛盾冲突，保障行人的出行安全和过街自由。立体化交通突破了传统的平面步行空间形式，以其封闭或半封闭的空间形式、便利的通行条件、宜人的通行环境等优势，不仅扩展了单向的街道步行空间的范围，将街道空间中相向的步行空间联系起来，形成有机联系的空间网络体系，同时，延续了街道空间中双向的步行活动，扩展了街道及两侧建筑多功能、立体化的发展，方便行人自由地过街和进入街道两侧的建筑物，而不受天气和气候条件的影响和约束。

2. 塑造街道空间景观

高架步行空间体系的发展打破了传统的二维空间形式，以一种三维的、立体的空间形式向公众提供了另一种观察和审视城市空间的新形式。高架步行空间体系的形成需要一定的结构形式以连接街道两侧的空间或建筑，不论是何种形式的结构形式，其结构自身便形成了一种连续的、整体的空间美。但是，这种现代化的结构方式，若处理不好很容易与周围的环境产生冲突，为避免这种生硬机械的空间与街道环境之间的不协调，在高架步行空间的发展过程中，应在原有结构形式的基础上，融入相应的地方特色和元素，如绿化、小品、色彩和图案等。同时，过街天桥应采用简洁明快、富有韵律且与周围建筑形式有机联系的形式，以加强高架步行体系与周围环境之间的融合，见表 5–4。

表5-4　不同形式人行天桥的景观特征

人行天桥的类型	景观的特征
独立：与建筑物相独立的桥型天桥	·从各个方向看来都会很显眼的物体
分离：和建筑物分离的天桥	·相互独立，可能形成自由的形态 ·天桥上缺乏热闹的氛围 ·有不能方便处理天桥和建筑间联系的情况 ·减轻天桥下的暗度
伸出：附着在建筑物外壁上的天桥	·建筑物、天桥形成相互制约的形态 ·天桥是建筑物正面景观上的构成要素 ·天桥上有热闹的氛围 ·天桥下面可成为顶棚，只是过深的话会使空间太暗
突出：利用建筑物底层部分的M顶作为天桥	·和建筑物连为一体的设计 ·和建筑物成一体化的天桥上会有热闹的氛围
凹入：一面凹入而形成走廊状的天桥	·融入建筑物正面的设计 ·在有风雨时能够保护行人，仍可舒适地行走 ·与建筑物相融合，会缺乏热闹的氛围，天桥下面也有可能成为拱棚
容纳：夹在建筑物间的走廊状的天桥	·天桥的两侧面临建筑，因而会很热闹 ·从外部看来，难以在视觉上感觉到天桥的存在 ·也有可能作为屋顶（内部通道）

香港是高架人行天桥的天堂，随处可见各式各样、富有特色的人行天桥。铜锣湾人行天桥呈环形，外装饰也采用环状；尖沙咀梳士巴利道人行天桥远远望去似乎是跳跃的阶梯；荃湾建爱村人行天桥采用拱形顶；而上环西港城的人行天桥，则与旁边的历史建筑相映成趣、相得益彰。香港还将艺术融入人行天桥的建设当中，如香港维多利亚公园旁边的一座“书法人行天桥”上，展出了十几幅以名人警句为内容的书法作品；香港铜锣湾附近一座被称为“掌故廊”的人行天桥，里面展出了几十幅香港湾仔区的历史照片，可以让行走在其中的人回顾往昔的历史。天桥已成为香港城市形象的重要元素之一，新型的设计和建筑方法已被引入天桥的设计理念和方法中。对桥梁外观设计把关的香港桥梁及有关建筑物外观咨询委员会的标准是天桥建设要讲究和谐之美，配合附近环境，力求简洁美观。

3. 具有公共开放性

立体化高架步行空间的发展加强了街道两边建筑空间和街道空间的联系，促使了交通、建筑、空间的一体化发展。这种发展模式增强了街道步行空间的公共开放性，将地面步行空间扩展到街道周边的公共空间或公共建筑空间内，促进了建筑内外多层次、多职能空间之间的相互渗透和交流，使原本封闭的、内向的、不对外开放的建筑室内空间或城市空间变成可供公众参与和使用的城市公共空间，促使街道生活向多样化和公共化发展。

（二）高架步行空间的人性化设计要点

1. 自成系统

高架步行空间是独立于地面步行空间的一种特殊形式，和地面步行空间一样，高架步行空间也需要成为一个独立的系统，以保障城市综合交通系统的正常运行。作为城市综合交通空间的一个组成部分，任何一个环节的缺失都将对其他交通空间产生巨大的影响。高架步行空间的建设只有形成一个完整的系统，才能有效地分担从地面分流而来的巨大交通流，才能充分地发挥其通达性，才能与其他交通系统之间进行良好的接驳和转换等。总结来说，高架步行空间只有形成一个独立的、完整的系统，才能发挥出其综合的实力，才能更好地服务于大众。

2. 与公共空间结合

立体化步行空间的发展在一定程度上扩大了其空间的公共开放性，允许更多层面、更多空间内的居民参与其中。这种公共开放性，可以通过联系更多层面的公共开放空间而得以扩大。例如，立体化步行空间可以通过立体化的空间网络系统联系不同空间层面的休闲广场、公共绿地、花园等，将零星的、小规模的城市公共空间串联成层次丰富、空间生动的大规模的城市公共空间。例如，香港的高架步行空间系统，在高密度和高容积率的城市发展背景下，在步行空间两侧尽可能地布置更多的公共开放的市民广场、游园和公共绿地，形成具有一定规模的、系统化的公共开放空间。

3. 与周围建筑衔接

立体步行空间系统如果不与周围的建筑或空间发生联系，那它将因为仅用于交通通行之用而失去其他大部分的功能和效用。立体步行空间与周围建筑的衔接不仅可以加强街道两侧建筑之间的联系、增进建筑与行人之间的交流与互动、增加步行空间的公共开放性，还可以通过不同形式的连接方式融合街道两旁的建筑，形成多层次、立体化的城市特色景观。立体步行空间与建筑之间的连接形式大致可以归为三类：并联式、平台式和串联式。在人行天桥的建设过程中，可以根据不同的建筑，具体地处理和运用这三种基本的连接类型，形成丰富多彩的城市空间景观（如图 5-15）。

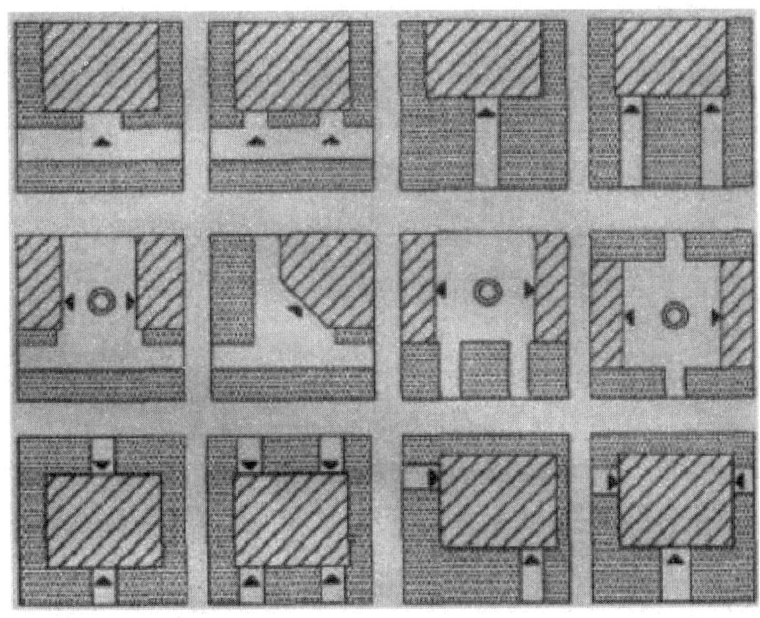

图 5-15　连接方式的多样性

（三）香港高架步行系统的成功经验

香港作为港岛城市，城市发展自身可利用的土地本身就不多，因此需要最大限度地利用有限的空间，发展立体化的城市空间和交通空间。由此发展而来的大量的高架人行天桥，组成了香港这座“立体化”城市建设中一道独特的风景线，方便了人们的出行，使人们的出行可以“上天（桥）入地（道）”。

香港于 20 世纪 60 年代开始建设高架步行空间，起初是孤立的、单点式的建设，并没有形成完整的空间网络体系，并没有从根本上解决地面行人和机动交通之间的矛盾冲突。但是，此时的高架步行空间已经能够方便行人过街和顺利地进入建筑空间内部，已经具备了发展高架步行空间系统的基础。在后来的发展过程中，香港政府加强了高架步行空间的建设，利用零散的高架步行空间串联起沿街的各功能建筑物的主要出入口或城市公共开放空间，形成连续的、系统化的城市高架步行空间网络体系。

1993 年，香港建成了东西全长 1 000 多米，整体长度约 3 千米的上环至中环的人行天桥，这是香港最长且最具特色的人行天桥。这座著名的高架人行天桥从上环西港城的信德中心开始，连接了多栋大厦，跨越了数个街区，通达中环的怡和大厦等地。在香港的中心区，形成了一个可供居民便利通达到政府机关、邮政局、银行、商场等场所的高架步行空间网络系统。这座天桥的南端则连接了中国最长的、直达半山区的自动扶梯长廊——半山自动扶梯长廊，它共由 23 部自动扶梯组成，全长 800 米，因此它也被称为香港的“流动天桥”。

香港的高架步行系统，不仅减少了地面空间中的人车冲突，还为香港在空中建立了另一种空间平台。这些立体层面的“地面平台”为城市的发展提供了宝贵的空间，创造了层次丰富的城市空间和景观。同时，香港的高架步行空间系统为行人提供了非常“人性化”的通行空间，不仅可以方便残疾人的上下通行，为行人遮风挡雨，同时还拥有明确的指示标识等，香港城市建设的“人性化”均体现在高架步行空间体系的建设当中。

四、街道中地下步行空间的人性化设计

（一）地下步行空间的特征

地下步行空间主要有四个特征。

1. 中介性

地下步行空间是连通和整合地上与地下空间的中介，是城市综合交通空间体系的重要链接环节。因此，中介性是地下步行空间的重要特征之一。

2. 公共性

地下步行空间作为城市中的公共活动空间之一，它能够连通地上、地下、建筑内外的公共空间、休闲广场、绿化等公共空间，串联形成城市中更大的公共活动空间，吸引更多的人参与其中，发挥其更大的公共性。

3. 系统性

地下步行空间只有具备了连续性和系统性，才能最大限度地发挥其作为交通通行和公共活动空间的功能特性。

4. 便捷性

为削弱行人对地下步行空间的排斥和疏远，地下步行空间的流线组织应尽可能地简洁，以减少不必要的转换，方便行人的通行。

（二）街道中地下步行空间人性化设计要点

相对于地面上的高架步行空间，地下步行空间是一种深入地下的步行空间类型，它可以保障行人的通行不受天气的影响，可以不受街道景观形态的约束，与此同时，这种类型的空间因缺乏与外界空间的联系，容易给人以封闭和压抑感，且更容易被公众忽略，缺乏必要的监督和管理，更宜滋生犯罪事件；地下步行空间景观的缺乏也同样会给人以单调乏味的空间感觉等，以上的种种弊端也将会是我们在地下步行空间的人性化设计过程中需要注意和解决的重点问题，认清这些将更好地促进地下步行空间的人性化设计。

概括来说，街道地下步行空间的人性化设计需要从以下几个方面入手。

1. 简洁的流线

地下步行空间因自身所处位置过于封闭和幽暗，行走于其中容易使人辨识不出方向、空间规模、空间走向以及与其他空间之间的联系，因此在流线的组织上应尽可能地做到简洁明了，避免在其内部形成更加隐蔽、幽暗的曲折空间，以增强地下空间的可识别性，保障行人的顺利通行。

2. 识别性强的入口和指示标志

地下步行空间在视线和空间上与地面空间存在一定的阻隔和干扰，不容易被行人所关注和识别，因此需要在出入口处设简洁明了、可识别性强的形象标识，以向行人提供

明确的出入口位置，并以此确认出地下步行空间的走向、距离和通行路径。

地下空间不如地上空间开阔、可识别性强、信息量丰富，行人进入地下步行空间，其对方向的辨别、准确的定位以及路线的走向等都需要有相应的指示标志给予提示和引导。地下步行空间的指示和引导标识主要包括灯光、应急指示标志、盲道、路标等。清晰明确、系统化的地下指示标识系统可以为行人组建起一个空间明确、流线清晰、组织良好、舒适宜人和相对安全的地下步行空间环境，能够消除行人对地下步行空间的排斥感和恐惧感，让行走于其中的人感受到与地面步行空间相同的空间环境。

3. 宜人的空间环境

地下步行空间的建设是为了缓解地面步行空间中的步行交通流，进行有效的人车分流。相对于地面步行交通空间，地下步行交通空间的人流组织较为被动、不容易被人辨识和使用，因此需要在空间环境的塑造上进行更大的投入，以营造出舒适宜人、便利安全的通行环境。只有这样，才能吸引更多的人使用地下步行交通空间，才能发挥出地下步行空间应有的功能和效用。地下步行空间环境的塑造需要向行人提供连续的照明系统、便民的休憩设施、明确的指示标识、舒适的空间尺度等，还可以引入自然光线、自然通风等，改善地下步行空间的环境。

例如，日本2011年3月份建成的札幌站前地下步行空间——“chikahoko”地下街，它连接了札幌最繁华的札幌和大通两站。地下街全长约520米，高约3米，中间12米是步行空间，两边各4米宽的地方，设有饮食店或是小贩销售店，还有商品橱窗、艺术画廊等

五、其他立体形式步行空间的人性化设计

（一）巴黎德方斯立体人车分流系统

巴黎德方斯区，直通凯旋门的中央干道分为3层，下面是公共交通和地铁，两旁均布置了5～6米双层的地下停车库，在这儿停车以后，人们可以方便地到达地铁车站，车库上面是长达900千米、宽约80米的巨大人工地面平台，其间布置了大量的绿化小品、水体景观、公园和广场等。德方斯新区被打造成为环境优美、设施完善、交通便利、适于步行的超大地面步行空间。这种人流与车流彻底互不干扰的交通处理措施不仅是德方斯新区的典型特征，同时也是世界上仅有的。

（二）双层城市——蒙特利尔

蒙特利尔寒冷的冬季和闷热的夏季气候，给居民的室外出行带来众多的不便，其于1962年开始建设第一代地下城（地下综合体）。伴随着1976年蒙特利尔夏季奥运会的成功举办，地下城建设进入了高速发展的时期，并得到了进一步的扩充和完善，最终形成世界上最长的、由步行街通道联系起来的庞大地下系统。现如今的蒙特利尔地下城长达17千米，总面积达400万平方米，连接着众多的地铁车站、商场、饭店、银行、电影院等。因此，地下城被称为世界上最大、最繁华的地下“大都会”，也可以说是另外一个蒙特利尔城，双城合一。由此，蒙特利尔也被评为世界上最适宜人居住的城市之一。

第七节　街道步行空间设施的人性化设计

一、街道步行空间设施人性化设计的基本原则

安全设施的设计应使使用者免遭危险，并尽量减少与外部因素，如车辆交通和建筑突出物之间的矛盾，适应不论年龄或能力的人们的需求。

良好的可达性提供连续的、直接的、方便的到达目的地的通行路线，包括家庭、学校、购物区、公共服务和换乘。

简单易用设施应使人们很容易地找到到达目的地的最佳路线以减少路上的延误时间，并考虑到相邻巷道车辆的影响。

提供良好的场所加强行人出行环境的外观和风格。城市或乡村的行人环境应包括开放空间，如广场、庭院、公园以及建筑外立面界定出的街道空间。所提供的设施如街道设施、横幅、特殊铺装、历史元素和文化元素的引用等，可以加强一个地方的地域性特征。

人行环境是公共活动和社会交流的地方，可允许商业活动在此展开，如餐饮和零售，不影响安全和便利的广告也是允许的。

经济人行环境的改善应保证行人利益的最大化和投资成本的最小化。包括最初的建设和维护成本，减少对昂贵交通出行的依赖。正确的改善方式应该鼓励和加强与毗邻地区的私有联系。

二、地面设施的人性化设计

人的出行活动通常是发生在地面上的，对于这一通行空间的感知除了要凭借其边缘处的垂直要素外，更应关注空间底界面上的铺装，因为它最接近通行于其中的人，自然成为人们视觉关注的焦点。

（一）材料的选用

水泥地砖是我国人行道大量使用的地面铺装材料，天然石材和各种烧制的砖用途也相当普遍，此外，部分地段少量运用木材、塑料、金属、沙土等材料。不同材质、色彩、图案的材料给人的心理感受也是不同的，如石材给人带来的坚实感、沙土的亲切感、木材的舒适感等。

地面材料的选择首先应能满足步行者通行活动的安全性，同时还应保证材料的耐磨性和防滑性，能够利于排水和打扫，易于维护等特性。

地方特色材料的使用应受到推崇，因地方材料便于采集、生产制作和维护，因此有利于保证施工质量，降低工程造价，同时有利于营造颇具地方特色的空间环境。这种空间环境因符合当地人的审美和使用，因而更容易得到广泛的认同。

铺装材料的选择应注重对生态环境的保护，在营造安全、舒适的步行空间环境的同时，应尽可能地减少对自然环境的破坏。

铺装材料的选择还应根据行人步行活动的特点，分区域、分材料地对步行空间进行空间领域和空间层次的划分，通过多材料、多拼接搭配的手法，共同营造出丰富多彩的步行空间环境，以满足行人多样化的步行活动。

（二）铺装

底界面铺装图案的形成有许多种方式，可以通过不同材质、色彩、图案和形状的铺装方式形成，还可以通过不同方向水平界面的铺装或铺装材料自身凸凹的变化来形成，通常情况下，同一空间内会运用多种不同的铺装方式，以界定出不同的空间区域，形成丰富的视觉趣味。对街道底界面进行铺装的作用主要有以下几个方面。

协调空间关系。沿用建筑墙面的铺装材料对人行道进行铺装，可以增强与建筑空间之间的整体感；地面铺装所形成的空间网格，可以成为建筑与步行空间之间尺度的过渡，消减建筑体对行人的压迫感；不同材质、色彩、肌理的铺装材料的地面铺装，能够增加步行空间与建筑之间的空间层次，划分出不同的空间活动区域。

影响步行空间中的活动。不同的铺装材料对人的心理影响也是不相同的，或平静或躁动，或整齐或杂乱，或冷或暖等，铺装所形成的韵律感、节奏感以及对空间的划分和限定都能一定程度地影响步行空间中人的心理和活动。行人通过对地面铺装的心理感知，从而选择快速或慢速通过、变换路线或长时间停留等。因此，在街道通行空间水平界面的设计中，更应该关注铺装材料对人心理的影响作用，避免形成单调、乏味的悠长线性空间。应首先考虑铺装材料自身的色彩和材质，充分发挥材料自身的特色，通过相互间的组合和排列形成丰富的视觉图案。

传达信息。铺装材料可以通过自身所携带的信息，通过一定的构图手法、不同的形状的组合和对比等形式，向行人传达出行进方向、路线引导等信息。同时，一些简单的地图、象征符号、文字、图案等也可以镶嵌到地面铺装材料中，在起到装饰作用的同时传达给行人特定的信息。

凸显空间个性。在人行道设计过程中，往往通过区别于其他的特殊材料进行铺装，营造出区别于其他空间的特定空间氛围。

在地面材料的铺装过程中，需要注意以下几点要求：①必须保证一种材料的主导地位，其他材料只能作为辅助。不同材料的使用是为了在空间变化处起到提示的作用或创造不同的视觉趣味，以期达到多样化的统一。②铺装材料的使用应与其他水平界面的材料保持协调，在统一中寻求对比。③地面出现高差变化时，交界处的处理应突出材料的对比变化，给人以明确的提示。

（三）高差处理

在街道步行空间设计中，高差变化处的处理通常被作为设计师设计过程中的点睛之笔，通过对台阶和坡道的特殊处理，增强空间的领域感和层次感，营造出不同的步行空间节奏，丰富步行体验。台阶和坡道是处理空间中场地高差变化的必要手段，它们对空间有着强烈的划分和引导作用，同时，它们也是空间中的重要构成要素。

不同标高层面的台阶给人以不同的空间感受，处于高处的平台能使人产生高大、开阔和眩晕等感觉，处于低处的平面则使人产生亲切、私密和围合等感觉，不同标高层面的平台相互组合，将形成一系列具有不同空间感受的步行空间环境。

平面抬高的程度不同，所形成的空间领域给人的感受也会有很大的变化。当平台与地面高差相差不大时，所形成的空间范围具有明确的边缘，视线可得以连续而不受阻断，人们可以轻易地接近该空间；当平台与地面高差相距加大时，所形成的空间范围将阻碍到原空间的连续性，行人的视线受到一定的干扰，人们的进出需要借助踏步和台阶得以完成；当两者的高差继续加大时，空间和视觉的连续性都得不到应有的保障，甚至产生隔离感。

相应的，低处平台所形成的下沉式空间也会根据高差变化的不同程度而形成不同的空间感受。下沉式空间因地表基面的下沉而形成，与地面空间的联系中断，而两侧的下沉界面可以明确地界定出下沉空间的范围，增加其与周围空间的联系；下沉空间与周围空间之间的视觉联系将随着下沉的深度而逐渐被削弱，与此同时，下沉空间的空间明确感却得以加强。

就台阶的形式而言，常用的主要有两种：每一梯段都规律整齐的完整平面阶梯和富有变化的非完整形平面阶梯。无论哪一种都需要在适当的时候加入缓步台，并考虑阶梯部分与缓步台之间连续组合而形成的视觉上的层次感。通常情况下，台阶的设置应方便行人的行走，高度通常为 130 ~ 150 毫米，并应设有 1% 的外坡面，为保证行人的安全，台阶踏面还需设置一定的防滑条，或采用粗糙纹理的铺装材料。另外，富有变化的非完整形平面阶梯的形式，如宽敞的大台阶、开放平台等结合植物景观的设置，往往起到丰富空间层次和景观的作用，同时还可以为行人提供休息、观望、交流的空间。

在坡度不大的情况下，坡道的选择概率会增加。通常情况下，对步行来说最安全有利的坡度应该小于 5 度，超过 7 度的情况下，需要考虑是否设置台阶或坡道。因此，7 度是设置台阶或坡道的临界值。

台阶和坡道还常以组合的形式设置，台阶是供一般的步行、停留或雨天防滑的时候使用的，坡道可以供自行车、轮椅、婴儿车、推拉车使用，在空间组成上更加丰富；使用功能上各自分工、互为补充；丰富了步行体验，效果显著。

三、服务设施的人性化设计

（一）公共座椅

对于街道空间来说，公共座椅的设置不仅为行人提供了休息、交往、思考、观望等功能，同时还能让人在情绪放松、压力减轻的情况下感受街道公共生活的情趣和关爱，在发挥场所功能性的同时美化空间环境质量，成为街道交通空间环境中的重要组成部分。

在设计过程中，应在满足基本功能的前提下，“将艺术审美、愉悦身心、大众教育等观念融入环境中，使休息服务设施更多地体现社会对公众的关爱、公众与公众间的交往以及公众间利益与情感的互相尊重，这便是多元化设计的发展趋势”。

公共座椅的设置应充分考虑人在室外空间环境中休息时的心理习惯以及活动规律，一般应背靠花坛、隔墙、树丛，面向具有较多活动的开敞空间，以便促进更多公共活动的产生。当座椅位于僻静的角落或背向公共活动场所时，它们的使用效率就会降低。休息座椅的设置应方便行人的接近与使用，并尽可能地提供给行人较为舒服的空间环境。供人长时间休息的座椅应较多地考虑到私密性的要求，座椅应独立或较少排列组合地分散设置，还可以通过绿化、隔断或其他视线遮挡的方式来保证空间的私密性。供人短暂休息的座椅应能提供足够数量和利用率高的座椅组合形式，通常供二到三人休息的座椅利用率最高，长度为 2 米左右。例如，路边的露天咖啡座，它们总是面向人来人往的街道空间，而街道中的各种活动和景观便是吸引人们驻足和休憩的主要因素。

（二）公共电话亭

电话亭是街道中设置的供行人进行通话、交流、查询信息以及紧急情况下求助的服务设施之一，通常有封闭式和半封闭式两种形式。半封闭式的电话亭仅具有顶盖，可以为行人提供必备的遮阳和防淋服务，方便使用；全封闭式电话亭通常设有透明、半透明或带小窗的闸门。相比于半封闭式的电话亭，全封闭式电话亭可以在一定程度上保障使用者的隐私，又可以方便电话亭内外的使用者清楚地感知周围的事物；同时，封闭式的电话亭可以结合报刊亭、信息亭等设施设置，既统一了街道上的设施，又为行人提供了更多的服务功能和社会信息，提高设施的使用效率。

电话亭作为街道景观的组成要素之一，其外观形式、色彩、材质、位置等都直接影响着街道步行空间的空间环境质量。电话亭的形式不仅受自身发展条件的影响，它的发展同时也受到城市历史、文化和经济水平等众多因素的影响。以北京为例，自第一批“黄帽子”电话亭投入使用以来，北京市相继使用了“圆筒亭”“飞燕亭”，2008 年奥运会特别推出了“奥运亭”，2009 年新中国成立 60 周年在长安街设置了“中国结亭”，还有为残疾人提供服务、个头略矮的无障碍亭等，共有六种形式。

在移动电话和网络普及的今天，街头公共电话亭的使用率急剧降低，绝大部分沦落为街边的摆设，更有甚者，某些城市或地区在新街道上不再设置电话亭或拆除街边已经设置的公共电话亭，电话亭的发展状况令人担忧。在此发展境况下，电话亭的发展需要突破现状的困境，寻求新的发展机遇。例如，结合无线网络、移动电话充电器、ATM 机、电子信息显示屏、报刊亭等，提供给行人多种选择的可能性，以提高电话亭的使用效率，发挥出其自身的功能效用。

（三）公共厕所

街道中设置的公共厕所是城市中不可或缺的公共服务设施之一，它的配置极大地方便了人们的户外生活，在满足人们基本生理需求的同时，提供了收集、贮存和初步处理城市粪便的主要功能。从城市景观的角度出发，公共厕所代表的是城市中的一种特殊建筑类型，是城市中的人文景观之一。从城市文化的角度出发，公共厕所代表的是一个国家的风俗习惯和伦理标准，体现的是人们对社会物质文明和精神文明的一种认知态度，是展示城市文明形象的窗口之一，是社会中最具特色的一种文化符号。

公共厕所作为城市中的一种建筑类型，不论是在街道中或是在景区中，其建筑造型都需要与周边的建筑物和环境协调一致，避免夸张、怪异、奇特等吸引眼球的造型手法；在人性化设施的配置方面，需要更多地重视和关怀弱势群体，包括残疾人、老人、小孩和妇女，如设置有单独的残疾人专用厕所，设置带有婴儿座椅的“母子间”，提高女性蹲位的设置比例，设置清晰的标志等。

日本的公共厕所在人性化细节上考虑得非常周全，主要体现在以下几个方面。

1. 音姬

“音姬”是一种可以在人们如厕时发出潺潺流水声音的发声装置，主要目的是为了遮盖如厕时发出的声响，以免被外人听到，造成尴尬。起初，这种发声装置主要安装在女厕所，以照顾内心相对敏感的女性心理。后来，这种人性化的装置普遍地被社会大众所接受，被安装在家庭、酒店以及公共厕所内。

2. “母子间”或母婴厕位

“母子间”是专门为带婴儿的女性使用的人性化服务空间，其内设置供母亲和婴儿使用的专用厕位。“母子间”主要是考虑到婴儿在如厕时需要大人的看护，抑或大人在如厕时需要提供一定的空间来安置婴儿等，通常情况下，母婴厕位会设置有儿童使用的小号坐便器，或者为儿童提供小号的坐便垫，有些母婴厕位会为携带婴儿的女性提供可以放置婴儿的隔板，以方便母亲顺利如厕。

3. 残疾人专用厕位

方便残疾人的使用是日本公共厕所人性化设计的另一个重点。公共厕所应尽可能地设置有残疾人专用的厕位，其内部应提供足够宽裕的空间供轮椅回转，并应设置有扶手、栏杆等相应的辅助设施。残疾人专用厕位最好单独设置，以避免给残疾人造成更大的心理障碍。若空间不足时，可考虑与母婴厕位或普通厕位合并设置。

4. 引导牌

在人流量大的区域内设置的大型公共厕所还需要设置有清晰的引导标识，如日本在交通枢纽、城市综合体、高速公路服务区等大型公共厕所内设置的引导牌，明确地标识出厕所内的厕位布置情况以及当前的使用情况（红灯表示正在使用中，蓝灯表示空闲状态），方便使用者快速地寻找到可以使用的厕位。这种清晰的指示标志在人流量大的情况下起到的作用较为明显，但不适用于人流量小的场所。

四、信息设施的人性化设计

信息时代的到来，让信息成为人们日常生活中不可或缺的重要组成部分，伴随着信息的产生和传播，一系列信息设施充斥在人们周围的空间环境中，成为城市公共空间环境的组成要素之一，它们的出现加速了信息的传播，方便了人们的生活。从城市空间环境的角度来说，设计新颖、色彩丰富的信息设施往往能够成为空间环境中一道亮丽的风景线。街道空间中的信息设施通常包括标识、指示牌、展示栏板、商业广告、报刊栏、信息亭等。

（一）导向标识

标识、告示及导向的设计应简洁明确，并且具有较强的解读性，应尽可能地采用国际通用标准进行设计，以满足不同国家、不同语言的人识别。在统一标准的实施过程中，可以融入地域性的特征，采取地方性材料、图案、标识符号等，塑造出具有归属感和地域特征的信息设施。

标识、告示及导向的设置应安置在便于行人停留、驻足观看的地点，如各种场所的出入口、人流或道路交叉口、过渡空间等。它的形状、尺寸和色彩应尽可能地与周围的环境相协调，并与其所处位置的重要性相一致。

标识、告示及导向的设置应不阻碍行人、车辆的通行，尤其是在交通流量大的地方，应特别注意它的使用安全。

标识、告示及导向的设计应根据所处空间环境的特点，结合其他空间环境要素进行统一规划、合理设置。

重要的标识、告示及导向应加强它的醒目性，如通过灯光、色彩、音响等措施，提高它的关注度。

（二）数字信息亭

“信息亭”是科技与信息时代发展的结合物，是一种融合了 ATM 机、自助终端机、LED 显示屏、摄像头、无线网络等多种功能的公共服务设施，通过该设施，市民可以方便地获取社会公共信息、实现多种费用的自助缴纳、自助存取款、网络连接、异地通话等。“数字信息亭”体现的是城市的科技发展水平与信息的公开水平，其本身所具有的时代感和科技感让其不可避免地成为众人关注的焦点，也成了城市街头一道亮丽的风景线。

作为街道中人性化服务设施的一种，“数字信息亭”的发展旨在服务大众，便利市民的衣食住行，其所具备的功能紧紧围绕市民的日常生活需求，如网上银行、在线支付、信息查询与订购、自助存取款和缴费、紧急救援等，利用高科技手段，融合多种功能于一身，让使用者真正地享受到信息技术给他们带来的便利，这便是“数字信息亭”的发展前提与宗旨。

伴随着科技的发展和社会的进步，“数字信息亭”的发展开始逐步照顾到社会中的残障人士，更多地体现出科技的人性化。2007 年，我国首个整合银行自动提款机、多种费用代缴终端、日用品销售柜台、电子商务终端等设备，并且对残障人士获取信息无障碍的数字爱心亭落户重庆。信息无障碍爱心亭除了具备一般信息亭共同具备的多种实用功能外，其最大的特色是对残障人士特殊需求的考虑。例如，针对盲人及不同程度的视觉障碍人士提供的自动语音朗读服务，可以实现同步朗读屏幕显示的信息；针对依靠轮椅出行的残疾人士，设置无台阶的无障碍坡道出入口；针对丧失听觉的残障人士，设置可供触摸的信息标识，以帮助他们顺利地获取信息等。无障碍数字信息亭的推出，是为了给残疾人提供长期、稳定的就业途径，并向公众提供多种服务，也是为了向残疾人提供无障碍的信息获取平台，使其拥有同健全人平等的信息获取方式。

五、防护控制设施的人性化设计

（一）护栏、护柱

街道空间防护控制设施是防止事故发生，加强出行安全的设施类型，常见的有护栏、护柱（路墩）、扶手、围墙、挡土墙等。

护栏的造型与色彩直接影响到城市街道空间环境的景观，因此应选择轻快通透的护栏形式，色彩的选择应尽可能地与周围环境融合，最好采用材料本身的原色。它的设置位置应尽量靠近机动车道一侧，给人行道足够的通行宽度。

护柱也是一种防护控制设施，常见于街道入口、交叉口、广场入口以及步行街入口等地方。它的设置有利于保障行人的出行安全，很好地保障了街道交通空间不被机动交通所侵占，同时，作为街道景观环境中的一个组成部分，它的设置丰富了空间层次，为空间环境增添了丰富的色彩和点缀。与护柱相比，路墩的设计更富有人性化，可以在行人走累的时候充当座椅使用。

（二）围墙

围墙在我国的应用有深厚的基础，尤其是利用实体围墙划分内外区域的应用不胜枚举，大到万里长城的建设，小到入户的宅院，处处都能看到围墙的应用。现如今，围墙在街道空间中的应用却产生了众多的问题，不同材质、不同类型、高高低低、长长短短的街边围墙，虽然起到了界定空间的作用，但同时也影响了街道空间的整体环境。需要纠正的是，围墙仅是划分空间领域的一种手段而已，事实上还有许许多多可以利用的方式来对空间进行划分与界定，如开放式的边界处理、象征性的边界处理、绿篱边界或是与建筑组合进行围合等，都是行之有效的方式。

围墙的种类有很多种，根据对行人视线的遮挡程度将其概括为以下三种类型。

（1）实墙。空间中设置实墙进行围护可以有效地阻止外界的干扰和侵入，常用于需要与外界隔绝或者私密性很强的空间环境中。

（2）漏墙。漏墙是实墙的一种改造方式，通过对实墙进行局部的镂空处理，使其降低一定的防护作用，增加与外界空间的联系，通常用于私密性较强的空间环境。

（3）栅栏。栅栏是完全漏空的围墙，仍具有较强的空间界定和防护作用，但是不遮挡视线，与外界联系较多，常用于有一定私密性要求的空间环境。

如同建筑入口一样，围墙同样具有景观作用，用于街道空间中的围墙更应该体现出这一特色。在街道围墙的设计过程中，应将它作为环境艺术的一部分进行考虑，以艺术造型、通透性、宜人性和美观性作为设计标准，结合绿化、台阶、建筑物和标志等，设计出既有统一性又有个性、既精致又实用、充满情调和变化的环境要素。

六、景观设施的人性化设计

（一）绿化景观

绿化景观是城市空间环境中的重要组成部分，它不仅能美化空间环境、改善和保护生态环境、陶冶情操和愉悦身心，同时它也是城市街道景观中运用最广泛、最贴近人们生活的环境要素。街道空间环境中的绿化，通过不同的组合形态，对空间起着划分、遮挡、导向等作用，是创造宜人景观环境的必备要素。

不同的植被、绿化的栽植可以形成不同个性的景观环境，如浑厚、苍劲的松柏所营造出的是肃穆的景观特性，常用于突出庄严、肃穆的场合；飘逸的柳树所营造出的是舒缓、休闲的景观特性，常用于休闲空间中；高大的乔木所营造出的是整齐、有秩序的景观特征，常用在空间变换处，如行道树、广场树等。植被或绿化的栽植通常不是单一种类的，往往会结合不同类型的植被创造出具有远中近景、层次丰富的空间环境。

花坛是街道交通空间中常见的景观设施，形式灵活，以带式和点式为主，植物多选择色彩丰富的花卉，对景观的塑造更贴近于行人。其中带式的花坛形式可以通过一系列的凹凸变化、不同色彩花卉的组合、不同高低层次的错落等形式来表现，创造出更为丰富和宜人的景观环境。点式的花坛位置摆放灵活，自身可以通过不同疏密、层次的摆放，形成不同个性的景观环境，或者与其他环境设施相互结合布置，如与公共座椅、台阶、围墙等的组合，更容易形成具有特色的空间环境。

（二）雕塑小品

街道空间环境中设置的雕塑小品首先要与整体环境有机地协调，同时需要其在内容、体量、色彩、尺度等方面符合行人的观感与行动需求，在表达周围空间环境特性的同时，体现自身的特性，如对地域性和时代性的表达等。

空间中的雕塑小品有独立的、组合的以及功能性的三种表现形式。独立式的雕塑小品即以单体或群体作为一个景观环境要素对环境进行美化；结合式的雕塑小品是通过与其他环境设施结合设置的形式；在空间环境中，某些功能的环境设施采用雕塑小品的造型进行设置，这一类型的雕塑小品即被称为功能性的雕塑小品（如图 5-16）。

图 5-16　新加坡街道空间中的雕塑小品

不论是哪一种类型的雕塑小品，它的设置都应该具有鲜明的主题，具有特定环境的独特性，它所表达的内容应该健康、积极向上，具有一定的引导和塑造意义。

第八节 案例分析——以杭州市上城区湖滨街道为例

湖滨街道位于杭州市上城区，北至庆春路，西邻西湖，东及中河，为杭州市的窗口地段，是城市形象的展示路段。湖滨街道交通发达，设施齐全，汇集多条繁华道路，自然人文景观丰富，属于上城区的经济发展重点区域，也是杭州历史文化底蕴最深厚的区域。街道保留着很多古迹遗址，多条道路无一不显露出杭州老文化的韵味，现已建成多个社区，如青年路社区、岳王路社区、涌金门社区、吴山路社区、东坡路社区等，周边医院、公园、学校、银行、商务楼等配套设施齐全，伴随湖滨地区的发展，生活功能日益增加，坚持为广大群众营造开放、人文、安全的居住环境，成为杭州城市建设“生活品质之城”的标杆，最终成为湖滨地区主要的生活性街道步行空间（如图 5-17）。

图 5-17 湖滨街道街景

一、设计内容和原则

1. 湖滨街道规划为上城区次干道，沿路主要为历史文化遗址区和居住区配套学校及公园等，承载着人们生活、生产和交通的功能，突显城市生活性功能。老城创新的城市建设与管理始终坚持做足“老”的文章，实施了打理改善背街小巷、高危房屋改建等以人为本的设计策略，有效地完善街道各类设施，注重沿路公共空间和绿化建设，贯彻人性化的设计理念，实现环境生态化、出行便利化、生活低碳化、管理合理化，改善人们居住的街道环境，彰显城市文脉。

2. 考虑车与行人不同形式速度下人的心理活动和视觉感受，建立合理的人车共享的交通系统，研究步行者对环境的心理需求，设计出为人服务的舒适空间。

3. 街道空间配套设施齐全，从人的角度去设计，着重于人行道路铺装及市政建设公用设施的环境设计，统一规划道路铺装材质、色彩及图案等，将文化品位与艺术形式协调统一。把沿街两侧不同造型、质感、功能、尺度的新旧式建筑有机结合，创造出一个环境和谐统一，具有人文关怀的新城市形象。

二、湖滨街道步行空间的人性化设计分析

湖滨地区环境生态化，“错时停车及出行”得到全社会响应，建立太阳能生态垃圾房和路灯，强化公共设施的生态性，“伞亭式”便民服务将摊贩规范到辖区范围等措施已得到社会广泛关注，优化城市街道步行空间环境质量。

（一）步行交通系统

近几年，湖滨街道步行交通系统以改善非机动车和行人和谐相处为宗旨，鼓励市民出行选择步行、自行车或者公共交通方式，建立完善的自行车租赁系统和非机动车管理体制，使短距离出行向骑车交通转换，保证各交通方式之间的相互联系，有效地衔接轨道交通和常规公交，方便换乘，减少缓冲地带，做到公交出行门到门。

湖滨路步行系统由步行活动的道路、步行通道、步行廊道等组成，其中使用最多的是城市道路两侧的人行道，其功能是步行、交通转换以及向次级道路分散行人。主城区大致可以分为中心区、交通枢纽区、历史古巷、居住区、风景区、文教区、工业区等，不同地区的规划方式及内容都不一样。以西湖大道的西湖风景区来看，非机动车道 65 千米内，共有 42 个滨河自行车换乘点，形成以湖滨路、苏堤、白堤、南山路为主的环绕西湖步行系统，与周边景点良好的结合构成了舒适的游步道，并结合轨道交通、公交站及水上巴士码头，满足居民休憩活动、观赏景色的需求，提高居民休闲出行的质量，改善慢行交通环境。

（二）人行道的人性化设计

人行道的规划不提倡沿路建设连续性的人行道系统，应尽量引导人流至其他步行交通，或者对集中人群统一设置过街通道，在步行空间与绿化带中间设置自行车道。国内与国外的城市道路设计最大的不同点在于国内的人行道设计形式单一乏味。湖滨街道人行道的设计有很大提高，注重从功能、形式、色彩和经济等方面全方位考虑，提高施工的质量。人行道铺装成为湖滨街道建设的重点，大量古建风景区地段采用条石嵌草花岗岩，有些还插入了马牙石、火烧板等材质，显得朴素自然。在人群密度比较大的地区采用淡黄耐火砖铺砌，色彩柔和，性能坚韧。合理利用步行空间，让人行道与自行车道共处，公交车可采用港湾式车站停车，在路缘设置了特质地砖铺装的无障碍通道，采用各式各样精心挑选的步行道路铺装图案，同周边环境统一协调，成为风景线的有机组成部分，彰显文化特色，舒适又富有艺术情趣。

（三）绿化与景观

湖滨街道人行道的绿化与景观的人性化设计，给行人提供了舒适的行走体验，同时

考虑源于自然高于自然的绿化艺术设计手法，充分利用步行道路的长宽尺度，这类设计与私家花园景观设计不一样，又有别于大规模化的城市公园，通过利用不同地段的环境功能、地质地貌、景观和人的行为心理等，重新组合平立面造型，展现出丰富多彩的造型、四季色彩的变化、图案形式的变化。在绿化形式上，人流量较多的地区多用地面铺装，少用草坪，因为草坪易受到人为破坏，结合当地适合种植的植物种类，靠近建筑立面界面的一侧，通常以常绿植物为基调，配以杜鹃、金叶女贞、龙柏等为装饰花卉，使步行空间的绿化更具有整体统一性、艺术性，将自然与艺术科技完美结合，做到步移景异的变化，具体表现形式是直线与曲线。

直线形式——直线景观绿化带主要是在街景绿化空间中，在常绿植物前面种植各类花灌木及组团植物；在线形空间与步行路径中，在绿化带中融合曲线碎石小路，突显人文设计，丰富了街道步行景观绿化空间。

曲线形式——蜿蜒曲折的弧形景观绿化带，线条流畅，相对于直线形式能更好地突出植物及花灌木的植被色彩层序，现代感设计元素的融入更具有亲切感，让人仿佛身处大自然中，轻松自在，花香四溢，给人舒适的视觉感官感受。

（四）公共设施的人性化设计

湖滨街道设有的公共设施主要有休闲座椅、电话亭、候车亭、垃圾箱、标识系统、路灯、雕塑等，设计尺度满足人机工程学，对于单个或者集体的人群聚散空间的设计标准不一样，形式追随于功能，造型突显地方特色，与周围环境相呼应，空间尺度布局符合整体环境要求，增添了街道的整体性和序列感。

标识系统：步行标识系统的服务对象主要是行人与驾驶人员，在行人与机动车相交路口设置了醒目的标识，为人们提供指向性的有效信息，引导行人到达所需的目的地，可以通过文字、图样等视觉传达的方式，加以照明和色彩，设计统一连续的小尺度标识。要求标志的面积限制在 0.5 ~ 0.7 平方米，车速不高于 24 千米 / 小时的街道，字体不低于 10 厘米。

座椅：以具有亲和力的石材和木材为主，结合道路绿化设置座椅，应考虑良好景观与周边环境的统一协调，在步行空间中，座椅的尺度、造型、材质、数量的多少和它的分布位置是留住人气的主要因素，有些座椅是隐形座椅，如花坛、台阶、矮墙及雕塑小品等，座椅高度以 430 毫米左右为最佳，步行街上的座椅应满足多人及各类人群的不同需要，座椅的特点选择如表 5-5 所示。

表5-5 常见的座椅特点

类 型	选用的座椅特点
直板式	适用于陌生人，可观望正前方；两个人洽谈时，可转动角度；使用人多时，易阻塞人行道路
独立式	适合 1 ~ 2 人使用，背向而坐，可以互不干扰

续 表

类 型	选用的座椅特点
独立转角式	可容纳两人交谈而不互相触碰，可以满足多人交谈需要
多重转角式	可以满足各种人群需要
环形式	适用于陌生人，视线互不干扰，不适合群体交往，角度过大，不便交流

照明及灯具：街道夜间照明需求并非是随意的彩色光，而是有秩序的，着重在重要节点空间设置高强度的投射灯，其他则采用普通手法烘托环境，利用照明的扩散角、路面亮度的改变、街道照明的高度、特殊的灯光来增强街道的辨识度。

雕塑小品：雕塑小品是最常见的城市景观环境小品，其特征主要受到城市文化、社会经济和地域特色的影响，还有些雕塑搭配水景设施，更具有亲和力，可直接供人游玩，增强与环境的对话，提升整体空间的品位。

垃圾桶：路边不起眼的垃圾桶恰恰是使用频率最高的公共设施，应尽量将垃圾分类，垃圾桶形式统一，应根据对人流量的分析，设置在人群集中处，大约每隔 80 ~ 100 米就应设置一个垃圾桶。

公交站亭：公共汽车候车亭设计应考虑设置座椅，可在候车亭设置广告栏，主要的设计形式要与周围建筑环境相协调。

第六章　柔性空间的人性化设计研究——生活性街道

第一节　生活性街道的定义及表现形式

仪式性街道、商业性街道、景观性街道展现的是城市的形象，是城市的形象工程，不具有普适意义。文化性街道和历史性街道在城市中数量少，体现的是城市的历史和文化底蕴，同样不具有普适意义。休憩性街道在某种意义上可以看作是生活性街道的一种。城市生活性街道是满足城市居民生活需要的线性空间，往往集节庆、散步、购物、集会、健身、餐饮、观演、绿化、交通集散、文化教育、人际交往、游憩休闲等于一身，是一个活动的、展现生活百态的舞台，其形象和实质直接影响市民大众的心理和行为。

在城市中，生活性街道主要表现为城市次干道及支路，是城市中数量最多、最易识别、最易记忆、最具有活力的部分，更是人们日常生活中使用最频繁、关系最密切的街道类型。

一、生活性街道的定义

城市生活性街道的定义是：城市中数量最多的街道类型，与人们生活的关系最为密切，是以服务本地居民和工作者的中小规模零售、餐饮、生活服务型商业（理发店、干洗店等）等设施以及公共服务设施（社区诊所、社区活动中心等）为主的街道。只承担区内交通，满足各分区内部的生产和生活活动的需要。生活性街道空间的特点是车速较低，以客运和行人为主，机动车、公交车、自行车和行人并存。

二、生活性街道表现形式

城市生活性街道的典型表现形式有以下几种。

城市次干道及支路，如邯郸陵园路、水厂路、农林路等。如图 6-1 所示。

图 6-1　美丽的城市支路

城市旧城区内传统街巷，如邯郸的回车巷、展览路、贸易街等。如图 6-2 所示。

图 6-2　城市传统街巷

城市小区及区级道路，如邯郸广安路、广厦路等。如图 6-3 所示。

图 6-3　城市小区道路

第二节　城市生活性街道人性化的含义及相关理论

一、含义

唐纳德·爱普利亚德在 1981 年曾说："假如城市是为了留住它们的居民，假如能源短缺迫使我们回到浓缩的城市，那么，就必须找到一些方法，让城市街道成为一天工作后休憩的天堂，而不是被淹没在噪音、浓烟与尘埃中的危险的栖息地。"而使生活性街道变得人性化就是方法之一。

城市生活性街道人性化，是在生活性街道中强调人与自然、人与人、人与社会和谐相融的思想，以及具有宜人的街道空间组织和空间形态，是使置身于城市街道中的人的各种活动需求基本能够得到满足的生活性街道。

二、相关理论研究

（一）城市生活性街道空间景观人性化设计的内涵

城市生活性街道空间景观的人性化设计并不是完全否定以往街道景观设计中的美学、技术和经济三大要素，而是提倡以人的各种需求为根本出发点，设计过程始终要做到“以人为本”，以主体使用人群的尺度为中心尺度，以满足人的生理、心理、物质、精神等不同层次的需要为最终目的，使人们在美好的街道空间环境中获得轻松、愉悦、自由、安静的心理体验。在街道空间景观的设计研究中，人性化是我们设计不可或缺的重要方面。如果脱离了人性化，仅仅从街道景观的美学、技术和经济角度出发，很容易使景观环境呈现千篇一律的现象，而脱离了设计的初衷。

现代城市生活性街道景观建设的最终目的是为人们创造适合居住、便于人际交往和休闲娱乐的街道空间，为人们提供一个具有良好的可达性和便捷性的道路交通系统、方便舒适的生活配套设施和步行环境系统、安全健康的街道环境。生活在这样的街道空间里，我们体会到的不仅仅是美好宜人的景色，更多的是在这宜人的街道景观背后蕴含的对人性无微不至的关怀。

城市生活性街道空间景观的人性化设计包括以下几个方面。第一，物质层面的关怀。任何人性化的设计都要以其使用功能为前提条件，脱离了设计对象合理的功能性，人性化设计永远都是一句口号，最终将违背人性。第二，心理层面的关怀。使用人群的行为、心理及其文化是城市生活性街道空间景观人性化设计研究的核心问题。人性化设计既包括生理尺度，又包括心理尺度。如果一个设计仅仅满足了人们的生理需要，这个设计并不是一个完整的设计。好的设计要在“实用”的基础上，从人们的心理尺度出发，着眼于细部，将对人们生理上的关怀转化成对其心理的关怀，创造出适合人们身体和情感的“产品”。心理层面的满足是通过人性化设计得以实现的，所以，离开了对人心理要求的反映和满足，设计便不是真正意义上的人性化设计。第三，人群细分的关怀。弱势人群因其自身生理、心理特点和整个社会环境系统缺乏针对他们的考虑，而使他们的自由行为受到限制。城市生活性街道空间景观的人性化设计就是要最大限度地消除由于身体不便带来的障碍。在设计的过程中，充分地考虑到弱势群体的使用需求，通过人性化的设计，使他们感受到平等的人性关怀。第四，社会层次的关怀。城市生活性街道空间景观人性化设计的实质是景观设计师对人类生存环境的关怀。

人类的发展带来了越来越多的环境问题。科学技术的进步给人类带来了舒适和便利的生活，然而由于人类过于追求经济的迅猛发展，对人类赖以生存的环境造成了严重的破坏，人和环境的矛盾愈演愈烈。人与自然的和谐相处，共荣共生成为环境设计师们关注的焦点。在这种背景下，对人类终极关怀的绿色设计成了未来环境设计的发展方向，而绿色设计则可以看成是广义的人性化设计。

（二）对我国城市生活性街道空间现状的思考

由于城市建设速度过快和种种历史原因，我国城市生活性街道的空间显得粗糙而缺乏人性化，生活性街道面临合理解决人车和谐共存以及如何营造现代都市人的人性化城市生活空间的问题。

1. 缺少对街道景观环境的重视

我国城市生活性街道在设计与改造时，缺少对街道空间景观环境的考虑，街道的设计大都局限于街道形式与功能的探讨，缺乏系统地从人文、地域、环境及人的需求角度去把握城市空间景观环境的塑造。

2. 街道的粗糙化设计

街道景观杂乱无章，缺乏个性；建筑外观不协调；街道绿化千篇一律，缺乏生活情趣；灰蒙蒙的沥青路面和人行道铺地单调乏味……街道千街一面，缺少标识性。

3. 缺少人性化关怀

许多生活性街道只考虑交通对路面的要求，而忽视街道各种设施的建设。大部分步行道地面的铺装材料质量很差，防水性能低，无法满足步行者的使用需求；无障碍设计缺乏；公共设施，如公共厕所、街路标牌、交通图展示板、公共电话亭及必要的休息空间等严重短缺，重车不重人的现象严重。

4. 街道公共空间的缺失

现代生活方式的转变和城市建设的超速发展，导致了现代城市街道人性化公共空间缺失。突出表现为车行道尺度增大，步行空间缺失，街头绿地减少，沿街空间被停车位占用等。

（三）我国城市生活性街道的发展方向——人性化的街道空间

随着社会的发展，人们的生活水平进一步提高，物质、文化高度发展，人们对于创造良好生活环境的呼声日益增强，越来越关注城市生活性街道空间的品质。这种对富有生活气息和人情味的现代城市的期待，及对舒畅亲密富于人性的生活性街道空间复苏的向往，使得我国城市生活性街道向着人性化的方向发展。

试想，在街道上，来来往往的车辆穿梭缓行，秩序井然；人们在街道空间中活动，或打太极拳，或下棋或谈天，其乐融融，好不惬意；一边是马达轻鸣，一边是鸟语花香，这种“闹中取静”“静中观闹”的现代城市的特殊交响乐章，将会让我们的城市变得便捷、宜人和生机盎然。

第三节　人对城市生活性街道空间的感知及行为心理分析

人与空间环境之间存在着密切的关系，空间环境在满足人们行为心理需求的同时也对人的感知和行为心理产生很大的影响。人们在使用和感觉空间环境的同时，也会结合环境信息和经验来判断环境是否符合人们的心理特性。所以，人的感知和行为心理特性是人性化空间环境设计的基础。

一、感知特性

感知是客观事物通过感觉器官在人脑中的直接反映，是信息筛检、储存、记忆，从而形成表象和概念的过程。感知器官有视觉、听觉、嗅觉、味觉、触觉、第六感官等。在各种感官之中，视觉的穿透力最强、感觉最敏锐，是我们感官中最发达的，也是获得信息量最大的，所以在感知特性中重点对视觉特性进行较为详细的阐述。

（一）行人视觉特征

尽管我们的脚能够随意地向前行走或跑，但其向后或者向一侧活动都是有很大困难的。人类的感官很好地适应了这一条件。我们能够清楚地看到前方、周围和两侧，水平视野比竖向视野要宽广得多，向上的视野比向下的视野要小些，左右约为 65 度，向上约为 30 度，向下约为 45 度。行走时的视轴线向下偏了 10 度左右，只能观察到视野在同一水平面的前方，如建筑的底面、底层等。而街道是线性移动空间，因此，生活性街道应该以人的视觉特性为基础设计，重点处理与人们视野在同一水平面的部位。这一点在我们日常生活中也有体现，如超市日常的家用产品放在低于人眼高度、接近地面的货架上，而一般人不会购买的不太重要的物品则放在高于人眼的货架上。沿街建筑底部 6 米（较窄的人行道）至 9 米（较宽的人行道）是行人能够近距离观察和接触的区域，对行人的视觉体验具有重要的影响。所以，沿街建筑底部 6 米至 9 米以下部位应进行重点设计，提升设计品质。

（二）运动中人的视觉特征

当人处于高速运动时，如驾驶着车辆，看到的物体通常会和步行时不一样，因为速度比较快，所以物像来不及在人的视觉器官上得到清楚的反映，物体显得有些模糊。移动速度为每小时 5 ~ 15 千米时，人的视觉器官能够观察到物体细节，获得印象，当移动速度大于每小时 15 千米时，随着移动速度的增加，人的观察细节和获得印象的能力就逐渐降低。因此，城市生活性街道空间规划要考虑步行速度和汽车速度两种因素。

1937 年，J.R.Hamilton 和 L.L.Thurstone 经过研究，在《汽车驾驶中人类的局限性》一书中分析了运动中人的视觉特性，提出了可用于城市生活性街道空间的运动中的视觉准则。

第一，注意力随着速度的提高而提高；

第二，注意力集中点随速度的提高而退远（图 6-4）；

第三，周围视野随速度的提高而减小；

第四，前景的细节随速度的提高而逐渐消失。

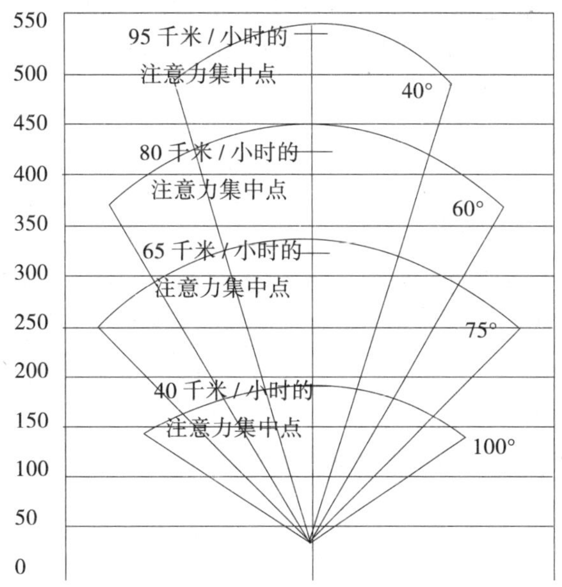

图 6-4 行车速度与注意力集中点和视野的关系

（三）颜色感知

1. 颜色视觉要素

颜色视觉有明度、色调、饱和度三种要素。

2. 颜色对比

颜色对比是指眼睛同时受到色彩刺激时，色彩感觉发生相互排斥的现象。而各种相邻的颜色在交界处，对比表现得更为强烈（图 6-5）。

图 6-5 颜色对比

3. 颜色的心理效应

根据心理学家的研究，主要有下列几个方面。

（1）色彩的前进与后退感。比如，要使狭小的街道显得宽敞些，可以用冷色。

（2）色彩的冷暖。蓝、青色使人联想到大海、天空，给人寒冷的感觉。

（3）色彩的轻重感。色彩的轻重感一般由明度决定，如白色最轻，黑色最重。

颜色的心理效应，对街道的设计有重要的作用。比如，红与绿、黑与白等强烈的配色容易引起注目，用于商品广告可以引人注意，达到宣传效果；用于交通信号、安全标志，可以避免发生事故。

二、心理特性

根据马斯洛需求层次理论，我们可以把人在街道空间的心理特性归纳为五个层次的需求，一是安全的需求，二是社交的需求，三是归属的需求，四是与自然交流的需求，五是历史认同感的需求。

（一）安全的需求

安全需求包括个人空间、领域性和私密性等几个方面。

1. 个人空间

根据不同的个性、场合，以及不同的文化背景，个人空间距离是不同的。这种距离对整个公共休憩空间的设计又会产生影响。美国的人类学家爱德华·霍尔在《隐匿的尺度》中定义了一系列交往距离，是西方社会人际交往中的习惯距离，但对于我们而言，也依然有很重要的参考价值，分别是，亲密距离（intimate distance）、个人距离（personal distance）、社会距离（social distance）、公共距离（public distance）。

亲密距离：约 0.46 米，这个距离内的人关系非常密切，是用来表示爱抚、体贴、舒适等情感和情绪的距离，如父母爱抚子女和恋人之间的距离。

个人距离：约 0.46 ~ 1.2 米，是亲朋好友之间进行各种活动的距离，家庭餐桌旁的人群就处在这个距离内。

社会距离：约 1.2 ~ 3.66 米，这是普通朋友熟人邻里同事等社会群体关系进行日常交流的距离，餐厅中的座椅就是这个距离。

公共距离：约 3.66 米，是用于单向交流的表演或演讲的距离。

交往距离是公共休憩空间的设计基础。在公共空间中，上述四种距离往往是同时并存的，这正是公共空间具有活力和归属感的关键所在。因此，公共休憩空间设计应满足各种交往距离的空间要求。

2. 领域性

每个人或群体周围都存在着一个看不见的无形区域，即使在街道这样的公共空间中也是存在的。在这个区域内人们不希望轻易地被外界干扰或妨碍。比如，街道中树荫下从容下棋的老人，墙脚旁玩耍的儿童，他们使用不同的领域，进行着不同的活动。具体地分析每一处街道空间，可以通过地块分割，设施分类，使其相互分隔，又通达方便，这样做更能激发不同群体对街道的使用。因此，设计者应该明白不同领域的人们使用街道空间的方式不一样，所以应该设计出满足大多数人的人性化的街道空间。

3. 私密性

私密性、领域性和个人空间是紧密相关的。个人空间和领域性是获得私密性的主要手段。私密性具有动态的特点，人们在不同的时间和地点，因活动的不同而需要不同程度的私密性。私密性强调个体或群体在相互交往中，控制视觉、听觉和触觉的能力。维斯丁将私密性分为四种类型，孤独（solitude）、亲密（intimacy）、匿名（anonymity）和保留（reserve）。具备私密性的空间能够使人具有安全感，按自己的想法支配环境；在他人不在场的情况下充分表达自己的感情；使人能够自我评价、自省其身。在空间设计中常常通过局部空间的凹入、围合、视线遮蔽或人的活动安排等来实现私密性的要求。

4. 边界效应——私密性、领域性需求的具体表现

心理学家德克·德·琼治提出了边界效应理论。他指出，森林、海滩、树丛、林中空地等的边缘都是人们喜爱的逗留区域，而开敞的旷野或滩涂则无人光顾，除非边界区已人满为患。边界区域之所以受到青睐，显然是因为处于空间的边缘为观察空间提供了最佳的条件。爱德华·霍尔在《隐匿的尺度》一书中进一步阐明了边界效应产生的缘由。他指出，处于森林的边缘或背靠建筑物的立面有助于个人或团体与他人保持距离。建筑物的凹处、后退的入口、门廊、回廊以及前院的树木既可以提供防护，又有良好的视野，人们可以在一半遮掩中部分地隐蔽起来，同时又能很好地观察空间。在逗留区域中，人们很细心地选择在凹处、转角、入口，或者靠近柱子、树木、街灯之类可依靠物体的地方驻足，它们在小尺度上限定了休息场所。很多街道空间中沿街的柱廊、雨篷和遮阳棚等同样可供人们停留和观察。

（二）社交的需求

人是群体性的，不喜欢孤独，喜欢与人打交道，在交往的同时渴望得到社会的认可，使自己成为社会活动中的一员，从而体会到爱与归属、自我尊重和相互尊重以及自我实现等情感。满足社交活动的空间首先应当对交往的双方或多方来说是平等的，这样才能为人们的交往提供最大的可能性。交往空间还应当满足交往多样性的要求，即尽量加强不同文化层次、不同职业和经历的人之间的交往，以使人在互动过程中不断被承认，并不断了解和认识社会。街道应具有这种特征。

现代街道空间的重要功能之一是社交活动。社交活动分正式的和非正式的，而街道上的社交活动几乎都是非正式的。正式的社交活动是事先安排的，要求人们遵守一定的组织纪律，对参加的人员有限制，具有相对固定的场所。非正式的社交活动恰恰相反，依靠人们之间的信任与好感临时搭建社交关系。

一般情况下，人们在街道中会遇见什么人，看见什么事情都是不可预知的，也不知道自己将会在哪里停留或者和哪些人交谈，这些无法预知，使人们对街道充满了新鲜感和期待感，这正是街道魅力之所在。当人们感到疲倦困惑时，可以走到街上，看别人交谈或者加入他们的交谈活动，这一切完全由自己决定。

人看人是街道上最基本最简单的社交行为，无论看者或是被看者，都会获得各自心理上的满足。在大多数的情况下，人们总喜欢选择人多热闹的街道，因为那里有更多的东西可看。当人们在休息时，也喜欢选择自己能够被看见以及能看到人的地方，这会给人一种安全感。当有活动发生时，好奇心驱使人们凑过去看一下究竟。这些简单的行为

往往孕育着进一步的社交行为。

（三）归属的需求

归属感指个人自己感觉被别人或被团体认可与接纳时的一种感受。著名心理学家马斯洛在1943年提出“需要层次理论”，他认为，“归属和爱的需要”是人的重要心理需要，只有满足了这一需要，人们才有可能“自我实现”。

街道归属感是人们在街道空间环境中愿意承担作为其中一员的各项责任和义务，同时得到他人的认可，感受到自己是重要的一部分，积极参与街道活动的一种情感。

（四）与自然交流的需求

“采菊东篱下，悠然见南山。山气日夕佳，飞鸟相与还。”陶渊明的一首《饮酒》告诉我们，对自然的向往之情古来有之。但随着城市的发展，人们接触自然的机会越来越少，新鲜的空气，泥土的芳香越来越遥不可及，我们内心深处渴望亲近自然。因此，在人性化街道空间设计中应创造良好的街道空间，使人们可以尽情地与自然进行交流，欣赏美丽的风景。

影响人与自然交流的主要因素有阳光、气温和风。

1. 阳光

街道为市民提供夏季纳凉、冬季晒太阳的生活空间。而且，由于光线移动造成的阴影的变化会给街道带来无限生机。设计师对太阳的季节性变动、街道高宽比以及拟建建筑都必须加以考虑，这样街道才能接受最多的夏季和冬季日照。夏季炎热的城市，街道需要有部分遮阴，这可以通过种植树木或邻近建筑的遮蔽得以实现。

2. 气温

研究证明，当气温高于12.7摄氏度时，生活性街道上的散步、站立以及闲坐的人的数量会有相当大的增加。

3. 风

当环境温度适宜，人的户外活动增多时，风的加大会令人不快。在许多街道区域缺乏日照的天气下，风的负面影响也尤为显著。即使天气并不太冷，过多的风会使街道使用者的舒适感受大打折扣。当衣服和头发被吹乱、阅读的报刊几乎要被吹走或食物包装需要用手压住时，户外体验的享受就大打折扣了。因此，街道的设计应认真考虑日照和风的效应。加强绿化，增添遮风避雨的服务设施，或者调整街道建筑的高度都可以缓解风的负面效应。由于各关联要素的复杂性，建议设计师同相关专家一起合作。

想要在现有建筑的前提下创造较高使用频率的街道，设计师必须事先进行场地的日照分析，以决定哪个区域将有阳光以及什么时候有。这一信息将反过来帮助设计师决定在哪里设置休闲区，哪里设置景观绿化等。在对用地进行分析时，要综合考虑周围建筑物的规模和形状，以确定该区域内风的影响。

（五）历史认同感

中华民族拥有五千年的光辉历史，中国的传统建筑在世界建筑史上独树一帜，我们很多的城市和街道都保留了历史的痕迹，是历史的见证。街道蕴藏着城市的历史文脉和地方特色，能够唤起人们的记忆和感情的共鸣，给人带来强烈的震撼力和感召力，产生文化认同感。例如，苏州平江路、武汉户部巷、邯郸回车巷等。

三、行为特性

街道是城市公共空间中最普遍，也是最能代表城市特性的部分。构成街道的元素可以粗略地分为物质元素、人和人的行为。前者是构成街道物质空间特征的基本条件，后两者则密不可分，是一个整体，它们依托于物质空间，是街道公共空间舞台上的表演者和表演内容。正如汉娜·阿伦特所说："人和物构成了人的每一项活动的环境，离开了这样一个场所，人的活动便无着落；反过来说，离开人类活动，这个环境，即我们诞生其间的世界，同样也无由存在。"在人与物的关系中，人和人的行为在很大程度上决定了街道空间的场所性和公共性，是赋予空间灵魂的关键因素。因此，在研究街道时，人的行为的研究就必不可少了。

（一）行为相关概念和类型

1. 行为相关概念

在研究人们户外行为之前，需要对相关概念进行澄清。目前在国内有关城市公共空间行为的论述中经常出现两个概念相近的词：行为和活动。之所以出现这种现象，可能是不同的学者在论述城市公共空间行为时，从不同的角度来阐述，有的从心理学，有的从社会学等；也可能是在翻译国外著作时，不同的译者根据自己对原文的理解来使用不同的词汇。下面是百度百科中的概念。

行为是人类在生活中表现出来的生活态度及具体的生活方式，它是在一定的物质条件下，不同的个体或群体，在社会文化制度、个人价值观念的影响下，在生活中表现出来的基本特征，或对内外环境因素刺激所做出的能动反应。

活动是由共同目的联合起来并完成一定社会职能的动作的总和。活动由目的、动机和动作构成，具有完整的结构系统。

2. 户外行为（活动）的类型

根据丹麦建筑师扬·盖尔的研究，人类户外活动分为三种类型：必要性活动、自发性活动及社会性活动。

扬·盖尔认为"必要性活动"包括那些多少有点不由自主的活动，一般地说，日常工作和生活事务属于这一类型，如上学、上班等。

"自发性活动"则是另一类全然不同的活动，只有在人们有参与的意愿，并在时间、地点可能的情况下才会发生。这一类型的活动包括了散步、驻足观望等。

扬·盖尔总结的第三种活动是"社会性活动"，是指在公共空间中有赖于他人参与的各种活动，包括儿童游戏、互相打招呼、交谈、各类公共活动以及最广泛的社会活动——被动式接触，即仅以视听来感受他人。

扬·盖尔认为，社会性活动大多数情况下是由另外这两类活动发展而来的。由于人们处于同一空间，或相互照面、交臂而过，或者仅仅是过眼一瞥，就会自然引发各种社会性活动。因此，只要增加公共空间中必要性活动和自发性活动的概率，就会间接地促成社会性活动。

（二）街道中的行为

街道中人的行为具体可以分为步行、骑行或驾驶、驻足、坐、游戏、交流六种。

1. 步行

步行是街道中最普遍的一种行为，步行可以是自发性的行为，也可以是必要性的行为。步行速度受多种因素影响，一般情况下是每小时 5 千米左右，街道的平整程度、交通信号、人流密度等都会影响步行速度。步行还和距离有关，大部分人能够且愿意步行到达的距离是有限的，连续步行 400 ~ 500 米，对多数人是可以接受的。人们在步行时总是径直走向目标，而不愿意绕道而行，除非有难以逾越的障碍，如护栏或者快速行驶的汽车等。在有天桥、人行隧道等高差的街道，人们即使愿意冒着危险直接横穿道路也不愿意使用有高差的行走路线，因此天桥和人行隧道设计更应该体现人性化的特点，吸引行人的注意和使用，并选择在合适的位置，保持合理的间距。

2. 骑行或驾驶

骑行或驾驶对于街道空间的影响主要在于它的速度，骑行主要指自行车和电动自行车，自行车每小时的速度约为 15 千米，电动自行车每小时的速度为 30 千米左右，机动车在生活性街道中每小时的速度约在 30 ~ 60 千米之间。人在不同的速度下对街道空间的感知也是不同的。速度较快时，留有印象的是街道的轮廓线而不是街道的细节。此外，在街道中驾驶行为和步行行为会相互影响，谁有交通的先行权成为定义街道从属性的重要标志。

3. 坐

坐是完成公共空间场所性的重要手段，只有创造了良好的环境条件，使人们坐下来了，才能产生较长时间的停留，随之才能产生交流。对于坐的研究主要涉及两个方面的内容：人们喜欢坐在哪个区域，人们喜欢坐在什么形式的物体上。不同的人对于坐在什么物体上是有区别的。老人比较喜欢坐在舒适且比较正式的座位上，而年轻人比较随意，可以坐在台阶、石块、楼梯等地方，在某些情况下这些非正式的座位可能成为坐这个行为的主要载体。

4. 驻足

驻足是短暂的站立停留，人们除了停下来等红灯外，也可能因对某事产生兴趣而短暂观察，也可能遇见熟人而短暂交谈。驻足发生和持续的时间具有不确定性。小孩好奇心比较重，对街道上发生的事情，大都会跑过去看看；工作的忙碌使年轻人很少驻足停留，除了偶遇熟人等；中年人和老人喜欢驻足观望以及和周围商户或者环卫工人等聊天。

5. 游戏

游戏在本书中指人在生活性街道空间中的自我表现，或以获得快感为目的的主动行为，包括儿童的戏耍、演讲和表演行为等。小孩天生爱玩，有儿童游乐设施的地方，总会有不少儿童；成年人更多的是围观，而不是参与游戏。

6. 交流

生活性街道空间中的交流行为可以分为观看、聆听、交谈。

观看是一种单向的交流行为，具有不对称性，有观看者和被观看者之分，观察者对于其他人来说就是被观察者。正如卞之琳在《断章》中写道：“你在桥上看风景，看风景的人在楼上看你；明月装饰了你的窗子，你装饰了别人的梦。”

聆听也是一种单向的交流行为，由于声音是一个场所具有活力的重要催化剂，所以一个有活力的公共空间一定是充满可以被公众聆听的声音的空间。比如，没有声音的电影，即使画面再精彩它也是不完整的。

交谈是人与人之间最直接的交流方式，也是完成街道空间场所性的重要手段，没有交谈，人们很难对所在的空间产生归属感。

城市居民是城市空间的直接使用者和感受者，城市街道空间的人性化设计必须对人的生理、心理行为特性进行详细了解。本章阐述了人的感知特性、心理特性、行为特性、交往特性，分析了行人的五个心理特性：安全的需要、社交的需要、归属的需求、与自然交流的需要及历史认同感。这些心理特性可为城市街道空间提供直接的设计依据。

总之，分析研究人的生理、心理行为特性，是现代城市街道空间设计中贯彻以人为本思想的基础。人的活动是吸引人的主要因素，是街道具有魅力的表现。

第四节　城市生活性街道景观设计人性化的衡量标准及景观系统要素人性化设计

一、城市生活性街道景观设计人性化的衡量标准

马斯洛把人的基本需要分为五个等级，从低级到高级分别是生理需求、安全需求、交往需求、尊重与被尊重的需求和自我实现的需求。在人的发展过程中，只有前一种相对较低的需求得到了适当的满足，后一较高层级的需要才会出现。

我们根据人类需要层级理论，将人对街道空间设计的需求总结为安全性需求、便捷性需求、舒适性需求、交往性需求、观赏性需求。

（一）安全性需求

安全性是人们对街道空间的基本需求。在汽车时代，街道安全性需要已经上升到了非同一般的地位。当我们穿越街道时，要左顾右盼地顾及着穿梭而过的车辆；在拥挤的街道，我们自动地与别人拉开距离；而在空寂的街道，我们又向人群中靠拢，这些行为都是人们对街道安全性需求的表现。

（二）便捷性需求

在注重效率的今天，便利已经成为我们在实际生活中最常考虑的要素之一。我们通常希望以最省力、省时、节省花费的方式来达到自己的目的。人们过街时，在瞬间的安

全性判断后可能往往选择了自己认为的最便捷的路线，而不是按照城市规划中的绕着大片草地的路径或高耸的人行天桥来组织自己的行为。这就要求我们在街道景观的设计过程中充分尊重人们对便捷性的需求，街道的设计除了要具有美感和趣味感之外，还要配合人们步行的主要目标，尽可能将主要目标安排在街道内人的流动线上，减少过分的曲折迂回。

（三）舒适性需求

街道舒适性的前提是功能的合理性。地理位置，街道走向，街道的形态，比例、尺度，街道公共设施等都会对街道的舒适度产生影响。舒适是环境景观规划设计的主要目的之一，它体现了环境生态发展的含义。

（四）交往性需求

作为社会中的人，交往是我们的天性，研究表明交往有益于人的身心健康。人们从一栋建筑进入另一栋建筑，街道成了人们可以互相照面的必经场所，也成为我们渴求交往的强烈愿望的归结处。正如英国建筑规划师埃利森·史密森所说："街道不仅仅可供进出，同时又是社交表现的舞台。"

（五）观赏性需求

沙里宁在《城市——它的发展、衰败与未来》中说："让我看看你的城市，我就能说出该城市居民在文化上追求的是什么。"可见观赏城市是我们认识城市的一个重要的手段。对于大多数人来说，我们用眼睛摄取了绝大部分的外界信息，我们对一个城市的记忆往往也是以图像的形式加以保存的。说起一个城市，你立即可以想起她优美的街道与广场环境、街道上熙熙攘攘的人群、美丽动人的建筑群体、闪烁迷人的霓虹灯，我们的记忆向我们证明了我们时时刻刻在用眼睛观赏着城市。

二、城市生活性街道空间景观系统要素的人性化设计

城市生活性街道空间景观的构成要素有很多，我们可以将其系统地分为三大类，客体要素、主体要素、尺度要素。下面就从景观构成的三大要素着手，分别对其人性化设计进行分析研究。

（一）客体要素的人性化设计分析

1. 沿街建筑和构筑物

在城市生活性空间景观的人性化设计研究中，沿街建筑物对整个街道景观环境氛围的烘托起着至关重要的作用。建筑物的风格、样式、颜色、体量等是否协调，直接影响着人们对街道空间景观的感受。格调统一、连续而且富有韵律的沿街建筑会带给人们一幅美丽的街景，任何一处不和谐的建筑都会打乱这种均衡的魅力，就如同一口洁白整洁的牙齿中间镶嵌了一颗不同寻常的金牙一般面目全非。

在研究沿街建筑与街道空间景观协调问题时，要从主要使用人群的视觉特征出发，分析在不同的交通条件和不同的行驶速度下人们的视觉特性。城市生活性街道空间景观的设计主体是步行者，在设计中应以低速度为主，主要考虑步行者的视觉特性。这就要

求街道空间相对封闭，沿街建筑的尺度和建筑形式也要与步行者的行驶速度相匹配。这样才能抓住行人的注意力，真正做到设计的人性化。

对生活性街道空间景观而言，沿街一层建筑界面的人性化设计有极其重要的地位。它是街道上展示和陈列商品、活跃公共空间气氛必不可少的要素，沿街一层建筑界面设计的好坏直接影响着人对整体街道的感受和生活性街道的人气。

2. 绿化系统

绿化是在城市道路景观构成中使用最为广泛，也最亲切宜人的景观要素。不断生长的树木是城市发展的历史见证，也是人们美好回忆的渊源；一年四季变化着的色彩、形象，为城市环境增添了独特的亮点；不同树种和花卉相互搭配所形成的综合形态，给城市带来了无限美好的景致，它们可以起到围合空间、遮挡划分及向导的作用，比人工构筑物更具有人情味。

在生活性街道空间景观人性化的营造中，绿化的作用至关重要。树木、花卉、草坪等自然要素的引入，能使步行街道空间环境充满生机，人们行走在其中，仿佛置身于大自然，轻松，惬意，增加了步行环境的趣味。同时，绿化也起到了改善街道微气候、促进人体身心健康的作用。由此可见，植物绿化对于城市生活性街道空间来说，绝不仅仅是为了满足人们视觉审美的心理需求，更是维持一定区域内人类生存最基本的物质环境空间的需要。

不同性质的街道要求不同的绿化方式。城市生活性街道相对于交通性街道来说，与人们的生活联系更加密切，它的街道尺度一般都不会太宽，太宽的道路很难获得良好的封闭效果，容易使空间显得松散，缺乏亲切感。

此外，绿化景观设计的人性化还体现在绿化植物的季节变化方面，它影响着城市街道景观色彩的四季变化。在选择树种的时候，要做到四季常青，三季有花，春夏秋冬都能有宜人的美丽景色；在品种搭配上，应充分考虑随季节的变化而变化的景观效果，尤其在北方寒冷地区，要精心选择耐寒品种，最大限度地延长植物的绿期；同一地区不同街道可以选择不同的树种，为强化道路的特征以某种树木作行道树，同时辅以其他树种，既能突出街道的标识性，又可以创造出丰富的街景效果。

草坪在街道景观中的作用也是不可小觑的。草坪的绿色宜人，可以调节街道环境的景色，它常常配以彩色的小灌木、花坛、鲜花等，形成植物组团，以其高低错落的形态和明媚的色彩，丰富着景观环境，同时起到优化地区小环境的作用。巧妙地组织城市街道的绿化是丰富街道景观的重要手段。此外，要重点考虑绿化中的灯光效果，以此丰富城市夜景。

3. 公共设施

街道空间内部的售货亭、电话亭、书报亭、公共汽车停靠站、垃圾箱、路灯、休息座椅、花坛、雕塑等既是为人们提供服务的实用设施，同时也是街道景观设计中的统一部件。生活性街道空间人流量较大，步行者因速度慢，有更多机会欣赏和使用这些细致的街道公共设施，因此这些“城市家具”的人性化设计显得尤为重要，其品质和形象的好坏直接影响着整个街道空间景观的人性化水平。在选择或者设计这些“城市家具”的时候，要根据生活性街道空间中人的行为心理和生理特征，选择相宜的内容、形式及尺度，以创造出亲切宜人、真正人性化的好作品。由于公共设施所涉及的内容很广泛，在这里我们着重对以下几个方面设施的人性化设计进行研究。

（1）街头设置的电话亭、售货亭、书报亭等服务性施作为街道空间的一部分，它的人性化设计应该力求与整个街道空间环境相协调，在功能上具备良好的实用性。一般来说，这些服务性设施应设置在人流比较集中的地方。但是应该注意，售货摊点应该尽量避免设置在道路两侧分流处，这样可以避免阻碍人流交通，同时也不会影响到街道景观。

（2）供人们休憩的座椅设计要考虑人的生理需求和行为特征，材料选择上尽量选用令人感觉亲切的纹理和材质，这对留住人气至关重要。座椅一般布置在步行道旁树荫下或者街边绿地处。在设计时，要分析使用者的心理，使用者通常互不相识，如果坐得太近，容易使陌生的人们感觉不自在，因此在空间允许的条件下，应尽量选择长凳的设计，这样人们可以自主地选择坐的方向，也能够为使用者提供相对独立的空间。此外，长凳放置的位置不要过于靠近人行道，过于靠近人行道，座椅的使用者和行人之间目光交错，容易使人产生不舒服的感觉。除了这种传统的座椅外，我们还会经常用到一些“隐形”座椅，即那些尺度适宜人们休息的花坛、台阶、矮墙等。在生活性街道空间中，每 3 平方米范围内至少要保证 0.3 米长的座椅长度，而座椅的高度一般在 0.45 米左右为宜。传统长椅可以搭配其他形式的“隐形”座椅，这样可以避免呆板乏味，起到丰富空间的效果。座椅的附近可以考虑配置垃圾箱、公厕等，方便行人使用。

（3）雕塑是街道空间中最常用到的环境小品，它是特定的城市文化的产物。在城市生活性街道景观中，雕塑的设计和选用最重要的是要考虑主要用路人群的视觉效果。不同的交通特性的街道应该采用不用的处理手法。生活性街道主要是以低速交通和步行交通为主，用路者会低速通过或者停下来仔细品赏雕塑，设计或者选择雕塑的尺度和内容时就要符合步行者和慢速行驶者的视觉特征和审美特征。雕塑形象应尽量亲切宜人，体量和尺度适中。如果是在人行道一侧布置的雕塑，则要以行人的视觉特性为主。

4. 道路铺装

机动车道、非机动车道、人行道路面的铺砌，其质感、纹理和铺装质量的好坏等直接影响着街道景观面貌。街道是人们活动的主要场所之一，因此街道空间的路面，人行道铺砌的质感、图案、色彩均带有情感的因素。

在城市生活性街道空间路面铺装的选择上，首要要求铺装材质具有良好的强度和性能，耐磨、防滑，吸水性好。同时，要考虑到用路者的心理感受，不同的路面材质和色彩能够带给人不同的心理感受。机动车道尽量选用平整的沥青铺路，相比水泥混凝土路面，它的通行性能更佳。以前的道路颜色主要以材料本身的灰色为主，单调乏味，长时间的行驶，易使人产生疲劳感。现在已经出现了彩色沥青路面，越来越多的国家开始广泛地应用，道路面貌有了很大的改观。城市环境得到了美化，也给用路者带来了良好的心理感受，同时提高了道路的安全性，降低了交通事故的发生率，这也为我们国家道路景观设计的发展提供了新思路。

城市生活性街道空间中的人行道，其道路铺装相对车行道来说，与人群关系更为紧密，对其实用性、美观度和情感方面都有更高的要求。铺装的材料和形式对于人行道路面的设计来说很重要，在选择的时候，除了要留意材料的质量以外，更要注意单块石材的尺度感、质感和色彩，这些要素直接决定着用路者对道路的心理感受和情感体验。尺度涉及单块石材砌块的大小；质感也要因街道的宽度来决定，较宽的道路可以搭配使用较粗的材质，而道路较窄时，尽量选用质感较细的材料；色彩的选择则要因当地的气候情况和周围环境而定。此外，要重视弱势群体的交通问题，在人行道的铺装上有所体现，为他们提供良好的出行条件，真正做到设计的人性化。

5. 停车场所

机动车、非机动车沿路停放时，与建筑、绿化、人行道的关系非常密切，是城市秩序的体现。不合理的沿街停车秩序往往使得街道上的其他要素，如人行道沿街店面等受到严重的干扰。在生活性街道空间中，停车场面积过大时应考虑分区，要有明确的标识，还应考虑设置自动停车收费装置。停车场的铺装尽量采用带孔砌块，孔内栽草以改善环境的生态条件；停车位的细部设计，如车挡的设置应充分满足使用者的方便和舒适。

（二）主体要素的人性化设计

人是街道空间景观设计的主体，因此，在设计街道空间景观时，首先考虑的是作为设计对象的街道空间内都有哪些类型的人类活动。

在交通性街道空间景观的设计上，首先要考虑的是高速行驶的机动车上的人对空间景观的要求，而在生活性街道景观设计中，步行者和低速行驶的人们的行为、心理和生理需求则是我们考虑的重点。

借助扬·盖尔的理论，我们可以将生活性街道空间内人的活动分为三种类型：必要性活动、自发性活动和社会性活动。

必要性活动是指必须借助街道空间的交通途径才能完成的活动。学生们上学放学，工薪层上班下班，人们购物、候车等都属于必要性活动范畴。这种类型的活动是人们在不同程度上都要参与的，因此这些活动发生是必需的，街道在这里只是发挥着它作为交通通道的功能，相对来说，街道的景观环境对这些活动发生的频率影响不大，但是却能潜移默化地作用于用路者的心理感受，好的景观环境能够带给人愉悦的心情和深层次的情感关怀。

自发性活动与必要性活动全然不同，它的发生条件相对复杂，只有在街道空间景观环境宜人，场所具有吸引力，天气条件允许，时间地点允许，人们有自发参与意愿的情况下才有可能发生。这一类活动包括逛街、购物、散步、游玩等娱乐休闲活动。自发性活动对于街道空间的景观规划和人性化设计要求非常高，在人们的街道活动中所占比重很大，是我们在景观设计中的主体考虑人群。

社会性活动指的是在街道空间中以人与人之间的互动为必要条件所发生的活动，打招呼、交谈、集会等都属于社会性活动范畴。绝大多数情况下它们都是由另外两种类型的活动发展而来的，因此我们也可以称它为“连锁性活动”，这种连锁反应的发生同样对街道的景观环境具有很强的依赖性。

总的说来，必要性活动主要体现了街道作为交通通道的功能，而自发性活动和社会性活动则体现了街道作为活动场所的城市生活性功能。当街道空间的景观质量差时就只能发生必要性活动，街道空间作为场所对人们的吸引力很小，无法聚集更多的人气。如果街道空间具有了亲切宜人的景观环境，在必要性活动发生频率不变的情况下，由于街道空间的环境条件良好，宜于人们驻足、休息、逛街，具有很强的场所吸引力，各种自发性活动就会随之发生。在良好的街道环境中，丰富多彩的城市生活由此发生。

可见，人性化的街道景观设计对于提高人们的生活质量和城市活力至关重要。

（三）尺度要素的人性化设计

在街道空间景观中建立尺度体系是人性化设计的具体要求。不同性质的街道对应着不同的速度和不同的观赏方式，其景观尺度也必然有所不同。在城市生活性街道空间景观设计中，设计的主要服务对象是低速行走的步行者和中低速行驶的车行者，这要求我们在景观设计中，应尽量照顾到所有用路者的需求，提供一个多层面的景观尺度。

然而，由于人在不同的交通方式下，其观景方式存在着巨大的差异，人们对于景观尺度的要求也完全不同。在快速运动状态下的人们要求大的景观尺度，速度越快，相应的景观尺度就越大。只有这样，才使得人们在快速运动状态下有可能看清景观物体的形象。而对于步行者来说，则要求亲切宜人的较小尺度的景观。“大”的尺度，无疑会给人们带来陌生、单调乏味的心理感受。可以说，不同的行驶速度和方式会带给人们不同的景观体验。因此，现代生活性街道空间中存在着两种不同景观尺度的矛盾。根据国外“共享街道”的理念，当在同一种街道空间中，不同方式的用路者对景观尺度的要求产生矛盾时，要遵循以低一级用路者的景观尺度为标准的原则。在城市生活性街道空间中，就是以步行者的景观尺度作为设计的标准。

1. 城市生活性街道空间景观尺度的人性化原则

人性化在生活性街道空间景观尺度方面的具体体现就是，在设计中充分尊重和考虑到主要用路者的生理需求、心理要素、行为因素，据此做出符合用路者需要的景观尺度的设计。

（1）对用路者的生理因素的考虑

街道空间中人的生理因素主要是指视点、视距、视角等对人观察物体时的限制，以及在这些因素的影响下，什么样的景观尺度更符合人的需要，能带给人美好的心理感受等。人们不同的行驶方式和行驶速度，对景观尺度的体验和要求也不同。怎样利用人的生理因素来更好地协调人与景观尺度的关系，是我们建构人性化的生活性街道空间多重景观尺度体系要遵循的原则。

（2）对用路者的心理因素的考虑

不同的景观会带给人不同的心理感受，不同的景观尺度所带给人们的心理体验也不同。可以说，环境带给人的生理体验与心理体验是不可分割的，良好的生理感受会转换成好的心理感受。我们建构城市生活性街道空间多重景观尺度体系时，同样要考虑人的心理需求。

（3）人的行为要求

建构城市生活性街道多重景观尺度的人性化体系，要充分尊重人的行为心理。这需要我们对街道空间中人们的活动及其行为需求的多样性进行探索，以此为基础，对街道空间及其景观尺度进行详尽的研究。设计不仅仅是为了创造一个外形亮丽的“花瓶”，更重要的是创造一个能够满足人类行为的宜人环境。步行者会有什么样的行为方式和行为要求，需要怎样的景观尺度；车行者的行为方式又是怎样的，对应怎样的景观尺度，这些是我们在建构城市生活性街道空间多重景观尺度体系时必须思考的问题。

2. 城市生活性街道空间多重景观尺度设计方法的探索与研究

在日常生活中，由于人们不同的出行方式和不同的速度，带来一系列的对空间和景观尺度的不同要求。对于设计实践来说，要将各个层级的尺度空间做一个具体的定位和深入的研究，并将其投入实践应用中，这是实际理论迈向实践的一个重要环节。

城市生活性街道空间主要用路人群为慢速行走的步行者和中速行驶的车行者，因此，景观尺度可以分为两个尺度空间单元，即低速空间尺度和中速空间尺度。

（1）低速空间尺度

低速空间尺度主要是指人们在低速观景状态下的空间尺度，强调人们在空间中的相对静止或者低速度行走状态下的感官感受，对空间和景观的整体感受由多视点景观印象叠合而成。这种尺度单元与日常生活结合度最高，是景观尺度空间单元中最小的尺度单元。

在城市生活性街道空间中，低速度空间尺度主要是指步行者和骑自行车的人们的空间尺度，是在生活性街道空间尺度单元中占主导性地位的空间尺度层级。

城市生活性街道空间中大部分步行者出行的目的是娱乐休闲、散步观光，步行速度较低，大约为1米/秒，步幅约55 ~ 70厘米，平均每分钟行走60 ~ 100米。这种低速状态，要求景观的尺度要小，并且对应着精致的细部设计。

宜人的生活性街道空间高宽比（$H:D$）应该在1：1至1：3之间，研究表明：

当$H:D$=1：1时，行人的注意力比较集中，容易留意到空间景观的细部，空间为全封闭状态；

当$H:D$>1时，街道空间是较封闭的，同时空间感觉较紧凑，显得繁华热闹，这对商业街是比较合适的；

当$H:D$>2时，空间就有幽闭感，这在一些传统巷道中是常见的；

当$H:D$=1：2时，是封闭的界限，这种情况下观察者可以看到建筑的立面和细部；

当$H:D$<1：3时，则可以有充分距离观赏建筑的空间构成，视觉开始涣散，细节部分开始消失，这在居住区道路中常见，此时空间不封闭。

此外，在对城市生活性街道空间进行规划设计的时候，要充分考虑步行空间高峰段的人流量，在不影响街道总尺度的情况下，尽量地加宽人行道宽度。单条步行带的宽度在 0.6 ~ 0.9 米之间，一般城市生活性街道空间人行道单侧步行道数量不少于 4 条。从人行道实际使用的调查来看，最小的人行道宽度应为 7 米，其中设施带与绿化带宽度在 2.5 米以上。当人行道宽度超过 9 米时，应通过绿化、小品等设计对步行空间和商业店铺外领域做进一步的限定，支持人们在街道空间中的休息、交流等行为，避免人行道空间被商家私人占用。

此外，人们的视角随着行走而不断地变换着，对场景的连续组合有较高的要求。

同时，人的视角变化多样，眼睛可以自由地选择环境焦点，较容易看到场景的主要片段，从而对整体场景产生心理感受。将人们的这些生理要求运用在生活性街道的空间设计中，每隔 20 ~ 25 米可布置一个别致的小景致，或是改变临街商铺橱窗的样式，或是从墙面上找些变化，这样的新奇设计会给人带来美好的视觉效果和心理感受。

骑自行车也是人们日常生活中选用较多的出行方式，车速约为 10 ~ 16 千米 / 小时，这种慢速观景方式下的人们可以获得较多的环境细节和印象，超出了这个速度，人们获得街道景观细节的信息就会大大降低。

（2）中速空间尺度

中速空间尺度主要是指人们在一般车速（介于低速步行空间尺度和高速车行空间尺度之间的行车速度）运动状态下的观景尺度。在这种运动速度下，人们对道路的感受性不同，要求沿街空间的景观具有连续感和韵律感，道路本身成为景观的视线走廊。相对步行空间中的人们来说，车行观景的人们对道路景观的整体性、转折性、起伏性、停顿性感受明显。生活性街道空间的车行道上的行驶者对应的景观尺度就是中速空间尺度。

城市生活性街道的车行道应控制在四车道以内，不超过 14 米为宜。车速低于公路的设计车速，一般速度在 30 ~ 40 千米 / 小时。

第五节 城市生活性街道空间景观的人性化设计原则

一、讲求人文关怀的设计原则

在现代化高度发展的今天，人类在走向科技发达、经济繁荣、生活富庶的同时越来越注重精神生活与人类情感。城市生活性街道的性质决定了它能够担负起“融合与润滑”的作用，街道空间平衡了高楼林立的阴影和闭塞，人性化的街道空间缓解了现代生活中的紧张和孤独。

（一）绿色关怀

在城市公共生活中，城市绿化在城市中的作用很大，可以美化环境、净化空气。人们试图从自然素材如水、石、花、木等片断中想象自然，接近自然。因此，在街道设计中，要多应用自然素材组织空间层次，多用不同层次的绿化在较为单调的线性空间中创造浓郁的人情味。

（二）人的尺度

街道空间的人性化尺度，也是现代公共空间设计发展的趋势。在现代生活的快节奏和人们交往冷漠的现代社会中，在现代人们追求归宿感和认同感的时代中，优美动人的小尺度的开敞空间比那些恢宏严肃的大广场更能引起人们的兴奋。而这些小空间绝大多数是沿街休闲场所。近尺度的设计使整个环境给人以精细之感，精致的细部处理赋予街道优雅的气质，使街道空间适于近距离体察玩味。

（三）无障碍设计

街道是体现城市生活的重要场所，对残障人士的关爱更体现出浓郁的人情味。从各个细节入手，充分考虑无障碍设计的覆盖层面，努力创造温暖宜人的街道空间，体现城市是市民社会的城市的宗旨。

二、讲求街道活力的设计原则

街道是城市生活的舞台，街道空间的作用在于提供一个供人们活动的场所。街道活力产生的来源是街道的空间场所和街道中的人。当你行走在一条城市街道中，不论你是带着何种目的和任务，不论你当时的心情如何，你都会注意和观察到街道上形形色色的人群和活动，这些活动是城市街道活力的根本体现。适宜的环境会激发你从事活动的兴致，一件对你有意义的事情会使你产生对某地的特殊情感；一个生机勃勃、舒适和宜人的环境可以激发人积极的态度，有助于情绪的调节并形成健康、和睦的人际关系，满足人的生理和心理需要，使环境与人的空间行为更为和谐。

三、对历史、个性特征尊重，保护和继承的原则

街道那些具有历史意义和个性特征的场所往往给人们留下了深刻印象，也为城市建立独特的个性奠定了基础。那些具有历史意义、个性特征场所中的建筑形式、空间尺度、色彩、符号及生活方式等，与在市民心中的价值观和某种情感相吻合，容易引起市民的共鸣，产生文化认同感。街道的发展是城市发展的见证，也是城市的记忆，在生活性街道的人性化设计研究中，应以对历史、个性特征尊重，保护和继承为原则，保护街道的历史文脉，延续城市的记忆。

第六节　城市生活性街道空间的人性化设计策略

一、安全街道

如果城市的街道很安全，那么我们就无须为这个城市的安全而担忧。街道作为城市重要的公共空间，其安全性由此可见。安全街道主要体现在交通有序、设施可靠、社会监视和智能监控四个方面。

（一）交通有序

交通有序要求街道具有良好的防护控制设施和合理的交通组织。

1. 良好的防护控制设施

墙、篱、栏、护柱、柱列等，是常见的防护控制设施。作为强制性的拦阻设施——墙、篱、栏，其作用是划分空间，防止车辆和行人的相互干扰，确保区域内安全。但实墙不仅会阻隔空间，还会让人感觉单调，同时也削弱了空间界面的亲和力，所以应对实墙进行适当的改造。比如，改变墙面质感、增加墙面装饰性构造细部、种植蔓藤等丰富界面的植物、增设漏墙等措施。篱笆由自然材料（木、竹）及绿化植物制作，不遮挡视线，具有一般性的防护功能，是一种较为理想的人性化隔离措施。栏杆只是对行人有规范限制的作用，不仅不影响人的视线，还能为部分行人，尤其是老年人和行动不便的人提供依靠。护柱由混凝土、金属、塑料或石材等硬质材料制成，高度一般在 40 ~ 100 厘米，设置在机动车道和非机动车道以及非机动车道和步行空间之间，目的在于限制机动车和非机动车的行驶路线，防止机动车、非机动车、行人相互干扰。根据其设置方式的不同可以分为固定式、插入式和移动式护柱。柱列一般设置在机动车道和非机动车道以及非机动车和步行空间之间，柱列的作用在于隔离和防护。柱列有多种形式，从平面线形分，有直线和曲线等；从空间布局分，有单柱列、双柱列和多柱列。柱列可以和座椅、饮水器等公共服务设施组成一个小的休憩空间，不仅可以方便人们交流和休憩，还可以提升街道活力。

2. 合理的交通组织

街道的交通主要分为车行交通与人行交通，但长期以来人们重视车行交通，忽视行人交通；重视机动车，忽视非机动车；重视街道的延长拓宽，缺乏对街道人性化的考虑，这也造成了城市的日益拥挤。所以要合理安排街道的交通组织形式，协调人、车、路的时空关系，促进交通有序运行。

（1）系统协调

在城市规划中合理确定路网密度、街区尺度，加强交通组织设计和对沿线地块出入口的管控，促进道路交通功能与沿线土地使用功能的协调以及各交通模式之间的协调。并根据街道区位和分级、分类合理确定各交通模式的选择和安排，鼓励步行、非机动车和公共交通等绿色交通方式，并加强各交通方式间的衔接。

（2）适度分离

在满足人行过街设施配置要求的前提下，在车速较快和车流量较大的路段设置隔离带，对机动车道、非机动车道和步行空间进行快慢分离。根据街道级别的不同，可以选择隔离桩、栅栏或绿化带等不同的隔离设施，对于非机动车道和步行空间可以从标高、铺装等方面进行区分。

（3）有效分流

鼓励就近设置平行于城市干路的非机动车道路，形成机非分流的交通走廊，减少快慢交通冲突。机非分流不应影响非机动车出行的可达性和便捷性。非机动车道路与城市干道之间距离宜在 150 米以内，之间的联通道路路口间距宜在 250 米以内。街区尺度应加强微观交通组织，通过地下空间利用、流线设计与出入口等相关设施设置，实现人车有序分流。

（二）设施可靠

设施可靠是指街道设施应安全可靠，避免在使用过程中对人们造成伤害。街道设施包括地面设施、服务设施、信息设施、景观设施等。

1. 地面设施可靠

街道的地面设施有很多，包括前面提到的护柱、柱列等，重点要说的地面设施是人行道、地面铺装、地面高差以及各种管道井盖。人行道的基本要求是平整防滑。人行道和机动车之间设置护柱、柱列、绿化等隔离设施，防止机动车占用人行道，对人行道路面造成破坏。防滑主要考虑两方面，一方面要使用合格的防滑材料，另一方面要有良好的排水措施，防止雨天积水路滑。另外，根据人流量的密集程度设置人行道的带数，一般取每条人行带宽度为 0.75 ~ 1.00 米。

地面铺装要根据交通方式的不同，采用不同的方式，车行道要有坚硬、耐磨、防滑的路面，同时铺地材料一般采用低反射或无反射的材料，高反射材料容易造成光污染，影响驾驶员视线，容易造成交通事故。人行道可以采用硬质材料也可以采用软质材料，还可以通过材料的排列组合形式及不同材料的搭配组成不同的图案；铺地的分块尺寸可达 0.60 × 0.60 米，但在一些狭小街道里，则以 0.10 ~ 0.20 米为宜，一般街道可采用 0.30 ~ 0.50 米的铺地分块。

地面高差会影响步行活动，而台阶和坡道不仅可以丰富步行体验，还是处理地面高差的有效方式。台阶踏步的宽度一般不小于 300 毫米，高度一般不大于 150 毫米，为安全起见，台阶踏面需设置防滑条或粗糙纹理。在北方地区，街道中的台阶还应考虑抗冻要求。坡道的坡度不宜超过 10%，同时需设置防滑条或粗糙纹理。

街道上的管道井盖已经成为威胁人们安全的隐患，行驶中的汽车与街道上凸起的管道井盖碰撞造成交通事故，大雨中丢失、破损的管道井盖造成行人坠落伤亡事故，这样的事情时有发生。为了保障人们的安全，相关部门应加强管道井盖巡查，及时补齐或更换丢失、破损的管道井盖。通过加装安全防护网等措施防止行人坠落伤亡事故的发生，丢失或破损的管道井盖若不能及时更换，应设立警示标志，防止安全事故发生。

2. 服务设施可靠

服务设施如座椅、路灯、垃圾桶等，信息设施如街道名称及方向标示牌、宣传栏、读报栏、商业广告板和政府文件通告栏等，景观设施如乔木绿化、小品雕塑等。应做好对设施的安装加固工作，日常做好排查工作，消除安全隐患，防止大风天气下，这些设施因松动或者其他原因，被大风刮倒刮断而砸伤行人或者砸坏过往车辆的情况出现。

服务设施中的过街设施是要重点说明的，因为随着城市的机动化和人车分流的实行，过街设施越来越重要。过街设施可以避免行人和机动车相互干扰，减少交通事故，保障行人的安全。

过街设施分为两种，一种是路段过街，即过街设施设置在路段中间，另一种是交叉口过街，也就是过街设施设置在街道交叉口位置。路段过街主要注意以下几个方面。

（1）适当的位置

适当的位置必须通过实地考察，观察人流的特点而确定，最好选择在能够照顾大部分行人过街的地方。防止因位置选择不合理而可能导致的行人违章过街行为的发生，使过街设施形同虚设。一般而言，学校、大型公共场所和居民区等过街需求比较大的区域，应考虑设置过街设施。

（2）合理的间距

居民区及商业街等人流较为密集的路段，过街设施的间距应小些，以满足大量的行人过街需求，间距可为 300 ~ 500 米。而人流稀疏的区域，过街设施的间距可以在 500 ~ 1 000 米。

（3）合适的形式

天桥、地下过街通道、人行横道线（俗称斑马线）是比较常见的三种路段过街形式。天桥的设计可以体现地方特色或者与周围环境相呼应。天桥容易识别，但行人需要克服较大的高差，同时天桥应设有顶棚，以遮阳避雨。地下过街通道不易识别，同时由于在地下，行人缺乏安全感，因此在人流量较小的区域，应尽量少用地下过街通道。地下过街通道还要有良好的排水设施，防止大雨天气时，产生大量积水，威胁人的安全。人行横道线属平面过街设施，造价最低，也是最普遍的过街设施，但会对车行交通造成延误，同时安全性也比天桥和地下过街通道低。

交叉口过街设施有四种形式：天桥、地下过街通道、人行横道线和混合式。混合式是前三种中的两种或三种组合。交叉口过街设施需要特别注意的是，应在进出口处设置明显的标志或者标出平面示意图，使行人对过街系统一目了然，保障行人过街的便捷性。

（三）社会监督

街道属于公共场合，其社会治安不是主要由警察来维持的，尽管这是警察的职责，而是需要靠社会成员共同维护的。增加人们在街道的停留时间，可以提高人们的安全感，形成有效的社会监督，保障街道的安全。

1. 消除视线障碍，保证行人与驾驶员之间的视线互通

行人和驾驶员都是街道的使用主体，其本身也是街道的观看者和被观看者，所以要保证视线互通不受阻碍，以便充分发挥他们的作用。如果视线受阻不互通，便会影响观看，如人行道和车行道之间存在过高过密的连续绿化带，行人和驾驶员就会看不到彼此，有效的社会监督也就无法形成。夜间街道可能会存在照明盲区，使人无法看清，因此可以根据街道的不同，设置不同的照明方式，及时排除照明盲区（图 6-6）。

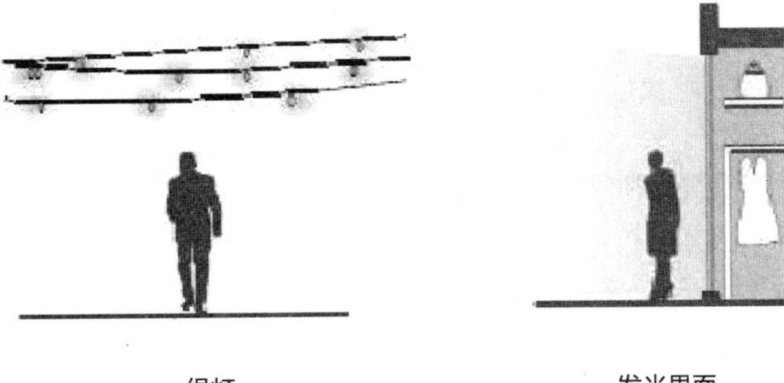

图 6-6　夜间照明区域及类型

2. 鼓励人们多参与自发性活动与社会性活动

街道不仅是通行的途径，同时也是逗留的场所。在方便必要性活动的同时，通过增加自发性活动的概率，间接促成人们参与社会性活动，包括跑步、锻炼、聚会等，增加人们的逗留时间，从而提高人们的安全感。另外，人的活动总是吸引着另一部分人，引起他们的旁观、参与，这样将吸引更多的人。还可以通过设置休憩设施、开辟街心公园或袖珍公园等方式，吸引人们走向街道，参与街道活动。

3. 调动沿街商家和街道居民的积极性

沿街商家和街道附近居民是街道的主要使用者，应该调动他们的积极性，充分发挥他们的作用，确保街道的安全。沿街商家的广告应置于门面上方，保持商户窗户的清晰明亮，以方便相互之间的观看。而为了使居民看见街道，应该改实体围墙为通透的围栏，或者在条件允许的情况下，拆穿围墙；修剪乔木，减少视线阻碍。

随着老龄化社会的来临，老年人越来越多，应该充分发挥他们的作用，使他们积极参与到街道活动中，这样不仅可以提高街道的安全性，还可以丰富老年人的生活。可以增加街道设施，使老人多在街道停留，或者成立老年人志愿者组织、老年人巡街队等，在发挥他们作用的同时，还可以减少老年人的孤独感，充实他们的业余生活，改变老年人只是作为被服务的对象的传统观念，实现向“积极老龄化”观念的转变，缓解我国社会保障所面临的老龄化的压力。

（四）智能监控

第一，实现街道监控设施全覆盖、呼救设施定点化，提高安全信息传播的有效性。

第二，普及视频监控设备及音频监控设备，实现街道监控范围全覆盖，监控摄像头覆盖率应达到 100%。

第三，普及自然灾害预警系统，自然灾害预警系统覆盖率应达到 80%。

第四，建议在事件易发地点设置街道呼救设施，可与路灯、信号灯等街道设施相结合。

第五，相关部门应建设智能分析平台，分析终端提供的数据并自动识别特殊情况，提升安防服务水平。

安全设施智能化应关注弱势群体的需求，普及针对行动不便人群（老人和残疾人等）的通行安全设施。例如，在十字路口提供信号灯语音提示，便于盲人过街，在交叉口行人过街处设置红外感应提示装置。

二、舒适街道

（一）尺度宜人

城市街道中具有两种人群，一是驾驶员和乘客，二是行人和附近居民。因此，城市街道不仅要体现汽车尺度，也要具有人的尺度。在生活性街道空间中，当不同方式的人群对空间尺度的要求产生矛盾时，要遵循以人的尺度为标准的原则。而人性化街道的尺度宜人主要表现在以下几个方面。

1. 街区控制

（1）街区规模

人性化的城市生活性街道，要有合理的街区规模。原有的棋盘式道路网骨架和街巷、胡同尺度虽然亲切，但随着交通需求的日益增大，停车场地匮乏，交通污染严重等问题的产生，已经影响到经济的发展和人民生活条件的改善。由主要干道围合而形成的大街区、稀路网的城市格局，只适合汽车的尺度。《中共中央国务院关于进一步加强城市规划建设管理工作的若干建议》中提出"推动发展开放便捷、尺度适宜、配套完善、邻里和谐生活街区"，树立"窄马路、密路网"的城市街道布局理念，加强自行车道和步行系统建设，倡导绿色出行。这样不仅可以分担城市交通，平衡城市道路网中的交通流，还可以缩短街区距离，方便不同街道之间的联系，体现街道生活的便捷性和舒适性。

（2）街道长度

最宜人的空间尺度是由人自身的尺度以及适合于人们步行的距离决定的。芦原义信认为，"人一般心情愉快的步行距离不大于 300 米"。大量的调查研究表明，步行 400 ~ 500 米的距离，对于大多数人而言是可以接受的，在有休息性的设施或节点的街道中，步行的距离可以达到 1 000 米。因此，1 000 米左右是街道连续长度的上限值。

（3）街道高度

连续街道界面（街墙）应保持人性化的界面高度，其高度宜控制在 15 米至 24 米之间，最高不宜超过 30 米，以维持建筑与街道空间的联系。相应高度以上应按照 1.5 : 1 的高退比进行退台，避免使街道产生压迫感。

（4）街道宽度

街道应保持空间紧凑。支路的街道界面宽度（绝对宽度）以 15 米至 25 米左右为宜，不宜大于 30 米；次干路的街道界面宽度宜控制在 40 米以内。界面宽度是指临街建筑或围墙等实体空间边界之间的距离。对于沿街建筑采用开放式边界空间的街道而言，界面宽度为红线宽度与两侧边界宽度之和。对于作为生活性街道的次干路与支路，应控制边界距离。

（5）街道的高宽比

1.5 : 1 至 1 : 2 之间的高度比较宜人，综合性街道两侧可适度开敞，高宽比宜控制在 1 : 1 至 1 : 2 之间，生活性街道高宽比宜控制在 1.5 : 1 至 1 : 2 之间。

2. 街道整体空间的尺度控制

（1）建筑体量的尺度控制

街道尺度和建筑之间体量的对比直接相关，大体量建筑容易带来大尺度的体验，但是尺度和体量之间没有数学上的等比关系，巨大的体量与亲切的街道尺度体验并不矛盾。因为体重之间的对比关系（而非体量自身）是尺度体验的来源。

街道两侧应避免建造大体量建筑，巨大的体块会对街道造成压抑感，所以应对沿街建筑体量进行控制。在体量控制时，需要结合建筑的平面和剖面，综合考虑建筑轮廓线、建筑形式等多方面的因素，对建筑物的高度和水平尺度进行控制（图 6–7）。利用体块变化和退后处理缩小建筑的尺度，减少对街道的压迫感。

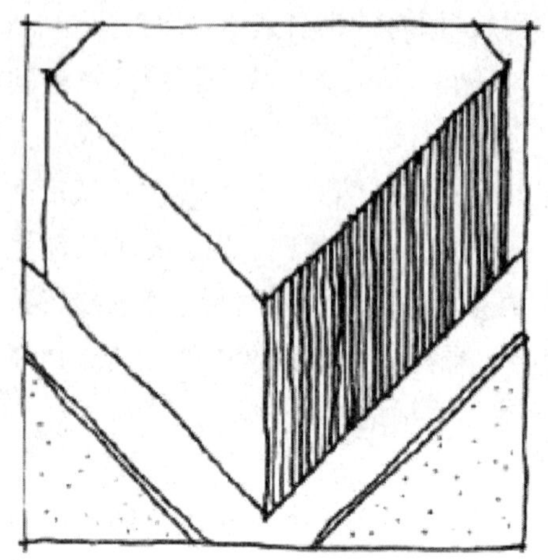
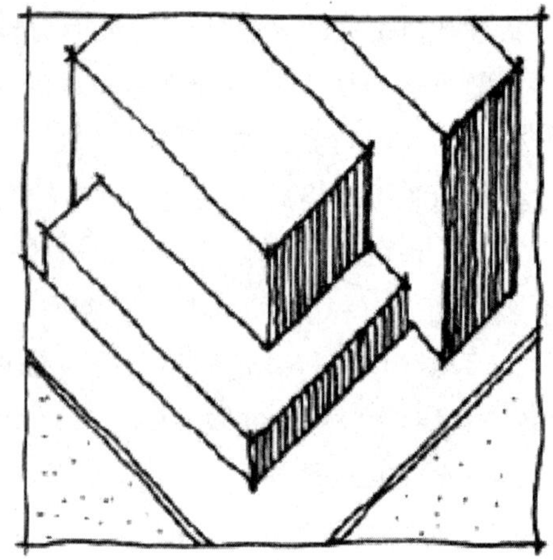

图 6-7 建筑体量控制

当沿街出现大体量建筑时有以下几种处理方法。

第一，对大体量进行消解。美国波士顿柯普利广场的三一教堂边，汉考克大厦高 60 层，设计者在教堂前设计了柯普利广场，保证人们可以看到教堂全貌。设计者还巧妙地以玻璃幕墙包裹汉考克大厦。这样不仅周围街景全部映射在大厦上，而且利用了景色遮掩住大厦庞大的体量，减少大厦对街道的压迫感。

第二，对大体量进行拆分。《上海市街道设计导则》中建议使用拆分的方法对建筑体量进行控制。在高差明显的街道，应考虑建筑与地形的紧密结合，日本六甲住宅就顺着山地建设，避免了大体量对街道的尺度的压迫。

第三，要注意建筑群体量的层次化和连续性。新建筑高度超过原有建筑高度小于四分之一时，靠立面比例的划分就可以解决与环境协调的问题，建立好的尺度感；新建筑高度超过原有建筑高度小于三分之一时，靠立面比例的划分和屋顶的处理可以解决与环境协调的问题，也可以建立好的尺度感；如果新建筑高度超过原有建筑高度大于三分之一时，单纯的建筑设计手段无法解决与环境协调的问题，也就不能建立良好的尺度感。

（2）街道轮廓线的尺度控制

街道轮廓线并非真实存在，它只是表达人们对街道形态的整体感知。街道轮廓线和沿街建筑的位置、高度有关，街道轮廓线传达的起伏、变化、开敞、封闭等信息，会影响人们的尺度体验。

不同时期街道的轮廓线会不断变化，不同的地区街道轮廓线也不同。纽约曼哈顿的街道轮廓线强烈垂直，尺度体验是巨大和压抑的；重庆是山城，解放碑步行街的轮廓线起伏很突然，显示街道尺度变化大。生活性街道的街道轮廓线一般比较平缓，自然舒适，尺度宜人。

（3）街道节点的尺度控制

街道节点可以将街道分解成一个个小的段，段的距离小，行走起来更容易，所以控制节点之间的距离就很重要。B. 麦特兰德在最小城市结构理论中提到，城市中的节点出现频率构成了一个城市的基本性格，节点出现频率主要同人的步行能力有关。B. 麦特兰德指出，在欧洲一些老城镇中存在 200 米一个节点的节奏现象。

（二）空间丰富

街道底界面、侧界面、顶界面和对景面是街道空间形成的基本因素，这些因素共同限定了街道的空间形态，所以街道界面极大地影响着街道空间的丰富性。

1. 底界面

底界面主要包括车行道路面、人行道路面、绿化带和休憩空间等。底界面可以利用地形变化、行道的错面、休憩空间的上升与下沉、树木和绿化等手法，增加空间的丰富性。

在有高差的城市，可以利用地形的变化，将地面抬高或降低，人行道和车行道以及人行道不同区域之间应采用不一样的标高。街道利用地形、行道的错面不仅可以减少街道建设的工程量，还能增加空间层次感，给行人不一样的体验。

休憩空间一般都在街道的边缘，受外界影响较小，是相对比较独立的部分，可以做成上升或下沉空间，使休憩空间更加容易界定，给人不同于平面空间的体验。对于上升或下沉产生的高差，应该用台阶或坡道解决，若采用下沉空间，还要做好下沉空间的排水设施，防止雨后雨水集聚。另外，还可以对休憩空间中的雕塑、小品、树池等采用不同的基础，来展现街道的立体感。

2. 侧界面

侧界面是由沿街建筑形成的竖向界面，为了在街道中体验到空间的丰富，可以运用界面进退、构件出挑、界面开敞等方法，打破过于完整带来的呆板。

同样的界面设计采用不同材质、颜色进行演绎，可以在空间上形成丰富的进退关系，如上海嘉里中心。可以利用建筑挑檐、遮阳棚、雨棚等构件丰富空间。侧界面的开敞程度对空间丰富性也有重要影响，如果将沿街建筑底层的玻璃橱窗改成不通透的石墙，那步行在这样的街道中肯定会乏味无趣，所以生活性街道底层沿街界面中的最低透明界面应达到界面总面积的 30% 以上。

3. 顶界面

顶界面主要指街道的轮廓线。

4. 对景面

街道分为直线形街道和曲线形街道，但实际上我们知道直线形的街道也并不完全是笔直的，其中也有很多小的转折变换，这样在街道空间中就出现了很多对景面，如街道拐角、曲折和空间变换处以及街道的尽端。这些对景面可以是建筑的立面、植物、标志性构筑物或远处的建筑群。对景面的建筑往往成为街道的标志性所在，可以丰富街道空间层次。对景面建筑应具有特征性或易识别性，以加强其标志性作用和方向引导作用。

（三）功能多样

美国简·雅各布在《美国大城市的死与生》一书中对城市空间功能多样化的观点做了精辟的阐述，认为功能多样化是城市空间产生活力的源泉，只有功能多样化，才能吸引多样的人产生多样的活动。多样化功能的实现需要多层次的空间做保证。

1. 文化宫广场

文化宫广场位于邯郸市中华大街与陵园路交叉口的西南角，由南部保留下来的工人文化宫剧院、西部保留下来的二层培训用房及四层招待所围合而成，与北边的中心医院高层病房隔路相望。广场大致可分为五个亚空间：与中华大街相邻的喷泉水池区，位于交叉口处的喷泉区，垂直于喷水池长轴轴线上的十字形树荫休息区，树荫休息区南侧的儿童游戏区，树荫休息区北侧的广场北入口区。前四个为主要的使用空间。喷泉水池由圆形与长方形组合成轴对称形状，池边高 35 厘米，宽 40 厘米，可作为临时座椅。喷泉水池与长条形草坪通过带有凹形半圆弧的硬质铺地过渡。喷泉水池东侧经常有人跳舞，吸引很多人围观，西侧有小孩在喂鸽子。交叉口处的喷泉区，不开放时常用于跳广场舞和群众自发组织的大合唱场地。法国梧桐树荫下面，有规律地布置了大量的围绕树干的四边形木质座椅，每天都会吸引许多老人闲坐、打牌、下棋、聊天等。树荫区与喷泉区通过几条相互垂直的轴线统一起来，是广场中人气最旺的两个亚空间。

2. 滏阳公园

滏阳公园北门位于邯郸市陵园路，公园始建于 1992 年，是一座大型古建筑式的公园，占地面积为 360 亩。公园配置休憩座椅、遮阴乔木及照明设施，提供休憩空间，很受人们的欢迎。

3. 晋冀鲁豫烈士陵园

晋冀鲁豫烈士陵园位于陵园路中段，是新中国成立后第一座大型烈士陵园。1946 年 3 月奠基，1950 年 10 月落成。陵园占地面积为 320 亩，分南北两院。陵园北院以园林建筑为主，独具民族特色的雄伟建筑群，掩映在苍松翠柏之间。南院以陵墓为主。前面有纪念亭、纪念碑，后面墓内安葬着 200 余名战斗英雄。晋冀鲁豫烈士陵园是重要的爱国主义教育基地，也是附近居民重要的活动休憩场所，人们可以散步、晨练等。

（四）活动舒适

生活性街道也是进行城市活动的空间。偶遇的邻居们会在街边聊天，小孩们会在街边玩耍，情侣们坐在街边喝下午茶，跑步的人沿着林荫道跑步，逛街的人浏览街边的橱窗，街头艺人在街边尽情忘我地进行着才艺展演。这些活动创造了纷繁的街道活力，人性化的生活性街道需要充满活力，因此保证街道活动舒适是街道人性化的必然要求。

活动舒适体现在街道设施便利、舒适，街道空间能满足各类活动需求，交通有序上。

1. 街道设施便利、舒适

为了使街道活动舒适，街道中应设置座椅、购售设施、垃圾桶、公共厕所、公交车站、饮水器等服务设施和商业信息设施、交通地理信息设施等信息设施。

步行、驻足、休息、游戏和交流是人们在街道空间中主要的行为，而这些行为需要适宜的座椅来恢复人的体能；同时座椅还兼有方便人们观赏、谈话和思考的功能，让人在情绪放松、压力减轻的情况下感受街道公共生活的情趣。

座位的布置应充分地考虑到人在街道空间中的感知及行为心理特性，座位的布置对于位置、朝向、形式和材质等都有着具体的要求。

（1）座位的位置及朝向

根据人们所坐的位置，街道中至少有五类闲坐者。

① 等公共汽车或出租车而短暂停留的人。

② 坐在街道边缘观看过往车辆交通和人行道活动的行人。这类使用者多是老年人。

③ 那些只想静悄悄地走进并坐在街道边看热闹的人。

以上这三类人多表现为个体而非群体，因此，座位的布置应该使人并肩而坐，或成直角相坐，而不应太亲密。

④ 绝大多数使用者不愿坐得太靠近道路交通和人行道及建筑入口。群体和个体都是如此，两种类型都倾向于首先去寻找边界地带的坐处，就像在餐厅用餐的人首先选择沿墙或位于屋子角落的桌子。

⑤ 另有一类较少却重要的使用人群可能就是伴侣和情人，他们寻求僻静、亲密的独处空间。这类人群的座位最好布置在阴角的围合空间处，在此处受行人的干扰是最小的。

先前讨论的边界效应在人们选择座位时也可以观察到。沿建筑四周和空间边缘的座椅比在空间当中的座椅更受欢迎。与驻足停留一样，人们倾向于从物质环境的细微之处寻求支持物。位于凹处，长凳两端或其他空间划分明确之处的座位，以及人的背后受到保护的座位较受青睐，而那些位于空间划分不甚明确之处的座位则受到冷落。其次，能看到各种活动也是选择座位的一个关键因素。因此，多数座位应该布置在能够看到人群活动的视线范围之内。设计师在安排座位时，还应该注意到一年中的大多数时间人们都喜欢有阳光的位置，但在夏季炎热的地方，还需要考虑树荫。

（2）座位的形式

座位的布置应满足独坐与群坐的要求。

为了满足独自到街道来想靠近别人就座，但又不希望与其他人发生视觉接触的使用者，这里建议采纳以下两种布置方式。第一，台阶、边沿或直线布置的长椅可以在人们之间造成自然间隔，而且不会像直角形或对放的长椅那样形成令人不悦的视线接触。第二，围绕花池（树木或花卉）的环形长椅能够使几个不熟识的使用者坐得很近，同时又能保持各自的私密，因为他们可以向不同的方向观望（这被称为离心形交往座位）。

为了满足三人以上群体座位的要求。建议采取以下布置方式：无靠背的宽长椅，直角形长椅以及具有向内弯弧的长椅（这被称为向心形交往座位）。

（3）座位材料

不同组群的人有不同的要求。儿童和年轻人对于座位的类型很少挑剔，在许多情况下都是随地而坐，如坐在地板上、大街上、喷泉和花池边上等。对这一组群而言，全局的状况比座位起着更加重要的作用。其他组群的人对座位的类型有更高的要求。特别是对许多老人而言，座位的舒适度与实用性是很重要的，座位既要方便就座，又能舒适地坐上较长的时间。

木头作为座位材料温暖而且舒适，可用作基本座位的材料；其他材料则要凉得多、硬得多，这类材料包括混凝土、金属、瓷砖以及石材。另有些材料，如粗糙的未经打磨的木头或粗制混凝土也应避免，因为它们看起来会磨损衣服，而影响使用。

2. 街道空间能满足各类活动需求

（1）建筑前区

鼓励利用建筑前区设置休憩设施或商业设施。在保障步行通行需求的前提下，允许生活性街道沿街商户利用建筑前区进行临时性室外商品展示，进行绿化装饰，设置公共座椅及餐饮设施，形成交往交流空间，丰富活动体验。室外餐饮与商业零售混杂时，鼓励对室外餐饮空间需求较大的沿街商户将餐饮区域与设施带结合设置，使步行流线能够接近零售商户的展示橱窗。年轻人比较喜欢在这种区域内停留，一个人可以喝着咖啡，静静地看着人来人往；多个人可以交谈、约会等；而商店的展示橱窗对很多年轻女性有很大的吸引力。

生活性街道建筑首层、边界空间与人行道应保持相同标高，形成开放、连续的室内外活动空间。根据人活动的需求，可对步行通行区和设施带重新进行空间划分。上海市大学路两侧人行道与边界空间均为 4 米，两处空间得到了一体化设计与统筹利用，空间被划分为 2 米的设施带、3 米的步行通行区以及 3 米的建筑前区，建筑前区主要为沿街餐饮的外摆区域，设施带用于种植行道树、设置自行车停车架等。如果步行需求继续增加，人行道分区仍有进一步优化的空间，如将外摆区域调整至人行道外侧，与设施带合并，建筑前区宽度缩减至 1 米，供商品展示与行人驻留。通过空间统筹利用，可以使步行通行区拓宽至 4 米，并使行人更靠近底层商业界面，强化行人与界面的互动。

（2）逗留区域

驻足停留是人在街道中活动的一种很重要的行为，所以要创造良好的逗留区域。

除了停下来等红灯、驻足观望所进行的暂停和遇到熟人停下来与人交谈以外，较长一点的停留是有规律的。无论是在短暂的非礼节性的停留处，还是在真正的功能性停留这一类活动发生的地方，如果有人停下来等着干某件事或见某个人，或者欣赏周围的景致和各种活动时，就存在着找一处好地方站一会儿的问题。

通过观察可以发现，在街道中受欢迎的逗留区一般是沿街道边界的区域和一个空间与另一个空间的过渡区，在那里同时可以看到两个空间。在逗留区域中，人们都会很细心地选择在凹处、转角、入口，或者靠近柱子、树木、街灯之类可依靠物体的地方驻足，它们在小尺度上限定了休息场所。

通过观察还可以发现，孩子们总是先在大人们停留的位置聚集一会儿，然后才开始加入其他孩子们的集体游戏并占有整个空间；年轻人驻足停留较少，除了停下来等红灯或偶遇熟人，他们更喜欢在可以坐的地方看书、聊天、喝咖啡等；中年人喜欢停下来和熟人聊天；带着小孩的老年人，注意力都在小孩身上，其他老年人喜欢停下来观看或者与商户、环卫工人聊天。

街道逗留区域应位于舒适地带。影响户外舒适性的主要因素有阳光、气温和风。

街道应尽可能多地接受阳光。太阳的季节性变动和现状及拟建筑物都必须加以考虑，人性化的生活性街道高宽比宜控制在 1.5：1 至 1：2 之间，这样街道才能接受最多的夏季和冬季日照。

对那些冬冷夏热的地区，街道中夏季要遮阴，冬季要渗透阳光，可通过植物的遮蔽实现。

风是户外空间最大的问题。室外休息区域的舒适风速是 3.22 米 / 秒，当风速超过 3.75 米 / 秒时，就会吹乱头发、撩起衣服。高层建筑具有强化风力和使风向下反折的效果，因此对于附近有高层建筑的街道，尤其需仔细研究风的影响。

（3）休憩空间

生活性街道建议设置休憩节点，设置固定或移动座椅，进行绿化装饰，休憩节点可结合设施带、停车带、绿化带设置，宽度宜在 2 米以上，长度宜在 5 米以上。

3. 交通有序

活动舒适的街道不仅使街道设施便利、舒适，满足各种活动需求，还能保证有序的街道交通。街道交通有序在前文已经论述过，此处不再详谈。

三、特色街道

街道是城市外部形象的重要载体，人们通过街道的空间与形象来认识城市。街道的建筑风采和人文风情不仅延续着城市的空间，也映射着城市的文化视野，诉说着城市的内涵，给人带来强烈的震撼力和感召力。因此，体现地方特色和塑造街道风貌不仅是人性化设计深层次的需要，也是提升城市的深层文化内涵和认同感的需要。

（一）地方特色

地方特色，是指某个地方与其他地方不同的方面。我国历史悠久，幅员辽阔，民族众多，造就了各地鲜明的地域文化和地方特色。每个地方文化中都蕴含着宝贵的精神资源，有待于人们去保护、利用与开发。地方特色还能激发人们的归宿感和认同感，所以街道的人性化设计中要体现地方特色。

1. 地域特色

（1）体现地域文化

地域文化是特定区域的生态、民俗、传统、习惯等文明表现。它在一定的地域范围内与环境相融合，因而打上了地域的烙印，具有独特性。比如，方言文化、饮食文化、民间信仰、民间建筑等。生活性街道的地域文化体现可以考虑民间的建筑形式，如北京四合院、江浙马头墙等。

（2）体现民族特色

五十六个民族五十六朵花，每个民族都具有自己的风俗文化。在民族聚居地区，可以将民族特色反映在街道风格中，体现街道的民族特色。例如，公交车站等服务设施做成具有民族特色的造型，人行道铺装民族特色的图案，街道布置具有民族特色的雕塑小品等。

2. 地方特色

（1）运用历史符号

历史符号流露着历史的某些特征，往往引起人们的思考和联想，运用信息栏、广告牌等，通过文字图片等历史符号，营造街道特色。邯郸作为中国成语典故之都，光明街的广告牌和灯箱上写的是与邯郸相关的成语，成语上方是与成语相关的典故，既体现了现代生活和历史文化的融合，又展现了邯郸丰厚的历史文化底蕴和丰富的文化资源。

（2）采用地方材料

地面和人行道的铺装多采用地方特色的材料，地方材料采集方便、制作生产简单，不但有利于降低造价，还符合当地人的使用习惯和审美习惯，体现当地文化内涵，更容易获得人们的认同。

（二）风貌塑造

风貌街道是指在城市发展中具有一定意义或能够反映当时城市的时代特征和历史文化，具有一定城市地域特色，以及具有良好空间尺度和人文生活氛围的街道。生活性街道的风貌塑造则侧重于使活动舒适，形成良好的人文生活氛围，延续历史文化，反映地域特色，具有宜人尺度，营造归属感，注重形成景观特色。

1. 营造归属感

归属感属于文化心理的概念，是指个体或集体对一件事物或现象的认同程度，并与这件事物或现象发生关联的密切程度。心理学研究表明，每个人都害怕孤独和寂寞，希望自己归属于某一个或多个群体，如有家庭，有工作单位，希望加入某个协会、某个团体，这样可以从中得到温暖，获得帮助和爱，从而消除或减少孤独和寂寞感，获得安全感。街道空间为城市居民提供了交流、活动、休息、交通等场所，而这也是形成归属感的基础。街道空间中的树木、节点、建筑甚至广告牌等都可能勾起人们的回忆，形成街道的归属感。

街道的归属感的营造，可以从以下几个方面考虑。

（1）原有老建筑的保留

简·雅各布在《美国大城市的死与生》一书中指出，一个地区的建筑应该各式各样，年代和状况不相同，应包括有适当比例的老建筑。

（2）原有功能的保留

街道特有的韵味和气氛是日积月累逐渐形成的，虽然它也在演变，但这是渐进式的新陈代谢，而不是突发式的更新换代，所以特有的韵味与气氛得以延续。营造街道归属感应对街道重要公建、重要功能和部分尺度等进行保留，其他可进行渐进式的更新，以适应时代发展，满足人们的生活需求。

2. 注重形成景观特色

沿街建筑采用相似的建筑高度和建筑边界，以及相同的布局方式，如形成连续的街道界面，或强化沿街建筑的整体识别性。沿街建筑采用相似的建筑风格与色彩，通过弱化单体建筑个性来强化街道的整体特征。

四、便捷街道

街道的便捷性体现在使用方便、步行有道、骑行顺畅和无障碍设计等几个方面。

（一）使用方便

对于街道空间来说，公共设施的设置不仅方便了人们的生活，还能赋予了街道生机与活力，调节了街道的氛围。公共设施是街道空间环境中的重要组成部分，主要有服务设施和信息设施。

1. 服务设施

（1）公共座椅

座椅已在前文中详谈，此处不再论述。

（2）购售设施

购售设施是街道的重要设施，包括自动售货机、书报亭等，其有占地小、分布广和使用方便的特点。自动售货机可以 24 小时为行人提供食品、水等，方便了人们的生活。自动售货机应易于识别，布置在人流较密集的地方。报刊亭不仅要售卖书籍报纸杂志，还应兼具街道图书馆的功能，周围要有足够的空间，设置若干座椅，以方便行人阅读和活动，丰富人们的业余生活，提升街道的文化氛围。

（3）垃圾桶

垃圾桶合理布置不仅可以有效地收集各类垃圾，保持街道卫生，它还是城市素质的集中反映。我国垃圾分为四类，即可回收物、厨余垃圾、有害垃圾和其他垃圾。垃圾桶也应该有不同的容器与之对应。但目前街道上大部分垃圾桶只有可回收与不可回收两个容器。垃圾桶的设计应该具有便利性、易操作性和易识别性，垃圾桶高度要控制在 800 ~ 1 100 毫米之间，要方便儿童的使用，使其从小养成不随地扔垃圾的习惯，垃圾桶应采用不同的标识、色彩来划分不同垃圾的投放；同时要做到防雨防晒，可以采用封闭垃圾桶，以免日晒雨淋的侵扰，减少对环境的影响。垃圾桶的造型要简洁大方，与周围环境协调一致，给行人以洁净和美观感。为了方便人的使用，街道每隔一定间距应设置垃圾桶，在商业、金融、服务业街道等，每隔 30 ~ 50 米应设置垃圾桶，在生活性街道要每隔 100 ~ 200 米设置一处；根据人流的密集程度可以调整垃圾桶的设置密度。另外很多地方室内已经禁烟，但街道却未禁止，因此垃圾桶要配有烟灰皿。

（4）公共厕所

公共厕所是公共场所不可缺少的卫生设施。公共厕所的设计以卫生、方便、适用、经济为原则，应解决好公厕的通风、采光、节能、环保等问题。公共厕所作为公共设施需要重视和关怀弱势群体，如设置有单独的残疾人专用厕所、提高女性蹲位的设置比例等。公共厕所内部的设施需要进一步完善，如添加自动调节冷热水的节水龙头、烘干设备等；设置扶手等辅助设施。公共厕所的服务半径不宜大于 800 米。鼓励结合沿街建筑设置公共厕所，鼓励沿街商业设施及办公机构厕所对外开放，人流密集的地方还可以配置小型流动公厕。

（5）公交车站

在倡导“公交先行”的今天，公交车站应引起我们的重点关注。公交车站的设计应尽量与周边环境协调，除了历史街区等特殊区域外，其他街道的公交车站应该统一设计与规划，以便于识别。公交车站应有无障碍设施；公交车站的候车亭应该有雨棚，避免乘客日晒雨淋。公交车站两个站点的间距一般为500米左右，也可根据人流的密集程度调整。为了避免交通拥挤，公交车站不应过多占用人行道和车行道，同一站地相对的两个公交站台应避免正对，同时站点位置最好选择在距街道交叉口30 ~ 50米处。

（6）饮水器

目前在我国大部分城市的街道上都没有设置饮水器，而在发达国家，饮水器却是公共环境中常见的卫生设施。随着我国经济社会的发展，在不远的将来饮水设施会越来越多地出现在街头。饮水器作为现代人们生活不可缺少的室外环境设施和未来展示城市文明形象的窗口，应该引起我们的关注。饮水器可以和座椅设置在一起，组成休憩空间，但应远离公厕等不卫生场所。饮水器的形体可以有很多种，但应避免出现坚硬的棱角，以防划伤行人。应尽量使用自动水龙头，以节省用水。另外，出水口设置的高度成人为80厘米左右，儿童为65厘米左右。

2. 信息设施

信息已成为现代人生活的重要组成部分，伴随着信息的产生和传播，信息设施充斥在街道空间环境中，成为城市公共空间环境中的组成要素之一。信息设施加速了信息的传播，方便了人们的生活。街道中的信息设施通常包括商业信息设施、交通地理信息设施和其他信息设施。

商业信息设施是最具有活力的信息设施，其种类繁多、内容丰富，包括商业广告板、影剧海报等。商业信息设施造型应简洁、精美，色彩宜淡雅，尺寸不宜过大，画面不宜过分艳丽刺激，以免遮挡行人和驾驶员的视线。

交通地理信息设施是指引人们在街道中行进的重要参照，它极大地方便了人们的生活。包括交通指示牌、信息牌、信息塔、区位地图等，为人们提供了地名信息、方位信息、路径选择信息等标识信息。交通地理信息设施的设计应统一规划、合理部署，内容简单、齐全、准确、清晰，色彩、字体统一。为了方便不同国家地区、不同语言的人的使用，对于常用的公共设施，如厕所、银行等，应采用国内和国际两种通用标准符号表示。

交通地理信息设施要布局合理、位置显眼，能够让行人和驾驶员清楚看到，及时向人们提供信息。宜布置在街道出入口、街道或人流交叉口、过渡空间等人们停留的地方。另外，交通地理信息设施的设置应不阻碍交通，还应注意交通地理信息设施的照明设计，方便人们在夜间的使用。

其他信息设施包括政府文件通告栏、读报栏、公益宣传栏、信息亭等。政府文件通告栏和读报栏应布置在易于识别的地方，可以考虑布置在休憩设施附近，方便人们的使用。公益信息设施的人性化要求与商业信息设施相仿，不再详谈。“信息亭”是一种集自助终端机、LED 显示屏等多种功能于一体的公共服务设施，其所具备的功能紧紧围绕人们的日常生活需求，体现了城市的科技和信息发展水平。目前，信息亭还比较少，但伴随着科技的发展和社会的进步，信息亭会越来越多。信息亭应该考虑到弱势人群的特殊需求，如针对残疾人士，设置无障碍坡道；针对丧失听觉的人士，提供可供触摸的信息标识。让每个人都真正享受到信息技术带来的便利，平等方便地获取信息。

（二）步行通畅

步行是人在街道中活动的一种很重要的行为，所以要为行人提供宽敞、畅通的步行通行空间。

应对人行道进行分区，形成步行通行区、设施带和建筑前区，分别满足步行通行设施设置及与建筑紧密联系的活动空间需求。步行通行区是供行人通行的有效通行空间，设施带是指人行道上集中布设沿路绿化市政与休憩等设施的带形空间，建筑前区是紧邻临街建筑的驻留与活动空间。

结合沿街人流和建筑前区等因素，综合考虑，合理确定步行通行区宽度。避免机动车和非机动车违章停放，占用人行道。使用栏杆、路桩、花坛等设施在空间上对步行通行区进行隔离，栏杆、路桩等应按人性化尺度设置，色彩醒目。

将各类设施集约布局在设施带内，避免市政设施妨碍步行通行。当沿街仅布置少量小尺度设施时，应将设施沿路缘石布置，其余空间作为步行通行区的补充。设施带一般设置在步行通行区与车行区域之间，作为行人和车辆的缓冲区域。设施带宽度一般为 1.5 米至 2 米。

临街建筑底层提供积极功能时应合理设置建筑前区，避免步行通行与沿街活动相互干扰。建筑前区宽度应统筹考虑人行道空间条件与沿线功能需求。在满足行人通行的前提下，规范沿街商户借用人行道。

（三）骑行顺畅

骑行也是人在街道中活动的一种很重要的行为，所以要保障非机动车，特别是自行车的行驶路权，形成连续、通畅的骑行网络。

根据非机动车使用需求及街道空间条件，合理确定非机动车道的形式和宽度。非机动车道形式包括独立非机动车道、画线非机动车道、混行车道。独立非机动车道一般宽度在 2.5 米至 4 米，划线非机动车道一般宽度在 1.5 米至 2.5 米。

车流量较大的街道应对机动车和非机动车进行硬质隔离。硬质隔离包括绿化带、简易分车带、栏杆等。当人行道和非机动车道相邻时，设置路缘石及不小于 5 厘米的高差，以避免非机动车和行人相互干扰。

（四）停车便捷

学院、医院等公共场所，车流量较大，在无法满足停车需求的情况下，可以考虑就近分散停车，如利用附近 500 米距离以内的街道停车位或停车场，这个距离也是大部分人可以接受的步行距离。邯郸中心医院，距离邯郸体育场250米，街道两侧设有过街天桥，可以考虑在无重要体育赛事或活动的情况下，利用体育场的停车场，满足前往邯郸中心医院人群的停车需求。学校由于是临时性人流量大，可以考虑利用上下课时间临时借用其他建筑的停车区域，供接送孩子上下学的家长临时停放机动车。

（五）无障碍设计

无障碍设计的普及程度和通行性能是街道人性化设计的重要体现，它体现出街道是充满关爱和温暖的环境空间。老吾老以及人之老，幼吾幼以及人之幼。每个家庭都有老人，而且我们也会慢慢变老，因此街道的无障碍设计不仅仅服务于残障人员，也会方便我们的日常生活，提升我们的生活品质。而且无障碍设计已经从最初的让生理上有残疾的人们重新回归社会的理念扩展为适用于所有人，即能够满足人们的普遍需要，弱势人群、普通人，都能在行动不便的情况下，使用无障碍设施，方便人的生活，体现了对人类普遍关怀的人性化思想。人性化的城市生活性街道空间中的无障碍设计主要考虑以下三个方面。

1. 步行通道

作为行动不便的人们最常用的出行工具——轮椅，一般在街道的人行道上使用。考虑到轮椅回转180度的最小通道宽度不大于1.5米，为了方便轮椅通行，避免行人和轮椅之间相互影响，步行道的最小宽度设为2.5米。步行通道应该平坦防滑，在有高差的地方应设有坡道。为保证盲人的人身安全，方便盲人行走时识别方向，应该在人行道沿街的一侧设置盲道，盲道要用线状地砖铺设，平整连续，宽度宜为0.3 ~ 0.6米。

2. 坡道

坡道作为适应所有人群的步行系统元素，在公共空间中，应当尽可能多地得到利用。在步行道上出现高差且需要通行时，应设置坡度不宜大于1：10的坡道，坡道的宽度不应小于1.2米。坡道转弯时应设休息平台，休息平台的深度不应小于1.5米。在坡道的起点及终点，应留有深度不小于1.5米的轮椅缓冲地带，以方便轮椅通行。另外，街道两侧的出入口要采取无障碍处理，设置坡道，方便弱势群体的使用。

3. 服务设施

问讯台、自动售货机、书报亭等公共服务亭点的窗口开窗高度要在1.1米以下，同时为了方便老人和行动不便者的使用，公共服务设施前的地面与路面不应设高差。设有座椅的休憩场所要有坡道和扶手方便出入。考虑到行动不便者从轮椅上观看时的舒适性，交通地理信息板、公益宣传栏等信息设施应设置合理的高度和角度。无障碍卫生间厕位前必须要有一个1.5米的轮椅旋转空间。盲文站牌设置在公共交通的站台上，引导视觉障碍者乘坐公共交通。

五、绿色街道

（一）绿色出行

倡导绿色低碳，鼓励绿色出行。绿色出行的方式有步行、非机动车和公共交通。非机动车指自行车和电动车，公共交通指公交车和轨道交通。

1. 交通出行方式绿色排序

生活性街道中应通过控制机动车道规模，缩减车道宽度等方式，保障绿色出行优先。在所有的出行方式中，应将步行作为绿色出行的第一选择，其次是公共交通，然后是非机动车，最后才是机动车（图 6-8）。

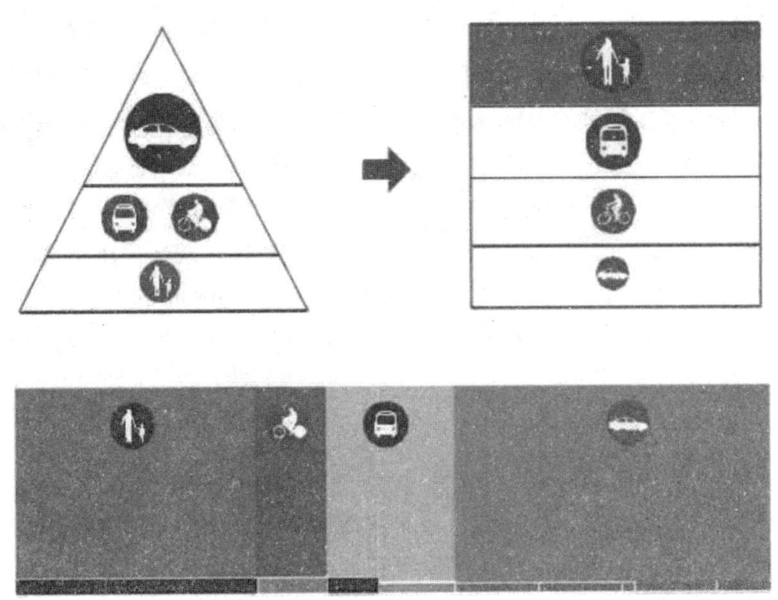

图 6-8　公共交通出行

2. 交通衔接

应将公交车站、非机动车停放设施与重要公共开放空间和公共服务设施进行整合，方便不同交通方式相互衔接转换。

换乘节点应提供清晰的标识与指引系统，设置地图提供站位、线路及周边换乘信息，方便不同交通工具的换乘。

（二）生态种植

通过合理选择绿化形式、种植方式和绿化种类，提升街道绿化品质，发挥绿化遮阴、滤尘、减噪等作用，提升街道绿化品质，满足人与自然交流的需求，促进人工环境与自然和谐共存。

1. 绿化形式

合理布局街道绿化，通过多种绿化形式，增加街道的多样性，促进街道的使用。绿化形式分为水平绿化和垂直绿化。水平绿化主要有地面绿化、街头绿化、边界区域地面绿化、盆栽等；垂直绿化主要是立面绿化。

2. 种植方式

街道绿化应根据道路空间情况，因地制宜，合理选择不同密度的种植方式。街道宽度大于 20 米，并且界面连续度低，行道树种植间距以 6 米到 8 米为宜；宽度小于 20 米且沿街建筑界面连续的街道，可采用较高密度种植中小型树木，或采用大的种植间距种植高大乔木，减少对沿街建筑的遮挡。街心公园和边界区域的种植方式可随意些，模拟自然状态。

3. 绿化种类

选择树种，应考虑植物的抗逆性、安全性、适应性和降噪除尘能力。鼓励有条件的街道连续种植高大乔木，形成林荫道，提升休憩空间品质。法桐作为落叶乔木，树冠较大，夏季能够提供有效遮阴，落叶后冬季阳光可以照入街道空间，形成斑驳树影，提升环境体验，是很多北方城市生活性街道绿化树种的首选。

女贞、石楠等枝叶繁茂的常绿灌木，不仅具有较强的降噪能力，还能限定空间。紫薇、月季等花木，可以增加景观层次性、色彩多样性和街道识别性。

草坪能让使用者以一种更随意的方式坐、躺或晒太阳。另外，草坪的使用者会得到较高的观看行人的视域。为提高草坪的吸引力应控制草坪在亲切尺度范围之内；草坪还可适当做一些起伏缓坡，以满足人们俯视及背部有所依靠的心理状态；草坪与乔木结合，使人们夏季在草坪上的坐、躺和观看成为可能；草坪的边界可做一些凹入的半私密休息空间，提高边界效应。

（三）绿色技术与材料

1. 绿色技术——海绵街道

路面鼓励采用透水铺装，步行通行区采用透水水泥混凝土路面，非机动车道和机动车道可采用透水沥青路面或透水水泥混凝土路面。沿街可设置下沉式绿地、植草沟、雨水湿地对雨水进行调蓄、净化与利用。

下沉式绿地的作用以调蓄为主，一般用于暴雨时径流溢流排放；植草沟是有植被的地表沟渠，可用于收集、输送和排放径流雨水（图 6-9）；雨水湿地通过物理措施及种植水生植物、微生物等方式进行雨水净化。

图 6-9 上凸式绿地增加了司机的视觉绿色范围，但雨水易倾斜流至路面，无法让雨水滞留；下凹式绿地无法提供司机相同的视觉绿色范围，但雨水可以直接渗透至地下或滞留于雨水花园

2. 绿色材料

街道设施鼓励采用耐久、可回收的材料。

选择街道设施材料时，应综合考虑材料的环境耐候性以及材料后期的回收和再利用。鼓励采用木材、钢材和玻璃，通过一定防腐处理或喷涂加工，增强其使用性能。不建议广泛采用环境耐候性较差、难以降解和回收利用的塑料。

第七章　柔性空间的人性化设计研究——住宅区内街道

第一节　城市商业住宅区、安置住宅区内城市街道中柔性空间的体现

一、城市商业住宅区内城市街道中柔性空间的体现

在我国经济高速发展的状态下，房地产行业已成为国家经济收入的主力军，全国各地到处分布着开发商建成的商业住宅区，商业住宅区已成为城市规划中的重要组成部分。为提高住宅区的竞争力，开发商在自己开发的住宅区内部规划中大做文章，如加宽住宅区的街道面积，增加各种娱乐休闲设施，增加绿化面积等，希望获得更多市民的青睐。

笔者对长沙商业住宅区的考察发现，高档住宅区中的街道大多是由静态空间和动态空间组成的。动态空间主要以健身为主，街道面积比较宽敞，有些住宅区开设了一些小型广场和小型舞台，可供居民跳舞、慢跑、打球等。静态空间主要是供人们聊天、下棋、进行日光浴、观望、读书、打牌等。动态空间与静态空间的设计是对柔性空间的完美诠释。但是在一些中低档住宅区中却发现了许多不足，开发商为增加住宅区街道两旁的绿化率，用过多的草坪进行覆盖，从而压缩了街道面积，减少了人们平日里活动和休闲的空间，长沙茂华国际住宅区就是这样的一个实例，整个小区以草坪、树木进行覆盖，除了一个非常小的公共游泳池外，再无其他设施，而且街道设计狭窄，让人感觉很压抑。

二、城市安置住宅区内城市街道中柔性空间的体现

随着城市不断向郊区扩展，在这些改建的地方就增加了很多的拆迁户，为了安置这些拆迁户，政府出资在郊区建设了许多安置住宅区。这些住宅区的规划与商业住宅区相比可以说是相差甚远，在这些住宅区的街道上，你看不到人性化的柔性街道空间，之前对中低档商业住宅中大片草地的过低评论，对这些住宅区可以说是一种奢望。这里的街道是人车共行的，虽设了人行道但是人行道非常狭窄，而且在人行道上还种植了树木，严重影响了人们在人行道上的正常通行，人们通过时不得不走到车行道上去。这里没有给人聊天、休息的座椅，没有给居民参加集体活动的场地，没有给小孩玩耍的设施。这些住宅区甚至没有安装照明设施，一到晚上住宅区内一片漆黑，家长们晚上基本不让孩子在户外逗留。所以，晚上在这些住宅区中你看不到居民在街上逗留，居民相互之间充满了陌生感。

第二节　对城市住宅区内城市街道中柔性空间的展望

生活环境状况的好与坏是所有人关心的问题，人们都希望在自己的居住环境中有能够满足自身活动的街道绿地、休闲设施和运动场所，有安全的步行街、自行车道。同时，随着人们对自身健康问题的关注，以及对步行锻炼益处的普遍认同，在居住区的街道空间内提供活动空间引起了越来越多人的兴趣。

通过对住宅区街道使用者的考察，笔者发现老人与儿童是对街道空间使用最多的人。老人们重视街道环境，希望有用来观赏、运动和休息的街道场所，对老人们来说舒适的、安全的和有保障的且易于与他人相遇和交流的场所是他们所追求的。他们可以从中享受自然，并通过散步和日光浴使身心受益。而孩子们则重视如何能够开心、安全地玩耍。研究表明户外活动有助于儿童的发育，所以对儿童而言，户外活动对他们是十分有益的。

在对住宅街道环境设计时，应充分考虑功能、氛围以及人性化处理。注意静态空间与动态空间的规划，既要有给人聊天、逗留的小型场所，又要有能够举行大型活动的公共场所。这样会使人有认同感、安全感，吸引他们从家中走出来，参与街道中正在进行的活动。同时这也是柔性空间的人性化展现，是增加邻里关系的有力措施。

第三节　面向老年人的旧住宅区公共空间柔性化分析

旧住宅区不同于一般住宅区的公共活动空间，它有其自身的显著特征，具体表现为主观因素和客观因素的特殊性。客观因素的特殊性体现为旧住宅区公共活动空间的即有性，这种即有性是旧住宅区被长期使用的结果，表现在构成、类型、功能等方面，充分了解旧住宅区公共活动空间客观因素的特殊性是进行更新公共活动空间的前提。主观因素的特殊性表现为旧住宅区公共活动空间的主要使用主体不同于一般住宅区，旧住宅区公共活动空间更新的根本宗旨就是“以人为本”，构建和谐社会。

一、旧住宅区公共活动空间的认识

（一）城市公共空间的认识

城市公共空间是人们可以感知到的具有清晰形态特征的空间实体，它具有显著的社会、经济、文化和政治等属性。城市公共空间的公共性决定了城市公共空间和市民及市民生活是紧密联系的，它要为城市中各个阶层的居民提供生活服务和社会交往的公共场所。城市公共空间是城市重要的空间资源，在历史发展中，因城市功能的发展和市民生活内容的变化而变化。

对于城市公共空间的分析与研究，可以分为两种不同的视角。一种是从客观存在的物质环境形态分析，将空间看成一种物理概念，偏重于对建筑学领域的研究；另一种是从它对人的交往行为模式和心理需求层面上所产生的影响进行分析，偏重于对环境行为学或环境心理学等社会学方面的研究。综合看来这两种说法都有其科学性，应将这两方面进行有机的结合。“场所”一词起源于拉丁文，它表达了一种古罗马的观念：任何事物都具有独特的意义，场所也一样。因此，场所不仅具有实体空间的特征，而且具有精神上的意义。场所精神认为特定的自然环境和人造环境的独特性，塑造了场所一种总体的特征和气氛，这种使人们产生归属感的气氛构成了场所精神。

城市公共空间的实质是以参加的人为主体，强调人在场所中的体验与活动，城市公共活动空间应该是物质环境和人类活动的有机统一体。物质空间为人类活动提供了相应的平台，人类活动又强化了物质空间，使其成为场所，场所又进一步吸引了更多的人类活动，这样城市的空间才具有了“公共”的意味。

（二）旧住宅区公共活动空间

旧住宅区公共活动空间为旧住宅区内居民提供生活服务和社会交往的公共场所。旧住宅区公共活动空间既是城市的重要组成部分，又是城市公共空间系统的重要组成部分，旧住宅区公共活动空间与城市公共空间具有诸多相似的属性，通过对城市公共空间特征及功能等各方面的认识可以进一步理解旧住宅区公共活动空间。公共性也是旧住宅区公共活动空间的基本属性，其公共性决定了公共活动空间和居民生活是紧密联系的，是居民各项活动的物质载体，也是城市的社会公共资源，同时也对旧住宅区内社会网络与邻里关系的建立起到积极的作用。

旧住宅区公共活动空间是住宅区内的公共场所，既然是场所就包括了两方面的属性，物质属性和社会属性。也可以说旧住宅区公共活动空间包括两部分，一部分是看得见的物质形体空间，属于显性环境；另一部分是隐藏在物质形体环境背后的社会文化内涵，属于隐性环境。好的旧住宅区公共活动空间应该是物质空间和社会环境的有机统一体。社会环境是由住宅区内的居民通过彼此之间的情感释放、交流与认同而慢慢建立起来的，具体表现为社会网络、邻里交往、环境意向和私密性等多方面。旧住宅区的社会环境即社会文化内涵不是设计者可以直接设计出来的，但设计者可以通过对已经建构起来的社会网络和邻里关系的认知与把握，更新设计出满足居民交往需要的物质空间以承载既有的旧住宅区社会文化内涵（见图 7–1）。

从层次论的角度分析旧住宅区公共活动空间可以发现，旧住宅区公共活动空间是一个由空间序列构成的连续体系，存在着清晰的空间层次（见图 7–2）。一个完整的空间序列应该包括公共空间、半公共空间、半私密空间和私密空间四个部分，其公共性逐渐减弱，并且它们之间有柔性的边界进行相互过渡。公共空间是可供居民共同使用的空间，包括会所、广场、社区入口、主要道路以及大面积的公共绿地等。半公共空间是指部分居民所共有的空间。一般由建筑围合而成，与公共空间有半开放的边界，如四合院、宅间绿化等，半公共空间对居民具有较为明显的领域感，是他们日常生活的重要场所。半私密空间是半公共空间与半私密空间的过渡空间，往往位于住宅周围或公寓式住宅的内部，如门廊、开放的阳台等，是邻里交往的重要场所。私密空间是完全属于住户的私有空间，如家庭、私家庭院、阳台等，具有明显的边界和最强的领域性，不容侵犯。以一般北方传统居住布局来看，这个完整的空间序列是由街道（公共空间）、胡同（半公共空间）、院落（半私密空间）、室内（私密空间）组成的。这种空间序列的延伸性以及不同空间所带来的领域感与安全感对处于其中的居民有很大的影响。

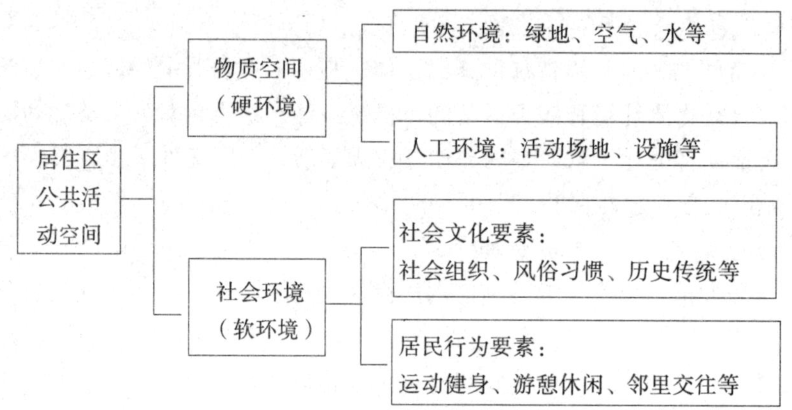

图 7-1　居住区公共活动空间构成

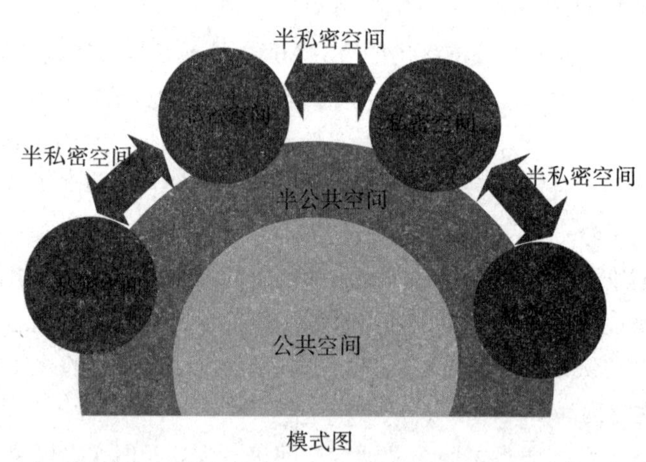

图 7-2　空间层次示意

二、适宜老年人的旧住宅区公共活动空间类型及特点分析

住宅区公共活动空间是人类理想空间秩序的一种外化，是对人的理想生存、生活空间意愿的反映，这决定了住宅区公共活动空间必然是人性化的，必然是适合于居民生存和生活的。人性化的空间设计必须对人给予最高的关怀，因此，公共活动空间设计必须

以人为本，运用心理学、行为学知识，捕捉居民生活规律，从居民的社会生活人手来进行空间组织和设计。老年人是旧住宅区公共活动空间的使用主体，也是住宅区邻里关系的构建主体。通过对老年人生理、心理及行为等各方面的特征及需求的分析可以基本把握老年人利用旧住宅区公共活动空间进行室外活动的主要类型及其相应的特点。通过对这些主要室外活动类型特点的归纳与总结就可以发现一些适宜老年人使用的公共活动空间的大致特点，这些特点及共性会在旧住宅区公共活动空间更新中起到重要的指导作用。

老年人室外活动类型及特点研究表明，老年人由于闲暇时间较多，且较为喜欢室外活动，因此老年人的室外活动多种多样。扬・盖尔在《交往与空间》一书中将多种多样的室外活动归纳为三种基本类型，即必要性活动、自发性活动和社会性活动，三种活动各有其自身的显著特点。

三、老年人室外活动内容及空间需求

老年人在日常生活中依托住宅区公共活动空间所进行的室外活动内容很多，包括学习、喝茶、下棋、听书、探亲访友等各项活动。老年人有相当一部分时间是在室外公共活动空间中度过的，包括家门口、院落内、巷口、桥头、河畔、公园、路边等。老年人的室外活动概括起来可分为以下四类，并且对其相应的空间有特定的需求。

（一）公共交往型活动

公共交往型活动是老年人以群体或小团体为交往模式的活动，活动参与主体是两个人或两个人以上。老年人的公共交往活动丰富多样，以参与者数量的不同可以分为两类，一类是以小团体为单位进行的交往活动，包括打招呼、聊天等。这类活动对空间的需求较为简单，而且具有随机性。因为参与者较少，所以进行社会交往活动时往往会选择类似楼道口、门廊旁、院落内等半公共或半私密的空间进行。另一类是以社团为单位的活动，包括集体运动健身、娱乐联谊等。公共交往空间是承载老年人社交活动的主要空间，这类活动对空间的需求较为严格，一般需要有相应的设施予以支持，如公共活动广场、核心绿化广场、老干部俱乐部、老年人活动中心、文化馆、文娱室等。对于老年人来说，公共交往空间不仅需要良好的可达性、安全性、舒适性，而且必须具有良好的参与性。很多人觉得老年人喜欢清静，但其实老年人非常渴望交流，因为他们非常容易产生孤独感和失落感，外出散步、晒太阳可能是老年人来到室外的最初意愿，但是他们内心都有潜在的隐性目的，就是与人交流。对住宅区公共活动空间的利用调查表明，女性比男性，老年人比年轻人更愿意利用住宅区公共活动空间。所以，旧住宅区公共活动空间更新应该充分满足老年人对公共交往的需求，保留原有积极的公共交往空间，并且为老年人提供更多的可供活动与交往的空间。

（二）运动健身型活动

运动健身型的活动是老年人以体育运动和强身健体为主要特征的活动。老年人由于自身生理机能的老化，会对运动健身这类有助于身心健康的生活方式非常重视。经过调查可以发现，利用公共活动空间和健身器械进行锻炼的居民有九成以上是老年人，而且由于他们的闲暇时间较多，生活比较有规律，往往会进行规律性强而且需要持之以恒的运动，因此对住宅区公共活动空间以及健身设施的利用率非常高。这种活动根据参与主体和活动内容的不同也可以大致分为两类，一类是以个体为单位进行的运动健身活动，主要内容包括器械锻炼、慢跑、垂钓等，这类活动对公共活动空间的需求主要表现为对自主式健身设施的需求。另一类是以群体为单位进行的运动健身活动，主要内容有练拳、打球、健身操、舞剑、气功等。这类活动需要相应的场地才可以进行，包括运动场、体育馆、公园、小游园等。

运动健身空间是为老年人提供可以锻炼身体、愉悦身心的空间。并且由于老年人生活的规律性较强，所以散步道、活动广场以及健身场地等活动设施必不可少且利用率很高（见图 7–3）。

图 7–3　运动健身型活动

（三）游憩观赏型活动

游憩观赏型活动是具有娱乐性和情趣性的老年活动。其主要内容有下棋打牌、戏曲弹唱、品茗酌酒、谈古论今、探亲访友、携孙游玩、林边遇鸟、观望散步、集邮影评等聚集性的老年集体活动。游憩观赏型活动的存在往往使得公共活动空间富有生机和活力，并且这类活动对环境质量的要求也较为严格。这种类型的活动内容丰富，所需求的空间形式也多种多样，但有一个基本特征就是要有足够的安全舒适性，只有这样才会使得老年人愿意在此驻足停留并游憩娱乐，因此这类活动只可能发生在理想的物质环境内，属于怡情悠闲之时的自发性活动，主要活动场所有小游园、绿地、公园、桥头河畔、老年人活动中心、茶馆酒肆等。游憩观赏空间是为老年人的休闲观赏活动提供的空间环境，此类空间可以让老年人尽情享受自然、愉悦身心，并可以让老年人增强自信心，拥有一个年轻的心态。一年四季的美丽景观和丰富多变的游憩方式增强了老年人积极参与公共活动的乐趣，让老年人的生活更加丰富多彩。这类空间大致分为两类，景观观赏区和游憩休闲区。景观观赏区为老年人提供美丽的自然及人工景观，让老年人在感受美景的同时体验到自然的生机与活力。游憩休闲区则为老年人喜欢的各项游憩活动提供适宜的场所，如聊天、下棋、品茶、遇鸟、放风筝等，为老年人的生活增添更多的乐趣。

（四）文化教育型活动

文化教育型活动是老年人进行的高层次的心智活动。主要内容有书法、绘画、演讲、文学评析、艺术欣赏、时事研讨等。这类活动体现了老年人对更高层次的精神文化生活的追求。文化教育型活动一般发生在室内或较好的室外环境中，因此对空间的需求较高，包括对相应的住宅区公共服务设施的要求，如老年大学、老干部活动中心、老年人俱乐部及一些文教设施等。

四、适宜老年人使用的公共活动空间的主要特征

（一）无障碍性

适宜老年人从事各项室内外活动的公共活动空间大都为无障碍空间，无障碍的居住环境和社会环境对老年人极为重要，也是旧住宅区公共活动空间更新设计是否适宜老年人使用的基础性检验。老年人由于生理、心理及行为特征的变化，自身的需求与现实的物质环境之间存在着较大差距，这使得老年人与物质环境的联系发生了障碍。无障碍环境设计是专门为老年人及残疾人创造的增进性环境。无障碍设计的基本依据是轮椅使用者的活动方式和其对空间的需求。20 世纪八九十年代建设的住宅区对无障碍设计的关注较少，因为这些住宅区在设计之初就没有相对完善的无障碍环境考虑。随着住宅区的老化，住宅区内部的各项基础设施也随之老化，包括路面、坡道等交通设施，这使得无障碍设计成为旧住宅区公共活动空间更新设计中非常重要的一个方面，应予以充分的考虑以保障老年人可以在旧住宅区内独立地生活。

（二）安全舒适性

由于老年人年老体衰，因此住宅区公共活动空间的安全性与舒适性对老年人来说非常重要。安全性是指住宅区公共活动空间应保证老年人在此可以进行安全的活动，要创造有安全感和防卫感的空间，为了减少老年人在行动上的不便，要加强空间组织和过渡空间的细节处理，以增加老年人的安全感。所谓舒适性是指对住宅区公共活动空间的设计应充分考虑老年人各方面的特征，尤其是老年人的行为习惯，应符合老年人的人体工效学。以老年人的人体测量为依据进行的公共活动空间及基础设施的改造与设计才是真正适合老年人的。安全舒适性是老年人对公共活动空间最为现实的需求，也解决了老年人从事室外活动时最基本的问题。

（三）易于交往性

通过对老年人的心理分析可以发现，老年人群体是一个很容易产生孤独感和被抛弃感的群体。他们需要交流，良好的邻里交往可以消除他们的孤独感和失落感。通过调查可以发现，老年人的交往活动大多发生在静态的且具有防卫感的半公共空间或半私密空间内，建筑物、构筑物或植物的围合可以组成具有亲切感的交往空间，这种内向型的过渡空间有助于老年人相聚聊天，进行邻里交往。对于旧住宅区公共活动空间来说有其空间结构的特殊性，老年人长久以来进行的室外活动使得旧住宅区内已经慢慢形成了一些老年人所熟悉或乐于使用的交往空间，这些自发形成的交往空间在最初设计时，并未充

分考虑老年人的交往空间，而多是关注一些未界定的、含糊的空间。这些带有私密性的小空间更加受到老年人的欢迎，更适合社会交往，是老年人进行邻里交往的空间依托。因此，在旧住宅区公共活动空间更新的过程中，应充分重视对这类空间的保护和进一步营造，使之更加符合老年人的要求，便于老年人邻里交往活动的开展。

（四）易于到达性

通过对老年人行为特征进行的分析，可以发现老年人的活动范围受物质环境的影响非常大。任何活动场所如果没有便捷的交通联系，将是没有生命力的，对于行动不便的老年人来说，这一点尤为重要。便捷、安全、完善的步行系统是老年人进行室外活动的最基本保证。老年人与年轻人相比需要有更多的时间来判断和适应环境的改变。在室内和室外区域之间，在不同的室外区域之间，舒适而便捷的连接过渡有助于老年人较快地适应环境。但是，旧住宅区的公共活动空间由于年久失修，常常会出现路径可达性不高的现象，很多公共活动空间就会因为可达性不高而少有老年人问津，进而导致空间的闲置和荒废。因此，良好的可达性对老年人熟悉旧住宅区公共活动空间，适应周围环境极为重要。

（五）易于识别性

与年轻人相比，老年人的方位感较弱，适宜老年人使用的公共活动空间的安排与设计应该方便定位和寻路。空间个性的缺乏往往给老年人辨别方位带来较大困难，给他们的室外活动带来一定的障碍。因此，在公共活动空间的设计上应该注意提供视觉、听觉、触觉，甚至嗅觉上的刺激，让老年人有充足的感觉体验来增强方位感。其实，对于旧住宅区来说，可能恰恰不存在“识别性差”这个问题，老年人在此生活多年，对这里的一砖一瓦、一草一木都非常熟悉。门前的盆栽，院墙上攀爬的植物，甚至是院落内幽幽的花香，这里的一切都成为空间特有的标志。但这些特有的空间标志中，有些是违章搭建的，在一定程度上影响了住宅区的整体风貌，因此，在很多旧住宅区改造过程中对其进行了较为彻底的清理和拆除，最后导致了这种可识别性空间的丧失，这种统一化、工业化的改造方式使得老年人完全迷失其中。以宜居为目的的旧住宅区公共活动空间更新应该在不影响整体风貌的前提下，尊重不同人群的个性化与多样化的需求，适当的保留这些有标识性的空间因素，对其进行一定的规整，使其改造成为具有良好识别性的适宜老年人使用的旧住宅区公共活动空间。

第八章　柔性空间的人性化设计研究——城市街区制住区

第一节　街区制住区模式的提出和分类

一、街区制住区的概念

要定义“街区制住区”，首先要搞清楚“街区”的概念。“街区”一词是由英文词汇“block”翻译过来的，《美国传统词典》中对 block（街区）的解释为：“由交叉道路所界定的一部分街道，包括其间的建筑物和居民。”中国工程建设协会发布的 CECS377：2014《绿色住区标准》中给出了“城市街区（cityblocks）”的定义为：在城市中由城市街道围合成的区域称之为街区，通常以一个居住组团为单位。此外，也有学者将“街区”定义为：由城市道路划分的建筑地块，也是构成居民生活的城市环境的面状单元。

以上对于“街区”的定义只是从物质形态的角度来分析的，实际上，“街区”一词是一个舶来的概念，即英文“BLOCK”，事实上它是由 5 个英文单词缩写而成的，其中，“B”指 Business（商业），“L”指 Liefallow（休闲），“O”指 Open（开放），“C”指 Crowd（人群），“K”指 Kind（亲和）。“街区”除了物质形态的特征以外，还包括其本身含有的功能层面、人文层面以及对于城市的重要意义。

城市街区制住区最为重要的特点是以城市街区作为构成住区的基本元素。它一方面具备城市街区的主要特性，另一方面兼具有住区的主要功能。与原有的“居住小区”相比，它同时兼有开放与封闭的特点，既具有城市开放、混合的特征，又兼具有住区所要求的私密性，融合了商业、居住以及各种服务功能，协调了住区与城市、居住与生活之间的关系。

目前国内关于“街区制住区”并没有一个确切的定义。本书通过研究给出的“街区制住区”的定义为：由城市道路围合，拥有多样混合的功能和服务设施，规模尺度适宜，临街界面友好、利于步行，街道及开敞空间有利于交往，建筑形式多样统一，既满足生产生活相对独立，又能与城市有机交融，形成舒适宜居的、具有地域性和人文性的城市街区居住单元。

二、我国“封闭式小区”模式的问题

城市本身存在着适应发展的需要，在经济、社会因素的影响下，城市居住的空间形

态在模式和结构上必须有所改变才能适应发展要求。在新的时代背景下，我们不可能简单地去复制或重建一个旧时代的住区模式，这也不符合当代的居住需求。同时，我国当下主流的"封闭式小区"模式显然也暴露出了诸多弊端和不合理性。正如鲍赞巴克所述，住区模式的发展存在三个年龄段，前两个年龄段都已经发挥了其当时的效力，而"街区制住区"正是城市居住模式协调与发展的必然结果。

（一）封闭式小区的主要特征

1. 功能构成单一、公共服务设施配套不完善

封闭式居住小区只有单一的居住功能，居住与办公、商业等功能按照严格的"功能分区"理论进行分片区布置，居住区也往往被人们戏称为"睡城""卧城"。处在城市中心区的居住小区会在小区周边配置有一定数量的底商，包括有少量的商业、办公、医疗等设施，功能构成的种类上相对多一点，但是数量上却不能满足居民需求。此外，小区与城市之间几乎没有任何联系，缺乏与城市功能之间的互补和渗透。处在城郊区的居住小区其单一居住功能更为明显，公共设施配套比例也很小。现行的《居住区规范》中给出了根据居住小区人口规模进行分级配套的基本原则，以满足不同层次的住区居民基本的物质与文化生活所需的相关设施。这其中规定了每一个小区都应配备一套完整的服务设施，如教育、百货商场、医疗门诊所、文化活动中心、社区服务、金融邮电、市政公用和行政管理等八类。要求居住小区配备公共服务设施的建筑用地比例在12% ~ 22%，这一比例仅次于住宅的用地比重（55% ~ 65%），理论上似乎足够满足居民生活所需。但是实际中有些开发商会逃避为大规模小区配置相应服务设施的责任，多数小区内的服务设施通常都不能够配备齐全，住区内缺乏能够满足居民日常生活丰富多样性的设施（如餐饮、零售、维修、理发、五金等），导致住区的功能构成单一。

2. 规模尺度过大且封闭性强

国外发达国家街区的边长都在70 ~ 200米左右，街区规模大约在1 ~ 4公顷之间。而我国城市居住小区的规模尺度非常大，居住街区的边长通常都在500米以上，占地面积至少也在10公顷以上，甚至更大。

我国的居住小区大多封闭、独立，封闭的围墙和栏杆将住区与城市周围环境完全隔离开来，无论处于怎样的区位，都呈现封闭的特征。封闭式小区在设计上和管理上都采取了防止外界车辆穿越的措施。在多数的住区中，只有两到三个出入口，且配备了保安，采用了门禁系统，住区以内的居民刷卡进出，未取得认证的外部人员不得随便进入。门禁住区发展到现在，甚至已经成了我国新建住区的标准形式和传统住区改造的模板，超大规模且封闭的小区在城市中以一片片"孤岛"的形式存在。

3. 公共空间消极、单调

封闭式的小区使城市产生了消极、单调的公共空间，主要包括以下两个方面的内容。

（1）消极的街道空间

一道道围墙和栏杆把住区完全封起来，住区居民与城市街道完全失去了交流的可能性，长达几百米甚至上千米的街道界面显得枯燥无味。街道多样性的缺失，使得街道趣

味性降低，本应承载更多城市生活内容的住区街道完全沦为纯粹的交通道路，完全没有了人的活动，变成了消极空间。

（2）单调、无人问津的住区公共活动空间

封闭式小区将公共空间围合在小区内部，不对外开放。小区内的景观和公共空间只供该小区居民使用。无论是高档小区还是普通小区，其景观和公共空间一般交由物业公司来管理，但实际上，物业公司并不能对其进行经常性的看管和修整，管理不到位使绿化景观由于缺乏后期维护而衰败或闲置。现在人们早出晚归式的忙碌生活，使得小区公共资源在大部分时间处于闲置状态，只有少部分的老年人会在晨练时偶尔使用。小区内部公共空间使用率低，造成了城市公共空间资源的浪费。

4. 建筑形式千篇一律

受当前主流的居住区规划设计思想的影响，我国的封闭式居住小区在空间布局上已经形成了固定的规划设计手法。巨大规模的封闭式小区通常由同一开发商建设，开发商为了最大化销售房产获得利益，往往打出所谓的地中海风格、北欧风格、中式风格等招牌，在空间规划布局、建筑设计形式以及建筑排列手法上基本雷同。此外，当前封闭式小区的规划和建筑设计往往不顾住区所处的城市整体环境和城市独特的文脉，简单地将单一形式进行复制、套用，造成了单调、呆板的城市景观。这种居住空间的同质性，是造成我国城市住区面貌千篇一律的罪魁祸首。

三、城市街区制住区的内涵

“内涵”是指一个概念所反映的事物本质属性的总和，也是概念的内容。“街区制住区”的定义在之前已有详细论述，针对这一概念，本书给出了“街区制住区”具有的内涵。

（一）功能混合的空间布局

与单一功能的封闭式居住小区不同，街区制住区强调居住区的多功能混合，土地功能的综合开发和兼容性。街区制住区综合考虑将街区地块中除居住功能以外的其他功能有机整合到住区中来，如商业、文化、体育、教育、医疗等，以此形成一个功能多样混合、有机统一的居住区。功能混合的住区空间会为住区带来多样化的建筑类型、多样化的住区居民，还可以极大地提高住区居民生活的便利性，为居民营造社区归属感和认同感，加强居住区的稳定性。总之，城市是生活的容器，是错综复杂的功能网络，多功能混合的空间布局是住区活力的载体。

（二）尺度适宜的街区规模

我国的封闭式居住小区规模过大，在国际上被戏称为“Megablock”，受到国内外学术界的批判。街区制住区从多视角考虑，缩小街区的尺度。街区制住区适宜尺度的含义主要包括以下几点。

1. 适宜尺度为城市地块功能的置换和更新提供更强的适应性。

2. 适宜尺度缩小街区地块，为城市提供密集网络状的道路，促进合理的道路级配和密度的生成，避免过多建设宽马路、宽交叉口，减少交通拥堵，减少居民出行费用，为出行提供更多选择性。

3. 适宜尺度促进城市友好街道空间的形成，临街界面丰富多彩，促进人们的交往，使人们乐于步行、自行车骑行。

（三）活力有序的公共空间

住区的公共空间包括外围界面街道空间、界面小型缺口的口袋空间、外部或内部的广场空间和绿化空间。封闭式小区全部被栏杆和围墙界定，外围失去了街道空间，内部的广场和绿化空间也与城市隔绝，独立于城市之外，公共空间几乎全部沦为消极空间。街区制住区提出活力有序的公共空间，其含义包括以下几点。

1. 公共空间要充满活力，促进邻里之间、市民之间友好交往的发生。

2. 公共空间要具有多种规模等级、多种开放层次、多种空间形态，满足居民多样化的空间需求。

3. 公共空间要有内在秩序，结构序列清晰。

（四）丰富多样的住区建筑

街区制住区反对单一、刻板的城市住区形象，反对住宅建筑简单进行“复制、粘贴”的模式，呼吁住区形象要有地域性、个性。住区建筑形式提倡多样统一，不要千篇一律。

四、城市街区制住区的设计原则

（一）系统性原则

“系统是由相互作用、相互依赖的若干组成部分结合而成的，具有特定功能的有机整体，而且这个有机整体又是它从属的更大系统的组成部分。”系统是普遍存在的，而且一个大的系统又是由若干个小系统组成的。从系统的观点来看，城市无疑是一个复杂的巨系统，住区又是构成城市系统的一个子系统。街区制住区的系统性设计原则主要包括以下两个方面。

1. 从城市角度出发，住区作为城市这个大系统中的重要组成部分，在考虑其空间形态和功能时，要以城市作为大背景，使住区能够和城市区域环境相互供给、相互作用，这样才能使得住区与城市空间相互协调、相互交融。

2. 从住区角度出发，住区也是一个复杂的系统，包括满足人居住的各类功能组成部分、服务配套设施、道路交通、公共空间、住区建筑等子系统。考虑住区组成和规划时，必须将这些要素进行个体构思和整合构思。

（二）混合性原则

正如简·雅各布斯所说的“城市街区的多样性是城市活力产生的根源”。城市街区既是城市形态的基本单元，也是城市功能的基本单元。构成街区的各个子系统之间或街区之间充满多样性，各部分之间相互作用、相互联系，城市及街区才能形成一个健康运作的生命体。街区制住区的多样性设计原则主要包括以下两方面。

1. 对住区人口构成的开放和包容

前面已经提到了住区多样化对于住区、城市的重要性，住区中不同年龄、不同性别、不同阶层、不同职业、不同教育水平的人群交织在一起，多样统一的“人群大熔炉”并不会使得住区陷入混乱，相反，这有利于住区活动行为的多样化。不同的文化、行为在这里相会，使得住区变得有趣，文化多样繁荣，防止了城市人群的分异。

2. 功能的多样混合性

住区内不同的人有不同的行为模式和不同的生活习惯，这就导致了住区内不同人的需求的多样性。因此，住区的功能也一定要满足多样性，只有住区混合了多样的功能，才能满足住区及社会各类人群对社会资源的需求，才能为居民提供一个舒适、便利、宜居的生活环境。

（三）适应性原则

城市是一个有机的生命体，随着时间的推移，城市不断地发展和更新，城市及其各个子系统的功能构成、物质形态也在不断更替、演变。街区（包括住宅街区、商业街区、工业街区等）是组成城市的基本单元。

1. 单一地块的住区尺度相对较小，如果进行功能更替，那么其对周边街区乃至整个城市的功能并不会产生大的冲击。从城市形态角度来讲，也不会破坏城市肌理和天际线。在城市渐进式的发展中，这对城市活力的持续性和城市形态的完整性都有很好的保障。比如，美国“9·11恐袭事件”发生，世贸中心大楼倒塌，在重建过程中，小尺度的街区尺度就为这一地块的功能和形态变更起到了明显的作用。之后，这里变成了很受欢迎的城市公园。

2. 在我国当前的土地政策下，大面积大尺度的住区地块在出售时就意味着已经把一部分经济实力稍弱的中小型的开发商“拒之门外”了，这给政府提高市场竞争力和市场的健康发展都带来了不利影响，而小尺度地块对市场则有更强的适应性。

（四）开放性原则

人类会依据自己的观念和价值取向来营造活动空间，城市空间的形态在一定程度上可以折射出这个城市的社会观念和价值取向，反过来，空间也会潜移默化地影响人的观念和价值取向。在保证住区居民必要私密性的基础上，将住区的公共资源、空间和配套设施等与城市共享，适当向城市开放，能够提高城市资源的利用率，实现城市的开放、包容发展。

街区制住区的开放性设计原则主要包括以下方面。

1. 住区公共空间与城市公共空间的渗透、交融

住区公共空间向城市开放，与城市公共空间渗透、融合，能有效提高城市公共资源的利用率，避免公共资源出现时段性的无人使用而造成浪费。同时，也可以为住区居民与城市更大范围的市民发生交往提供更多的可能性，满足人们多样化的交往需求。

2. 对城市功能和空间的开放、包容

城市拥有市场最齐全的功能和空间，如商业、教育、医疗、理发、五金杂货、餐饮等功能和丰富多样的公共活动空间（城市公园、健身游乐园等），封闭的住区是无法真正全面提供给居民的。住区要满足居民对生活多样化的需求就要对城市功能具有包容性，不仅要在街区自身范围内提高功能的混合性，还要考虑在城市层面实现街区与城市功能和空间的整合和协调，只有这样才能提高住区居民的生活品质。

（五）多样性原则

1. 空间的多样性

住区不仅是各功能运作的集合体，还是一个可以为住区内各类人提供多样性活动的场所。单一类型的空间显然不能满足多样性活动的需求，多样性的空间为居民提供多样性需求的活动，能够承载各类人、各种信息之间的交流和交换，增加接触机会。空间的多样性主要是指以下几点。

（1）空间层级的多样性，拥有从“区域级—住区级—邻里级”不同规模和级别的空间。

（2）空间类型的多样性，包括点状空间、线状空间、面状空间。

（3）空间序列的多样性，拥有从“公共—半公共—半私密—私密”这样不同开放与私密程度的空间。

2. 建筑的多样性

住区是一个各种异质人群共同生活的大空间，这些人的年龄、性别、经济水平、教育水平、生活需求、道德观念以及审美趋向是不同的。现代社会强调差异化和多元化，人的个性通过不同方式展现出来。人们希望通过不同的物质来表现自身的个性，强调自身的存在，拥有自己的场所特征。这就要求街区内的建筑在保证城市协调统一的前提下，在风格、形体、色彩、材质以及空间布局上具有个性、表现性，以满足住区居民不同的生活习惯、品味和视觉需求。

五、城市街区制住区的分类

城市街区制住区作为一种可参考的住区建设模式，从居民个人角度来讲，应满足私密、便利、和谐、个性等各种要求；从城市角度来讲，有利于城市的混合性、包容性发展，有利于缓解城市交通压力，有利于城市公共资源的共享和充分利用，有利于形成多样统一的城市风貌。

但是，城市中制住区所处位置发展情况、项目开发中诸多因素的不同，导致住区在人口构成和数量、功能配置需求、土地使用情况以及道路交通情况等多方面有所区别。因此，城市街区制住区模式在保证总体原则和特征不变的情况下，要根据不同的区位而有所调整和适应，不是一味简单地采用同一样板进行复制。

本书经过研究，将街区制住区从以下三个不同角度进行了分类。分类只是从不同角度而言，有的住区可能从不同角度同时满足几种不同的住区类型。

（一）按在城市中所处的位置分类

按照居住街区在城市中所处位置的不同，可分为中心区街区制住区、中心区外围街区制住区、城市边缘街区制住区。

1. 中心区街区制住区

这类住区位于城市中心区，其住区人群构成复杂，非居住功能所占比重较大，住区功能设施混合程度要求高；住区地块尺度要求细分，道路密度高以满足城市道路的通达性；公共空间的开放共享性高，基本与城市完全相融；住区建筑也是千姿百态，形式变化多样。典型的案例如北京朝阳区的SOHO，处于东三环CBD的核心地带，混合包括居住、办公、商业、休闲健身和娱乐等功能，并充分利用城市支路细分街区地块，住区与城市的交通、空间都能很好地相融，有利于居民的生活，丰富了城市景观。

2. 中心区外围街区制住区

这类住区位于城市中心区外围，靠近中心区，相比于城市中心区来说，人口压力和交通压力相对较缓和，但仍然在城市中具有很重要的地位。这类住区的非居住功能占比较小，住区的功能和服务设施配套齐全；公共空间和城市的开放度和共享性较高，对城市有一定的界定；街区尺度比中心区稍小；住区建筑较丰富，统一性较强。

3. 城市边缘街区制住区

位于城市外围的边缘地带，与城市有着紧密的联系，城市的发展暂未延伸到此，但以后有可能会作为城市发展的重头或作为城市发展的副中心。这类住区以居住功能为主，也配套较为齐全的公共服务设施；控制适宜的规模尺度是其主要的原则，为当下提供便利的同时，也为以后发展留有余地。典型案例如深圳万科集团开发的“四季花城”，开发的时候住区还处于城郊地带，随着城市化进程的加快、面积扩大，现在已经成为深圳的一块小型区域中心了，超前的开发理念为发展预留好了充足的条件。

（二）按开放程度不同分类

按照居住街区内空间对城市开放度的不同，可分为全开放式、半开放式、半封闭式。

1. 全开放式

街区没有围合的边界，各功能以及公共服务设施完全与城市结合布置，与城市共享；公共空间（绿地、公园、广场）完全向城市开放；街区地块的尺度较小，街区道路网密度很高，街区与城市交通的衔接度最高。例如，北京SOHO，整个住区内的道路、商业、绿地以及地下庭院、篮球场、停车场、喷泉、办公、幼儿园等功能全部是面向城市的，城市市民和本住区居民都可以共同享用这些资源。

2. “大开放、小封闭”式

住区在整个大范围内仍然面向城市开放，道路、区域级和住区级公共空间都完全开放。而街区单元具有一定的围合感，有连续性较强的围合边界，边界形成街区的临街界面，临街界面的功能和公共服务设施等资源与城市发生交流、共享；街区有明确的出入口空间，街区内部有较强的领域性，与城市之间联系性较弱；街区内部公共空间属于半私密空间。

例如，北京沿海·赛洛城和郭公庄一期公租房项目，整个住区是面向城市开放的，在住区范围内有面向城市开放的公共绿地和商业等公共服务设施，但每一个街区在空间上或者管理上都有一定的封闭性，街区单元内的公共服务设施和空间对城市是部分开放或者封闭的。

街区制住区不提倡封闭式居住小区那样的大范围全封闭式住区。需要指出的是，影响住区开放程度的因素有很多，与住区在城市中的位置、土地价值、居民的素质、城市的治安等都有关系。例如，北京SOHO以及后现代城都处于北京市中心CBD的黄金地段，城市对道路网密度要求较高，地区的居民经济收入相对较高，住区周边治安环境良好，因此，有条件采用全开放式的模式。

（三）按建筑布局形式分类

按照街区中建筑布局形式的不同，可将街区制住区分为点群式、行列式、围合式、混合式四类。

1. 点群式

点群式建筑布局形式所需街区地块尺度小，建筑布置灵活，便于利用地形地块，较容易适应城市高密度建设的需要，住宅往往是点式的高层或中高层住宅，高低错落，形成了丰富的群体景观。缺点是界面形成的连续性通常较弱，住区缺乏内聚力。例如，北京SOHO，其规划设计布局特点就是“开放、无中心”，项目中街区地块上的高层塔楼和多层别墅都是呈点状布置的。不过，北京SOHO的设计非常重视街道界面，所以在临街一侧，还是利用塔楼的底商形成街道连续的界面，以此消除点状布局形式导致街道界面不连续的弊病。

2. 行列式

行列式住宅按一定朝向和间距排列布置，这种布局方式有利于建筑获得较好的日照和自然通风条件（尤其在北方地区）；从平面布局构图上来说具有强烈的规律性，但空间和形式容易形成单调、呆板的感觉。因此，行列式的布局形式不宜在整个住区内大量使用。在规划设计时，需要尽量创新，将行列式的房屋进行适当的变化。典型案例如唐山机场新区，大部分街区地块的住宅建筑采用的是南北向行列式的布局方式，但是设计者利用了底层的东西向商业建筑，二者结合，形成了高低不一、变化多样的行列式、围合式、半围合式的街道界面景观。

3. 围合式

围合式住宅沿街区周边布置，或者与商业建筑结合，一起形成住区内部的封闭或半封闭空间，形成较强的领域感。街区周边拥有更多的临街界面，可以提供更多的商业机会。由于围合的原因，高度过高会使住区居民的日照和自然通风条件等受到影响，所以这种类型的街区制住区其建筑单体的高度发展会受限，通常以多层或低层建筑为主，允许适当搭配小高层、中高层和少量高层。典型案例如日本幕张新城的围合式布局街区。

4. 混合式

混合式是以上三种形式的组合，包括以一种形式为主兼容其他一种或多种形式而形成的混合式和多种形式自由组合的混合式。

第二节　街区规模尺度的控制

一、道路交通的要求

（一）合理的道路级配

住区是城市的一部分，因此，住区交通也是城市交通的一部分。住区的交通既要承担住区内部交通道路的职能，也要承担城市交通的职能。住区交通和城市交通紧密联系、分担合理，有助于住区和城市之间在人流、物流、信息资源等方面的双向流通。

我国现行《城市道路交通规划规范》中对城市道路的级别和功能也有明确规定，快速路和主干道在城市交通中起“通”的作用，要求通过车辆快而多，在道路网络中以满足长距离的通过性交通为主要功能，在整个路网中承担骨干运输的作用，道路两侧不宜设置公共建筑物出入口；次干路兼有“通”和“达”的作用，街上有大量沿街商店、文化服务设施，主要靠公共交通对居民服务。

我国现行《居住区设计规范》中将居住区内的道路分为居住区级道路、小区级道路、组团路和宅间小路四个级别。四个级别的道路分别承担着不同的道路职能。

居住区级道路：划分居住区范围内不同地块的小区，与城市支路的级别、功能都相同，且承担城市交通和住区交通，包括车行和人行，红线宽度大多为 20 米。

小区级道路：划分不同的居住组团，级别位于居住区级道路的下一级，通常作为居住区级道路的支路，承担居住小区内的交通，以人行和小区车行为主，路面宽度为 6 ~ 9 米。

组团路：级别介于小区级道路和宅间小路之间，以人行为主，通常不允许车行。路面宽度为 3 ~ 5 米。

宅间小路：位于封闭的组团内，连接各住宅建筑的入口，路面宽度大于 2.5 米，不允许车行。

规范中对各级道路都进行了明确的划分，但没有严格的措施保障各级道路的功能。当前的封闭式小区规模尺度过大，周边进行封闭管理，小区的“小区级道路”被封闭在小区内部，无法释放出来与城市支路形成有效连接。这就导致了我国城市中支路严重缺乏、支路密度过低现象的出现。支路的缺乏使得大量的中短途交通也汇集到城市主干道上，主干道承担了过重的车辆通行任务，处于超负荷运行状态，容易发生拥堵。

由此可见，要想疏解城市交通的拥堵，必须控制街区的尺度，进而增加城市的支路网，完善路网级配。支路承担中短途慢速的交通，主干道承担城市快速交通，两者各司其职。

（二）增强街区道路网密度

影响街区尺度的最基本、最直接的动力因素之一就是路网的密度。良好通达的交通运行效率是城市健康发展的重要条件。城市道路交通的通畅主要取决于道路网的密度，而非道路的宽度，单独通过增加有限道路的宽度是不能够改善城市交通的。

我国大城市的道路展现出的是“大街区、宽马路、稀路网”的路网形态特征，街区尺度普遍在500米以上，有的甚至达到1 000米，与国外发达国家的密路网形成了鲜明对比。国外发达城市的中心区多为“小街区、密路网”的形态。比如，巴塞罗那的老城区地块边长多数小于100米，19世纪城市扩建后，每个方形的街坊地块四边长大体维持在113米。美国城市的形成由于受到欧洲的影响，城市道路网格和街坊尺度也比较小，如曼哈顿的小尺度矩形地块，短边长度在80米左右，长边长度控制在150 ~ 230米之间。日本东京和韩国首尔的街区地块边长也在100米以下。

很明显的结论是：街区地块尺度越大，则道路密度随之就会减小，反之亦然。城市中缺乏“毛细血管”作用的次干道和城市支路，大量的车辆在短时间内汇集到主干道时就会导致城市交通拥堵。而且，由于主干路的长度过大，交叉口和出口较少，发生拥堵后也很难快速疏散。小尺度地块就可以很好地解决这一问题，因此，从道路交通来讲，街区制住区提倡缩小街区尺度，增加道路网密度，疏解城市道路交通。从世界发达国家的建设经验来看，适宜的街区尺度大约在70 ~ 250米的范围。

二、商业利益的要求

（一）增加土地开发效益

我国著名学者梁鹤年对土地开发和使用的效益进行了分析，其研究结果认为街区地块的经济效益主要是取决于街区临街面的数量多少和地块大小的比例；同时，分析指出街区的临街面长度在60 ~ 180米，且满足地块的临街面与进深面长度比为1 ： 1.3 ~ 1 ： 1.5时，街区临街面的商业设施效率才能发挥到最高。经过这一分析，将街区地块进行拆分和拼贴，可以得出街区尺度为60米 ×90米 ~ 180米 ×180米的弹性范围，面积约4公顷，在这一尺度内，地块的经济效益价值可以发挥到最大。

（二）增加临街界面长度

减小街区尺度，有利于增加街区临街界面长度。

商业利益也是街区尺度的最基本、最直接的决定因素之一。芒福德认为：“小尺度的街区代表着一种在相对来说比较小的区域产生最大数量的街道和临街面的开发形式，这样的街区结构能使商业利益最大化。”街区中有最大商业价值的地段就是街道，即商业街。因此，从促进商业发展和经济利益的角度出发，应该增加住区临街面的长度，也就是要减小街区地块的规模尺度。前述已经分析了我国和欧美国家大城市的街区尺度。如果以1为一个地块来计算，假设街区四边都有商业分布，那么我国大城市街区尺度下的临街商业界面总长度最大为4，而欧美大城市的街区由于尺度小，在同样大小的地块内，街区被切分为2份、4份、8份……因此获得的临街界面总长度为6、8、12……（见图8-1）。

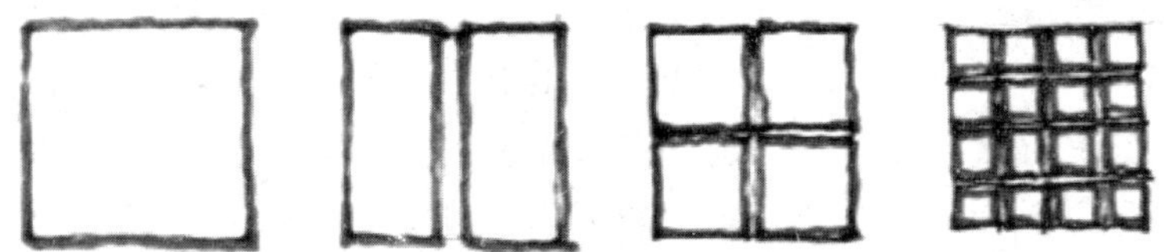

图 8-1　不同尺度街区获得临街界面长度比较

此外，我国城市街区尺度过大，缺乏人性尺度的街道，过宽的大马路会成为城市的隔离带，街道两侧的界面无法发生联系。街道失去了宜人的氛围，影响了商业的发展。这方面的实例也可以从我国和国外街区的对比中发现差距。

（三）增加街道交叉口数量

据统计，全世界范围内，平均每平方千米就有大约 100 个道路交叉口，尤其是在欧美一些发达国家，有的甚至更多，而在我国的一些大城市，包括北京和上海等，却只有不超过 20 个。B. 麦特兰德在其“最小城市结构（Minimal Urban Structure）”理论中提到，城市中的节点（如十字路口）出现的频率构成了一个城市的基本性格。他指出，在欧洲一些老城镇中确实存在 200 米一个节点的节奏现象，其节点也许是教堂和广场，也许是较集中的服务设施。他建议，200 米可以作为一个城市最小的单元结构，用以指导开发建设。

所谓“金角银边草肚皮”，也就是说，从临街商业经济来说，街区交叉口处的商业区位是最好的，因为它的可达性和视觉引导性是最好的；连续的街道界面商业价值也是很好的，因为它的可达性较好；而处于街区内部的土地商业价值是最低的，因为它的可达性最弱。

因此，减小街区规模尺度，增加道路网密度，不仅可以提供更多的临街界面，还可以增加更多的道路交叉口，使街区土地的商业价值最大化。

三、促进交往的要求

住区是人居住和交往的场所，因此，住区规模尺度的控制要注重“人性化”，有利于住区邻里和谐交往的发生。

（一）认知能力对尺度的控制

街区的规模尺度和容纳的人口数量有直接的关系，人口数量必须符合人的认知能力。街区制住区要遵循这一尺度控制准则，才能形成一个适合交往的住区，促进住区凝聚力和认同感的产生。如果街区尺度超过了人的认知能力范围，会使住区居民之间的关系生疏。

生理学家的研究表明，人的视力在超过 130 ~ 140 米的范围后，就很难准确分辨清其他人的面部、年龄、轮廓、衣服等。亚历山大指出，人的邻里认知范围直径不能超过 274 米，面积约 5 公顷，从人类学角度出发，如果一个群体的人数大于 1 500 人，那么这个群体就无法互相协调。F. 吉伯德指出，一个文雅互动的城市空间范围不应该超过137米。C.莫丁在其著作《城市设计·绿色尺度》中也指出街区尺度控制在70米×70米~100米×100米的范围，街区是充满活力且可持续发展的。中国学者王兴中通过“感应邻里区法”研究发现，中国邻里交往大致在100米直径范围内是比较合理的，按照多层联排住宅建设计算，大约为100~300户。法国著名建筑师鲍赞巴克在其“开放街区”理论中也认为拥有良好街区邻里关系的街区尺度不能超过150米。王彦辉在其著作《走向新社区》中指出“相识型邻里”的范围大约为50~150户，“认可型邻里”的范围大约在500~1 000户，规模在4~5公顷左右。

我们按照前人经验将住区人口尺度控制在1 500~2 000人左右，每户平均约3到4个人，大约500户，每个人按照国家颁布的人均建筑标准算，大约每人35平方米，则每户的居住面积大约100平方米。如果住区地块上建造6层高的多层住宅，容积率按平均1.5计算，住区占地大约33 000平方米；如果住区地块上建造中高层住宅，容积率平均按2来计算，那么住区占地大约25 000平方米；如果建造高层住宅，容积率达到2.5，那么住区占地面积大约20 000平方米。我国住宅区容积率平均在2~2.5之间，那么这样计算得出的住区尺度也在边长150米左右，与前述的分析结果基本吻合。

总结前人的研究经验，一个群体的人数如果过多，那么居民互相之间认识、熟知的机会会更少。由此可见，小尺度的街区可以控制人口尺度，更有利于形成和谐的邻里关系，有利于促进住区居民的交往和住区的安全防卫能力。从人的交往认知角度来看，街区尺度应该在大约150米×150米的范围，面积大约在2公顷的范围。

（二）街道空间对尺度的控制

简·雅各布斯在《美国大城市的死与生》中指出，“当你想到一个城市时，你脑中首先出现的是什么？是街道。”街道空间是交往发生的最主要的空间场所。现代功能主义的“宽马路”割裂了街道，街道变得完全失去了人的尺度，但这种理念模式却在我国大行其道。

街区尺度的控制要考虑“人性化”的设计理念。只有利于步行的街道才是友好的街道、利于交往的街道。从人的体力来说，步行是受限制的，尤其是人们能够愉悦行走的距离。根据日本学者芦原义信的研究，人步行活动时，心情愉悦的步行距离大概是300米，如果超过了这一尺度，每隔200~300米距离就要设置人行横道、过街天桥和各种休息设施。此外，芦原义信研究的“外部空间模数理论”中指出，在20~25米的距离内人们可以看清对方的脸部，对周围人的言谈交往会有所顾忌，如果街道超过这个尺度，那么感觉就不存在了。20~25米的距离正好是城市支路的宽度，因此，从街道的交往空间角度来说，街区地块的尺度控制在300米以内、街道宽度控制在25米以内（即城市支路的宽度）是比较适宜的。

此外，利于交往的街区尺度还要考虑人在步行时的心理距离和感觉距离，当步行街道一览无余时，步行就会变得索然无味，心理距离和感觉距离会比实际距离要远。所以，在控制好街道的长度和宽度后，还要在街道上设计小型公共设施，让空间设计得更有趣，如小花坛、座椅、灯具等。

第三节　街区制住区公共空间设计策略

一、活力有序的住区公共空间营造

（一）规模等级——多层级公共空间设计

多层级的公共空间可以满足邻里、居民和市民之间不同层次的交往需求，街区制住区的公共空间提倡设计三个不同的层级：区域级、住区级、邻里级。

三个层级的公共空间因其主要服务的对象不同，其规模和开放程度也各不相同。不同层级的公共空间的划分和衔接，共同为居民、市民打造出了丰富多样、层次清晰的空间环境。

1. 区域级公共空间，如城市游乐公园、体育公园等，其服务对象主要是本住区及附近的居民，还有一部分非本住区的市民，其规模和开放程度都是最高的。住区是城市的组成部分，住区的居民也是城市居民的一部分，二者都具有一定的社会性。在考虑住区居民的公共交往空间时，不能忽视人的社会性，不能仅仅将范围局限在促进邻里之间交往的层面。区域级公共空间不仅满足了住区居民对于大型公共空间的需求，也为住区居民和城市市民之间搭建了沟通、交往的场所，促进了和谐友善的城市文化的形成。

2. 住区级公共空间，如住区小区级绿化公园、小型景观广场、口袋公园等，由于其规模、尺度、所处地段以及居民认同感等因素，其服务对象主要针对本住区居民，同时，也向城市开放，允许城市市民使用，开放程度较高。

3. 邻里级公共空间，包括住区小单元之间的小型庭院、住区临街界面打开的视觉缺口形成的小空间、人行道上的休憩场所等半开放以及半私密空间，其服务对象主要是该住区小单元的住户或者亲人、朋友以及路人等，具有较强的领域感。

（二）开放层次——有序的公共空间设计

交往空间的有序是指“公共空间—半公共空间—半私密空间—私密空间”这样有层次的过渡。芦原义信在《街道的美学》一书中说道：“所谓城市，是应按从社区到私密阶段的空间秩序连续组合而成的。”

不同层次的空间承载着住区居民多样性的活动，在我国传统居住模式中，城市道路上承载着城市和区域的公共活动，属于城市级和区域级的公共空间，承担了主要的社会活动。胡同中的“大街”和里弄中的“主弄”，都是从城市道路进入社区的过渡性道路，它属于社区居民的公共空间，但是从城市和区域角度来说，它更倾向于是本社区的半公共空间，比如在“大街”和“主弄”会有杂货店、饭馆、烟纸店等，在这里可以看到老人下棋、妇女闲聊、儿童玩耍等。“胡同”和“主弄”的空间更多承担的是此地社区居民的日常活动，属于社区居民的半私密空间，如晾衣、唠家常、摘菜等，其私密性更强些，外来车辆一般是不允许进入的。四合院和弄堂院落则属于私密空间，供住户自己日常生活、起居使用。

在当前的大部分居住区中，空间由大马路上的城市公共空间直接转到封闭小区内部的半私密空间——所谓的庭院空间，跳跃性的转换缺乏过渡层次。街道作为"生活次街"，本可以承担这一过渡作用，但由于封闭的围墙以及支路体系的缺乏被破坏了。从对我国传统居住形式的分析中可以看出，"生活次街"才是居民日常交往和公共活动发生最多的地方。因此，在设计中可以在住区的空间序列中加强对半公共空间和半私密空间的塑造，塑造更多的街道空间，完善空间的序列体系。

（三）空间形态——"点、线、面"公共空间设计

1. 点状公共空间

街区制住区的景观和公共空间要采用将公共资源化整为零的设计手法，在城市区域范围内、住区范围内设置更多小型分散的景观空间、休憩空间。简·雅各布斯将这些点状的公共空间称为"微型公园"。从便利性角度分析，分散的点状公共空间分布在住区不同的位置，可以减少居民使用公共空间的绕行距离。从尺度上讲，点状公园宜人的小尺度更具可玩性、亲切性和观赏性。从可见性角度讲，点状公共空间填补了目前大多数城市中空间类型的空缺，随处可见的景观丰富了城市的景观视觉，且更容易纳入城市景观的有机系统中。

街头小空间与居住小区内部封闭空间相比，能够更好地展示城市生活的面貌。主要设计手法包括以下两方面。

（1）利用街道界面的空体空间设计成"口袋式"的公共空间，如美国纽约街头的"袖珍公园"。

（2）利用人行道上的剩余空间，设计小型的点状休憩交流空间、点状绿化景观。

2. 线状公共空间

线状公共空间主要指步行友好的街道空间，它是公共空间中最重要的部分，其营造策略如下。

（1）减小街区尺度，可以形成更多的街道空间，是激活线状街道空间的重要条件。

（2）街道纳入更多功能。封闭式居住小区的边界是围墙和栏杆，街道是消极的"边界线"。街区制住区提倡将更多功能纳入街道，使街道成为积极的"边界空间"。

（3）如果街道只有沿街商铺，空间也不足以变得有趣。沿街界面在保证连续性的前提下，可以被适当打断，将缺口处设计为点状公共空间、线状公共空间和点状公共空间相结合的形式，增加界面的"摩擦力"和趣味性。

3. 面状公共空间

面状公共空间包括区域级的公园绿地和住区级的公园绿地、中心广场等。面状公共空间为城市居民提供了大面积的活动场所，是公共空间必不可少的组成部分。关于这方面的空间，目前有着较为成熟的设计经验，本书不展开论述。

二、开放包容的住区公共空间营造

（一）道路系统的开放

住区道路系统的开放主要指以下两点。

1. 增加街区道路的可达性

封闭式小区构成的大尺度街区由“宽马路”（城市主干道）包围，小区为了追求“独立”，用门禁将内部道路与城市道路网隔绝，无法融入城市道路网体系中。这是典型的“树形”结构的路网。英国学者斯蒂芬·马歇尔（Stephen Marshall）在其著作《街道与形态》(《Street & Patterns》）中，从宏观层面将路网形态划分为带状、树形和格网三种形态；从微观层面将路网形态划分为树形和格网两种形态。宏观角度和微观角度的路网两两叠加，形成了 8 种路网形态。很明显的是，无论是带状格网形、树形格网型还是完全格网型的路网，其街区内部的可达性都要比带状树形、格网树形和完全树形的路面要好。

因此，街区制住区的路网提倡以格网型为主，将更多的城市支路引入住区，用支路划分街区单元，增加街区可达性的同时创造了宜人的街道空间，实现住区对城市的开放包容。

2. 丰富街区道路的功能

巴西城市规划组织“Urb-i”通过大量的谷歌街景图对巴西圣保罗城不同时期的街道情况进行了研究。他们从同一条街道的同一视点处观察街拍照片。研究成果显示，用丰富街道功能的方法，比用围墙或栏杆封闭起来的街道更具有“人情味”，更能促进邻里之间、市民之间的交往。

（二）绿地公园的开放

绿地公园的开放性设计策略主要从以下几点考虑。

1. 处在住区内部的绿地公园

在住区边界设计视觉缺口和公园入口，让住区居民以及城市市民容易看见并到达，不仅可以服务该住区，也可以为城市提供更多的绿地公园，充分利用了城市空间资源，提高了公园的使用率。

2. 处在住区临街界面的绿地空间

街道和街头的小型绿地，部分可以归临街界面的住户、商户个人使用，尽可能多地作为公共的休闲绿地，为街道上的行人、游客等提供交流、休憩的场所。同时，要注意其规模和设置的间距，设计上注重公园出现的韵律和节奏感，既不打断街道的连续性，又丰富了街道公共空间。

（三）空间的适度开放

空间的开放和封闭是一对相对的概念。在街区制住区的空间设计中，完全开放或是完全封闭都是不可取的。

1. 街区制住区由于所处城市位置的不同而有区别，因此，在对待空间设计时要考虑这一点。空间的开放与封闭要根据实际情况分程度适度开放。

（1）中心区街区制住区的外部空间

城市中心区由于人口密度大、地价昂贵，公共空间占比较低，所以，街区制住区的外部空间原则上应该最大程度向市民开放，采用“全开放式”街区形式，与市民共享。满足高密度人口对于空间的需求，不同人可以在不同时间段（不影响居民正常作息时间的前提下）享受到住区的开放空间。

（2）中心区外围街区制住区的外部空间

城市中心区外围相对来说人口密度稍低，管理水平有限。所以，不强制要求住区的外部空间彻底开放。小尺度的街区单元可以采用空间“大开放，小封闭”的策略，适度的封闭有利于居民对住区建立归属感和领域感，创造温馨、安静的空间。

2. 街区本身也要适度开放，保留本街区内居民的私密性。

三、住区公共空间中心的营造

（一）多功能复合

住区公共空间中心首先要具有一定的社会功能，能提供社会活动的场所和设施。社区交往是需要借助交往媒介来实现的，住区公共空间中心不仅要满足“可观、可玩”的功能，还要有“可用”功能，这样才能保证活力。因此，要将功能性空间和社会性场所结合布局，强调公共空间使用及功能上的复合性，创造出多重的交往媒介。社区中心与社区服务设施和重要的商业设施结合布局是成功的模式之一。

典型案例如深圳万科四季花城，该项目位于深圳市龙岗坂田布龙公路与五和大道交会处。四季花城在住区公共空间中心打造了一条 300 米长的商业街，贯穿该住区 10 个街区单元。作为整个住区的核心空间，商业街充分考虑了多动能的混合。

（二）住区公共空间中心必须满足居民步行方便到达和视线可及的需求

对于住区公共空间中心，如果居民需要借助机动车交通工具才能到达或者视线不可及，那么居民使用它的概率就会大大降低，导致住区公共空间无人问津，没有得到很好的利用。

第四节　街区布局形式和立面设计的多样化

一、街区布局形式的多样化设计

街区制住区摒弃了封闭式居住小区模式中相互雷同的布局形式，反对简单的“四菜一汤”式布局和行列式布局等，提倡街区地块上建筑要结合项目实际情况，将点群式、行列式、围合式和混合式等多种布局形式进行变化和灵活布置，因地制宜，丰富城市的景观。由于住区的布局模式受到多种因素的制约，如基地的自然条件、各地规范的不同、项目的开发定位、建筑的高低和房型的选择等，以及调研的对象和范围有限，不可能将国内外全部的布局形式进行一一概括，笔者结合自身实际调研和文献研究的几个案例，从以下几种常见的布局形式出发，来分享、分析几个典型案例，供读者参考。

（一）点群式的多样化设计

点群式布局形式能够充分发挥单体建筑的个性。每座建筑可以在形态、高度、颜色、材质等各方面自由变换，但要注意协调统一。

北京 SOHO 是较为典型的点群式布局的街区制住区。住区单体呈点状，灵活分布在各个小尺度地块上。塔楼之间通过高度的变化，形成高低错落的天际线，使得住区呈现出一副活泼、有生气、统一和谐的面貌。

（二）行列式的多样化设计

行列式的布局形式是最常见的布局形式之一，这种布局形式有利于建筑获得良好的日照和自然通风，缺点就是街区围合感较弱，且形式比较单调。在设计中，如果能对其形式进行创新演变，就能充分发挥其优势，弥补其不足。

典型案例研究如唐山市凤凰新城，唐山市凤凰新城在规划实践中，由政府推动引入了街区制住区的规划理念。该项目基于唐山市的自然地理条件，考虑到日照和自然通风的因素，街区单元的住宅以南北向为主，布置了小高层的住宅，采用了行列式的布局形式。同时，考虑到行列式布局形式造成的围合感的缺失，充分利用了东西向建筑，降低其层数并主要布置一些对朝向要求不太高的商业和公共服务设施。南北向行列式布置的住宅楼和东西向的建筑一起，形成了“街坊院落”，使居民拥有对住区家园的归属感，“行列 + 周边”的布局形式使得小街区四周形成了连续的街道界面。

此外，凤凰新城在布局形式中考虑到东西向的建筑都位于南北向道路的两侧，因此，南北向街道的两侧不会产生大量的、长时间的阴影区，有利于创造活跃的街道氛围，小街区东西向的街道则充分利用南北向住宅北侧产生的阴影区供街区停车。

（三）围合式的多样化设计

围合式布局形式对塑造住区的领域感来说具有明显的优势，有利于增强住区的凝聚力。围合的形态有多种多样，最基本的围合形态有矩形围合、三角形围合和圆形围合三种。

（1）矩形围合

街区围合式的布局形式最常见的就是矩形围合，包括正方形围合和长方形围合。对于矩形围合空间来说，其围合感的强弱主要取决于边界和边角的围合程度，边界或边角的开口越少，街区的围合感就越强，反之亦然。

（2）三角形围合

三角形围合的布局形式在街区形态上大胆、前卫，容易给人较强的视觉冲击。缺点是建筑的均好性较差。典型案例如上海的 SGBC 社区。

（3）圆形围合

圆形围合与三角形围合的优缺点相同。典型案例如万科土楼公社，采用圆形的围合形式，给周边地区带来了多样性。

二、立面设计的多样统一

住区建筑立面设计的多样化包括不同街区住宅立面设计的多样化和同一街区住宅立面设计的多样化两个方面。

当前在我国主流的封闭式居住小区模式下，住宅建筑外立面往往单调呆板，可识别性差。居民自己进入小区内部只能通过楼的编号来识别自己的位置。对来探访的亲朋好友来说，可能会在小区内完全失去方位感。因此，同一街区住宅建筑的外立面设计也要注重多样性，增强表现性和辨识度，使街区的建筑风貌变得活跃。

不同街区单元的住宅立面在整体风格协调统一的基础上，可以通过形态、体量、色彩、材质、细部设计符号等不同方面的变化创造出丰富多样的街区立面特征，避免住区在大范围内的雷同。

多样统一的设计手法主要包括以下几方面。

（一）建筑立面轮廓的连续

控制建筑立面的轮廓，不得破坏街道界面的完整性，要求街道要尽量构成一个连续完整的界面，不能随意打破界面的轮廓，“墙面率”不能小于60%，所有建筑立面（包括阳台、窗户等建筑部件）突出街道统一基准面不能超过75厘米。

（二）建筑材质和颜色的多样统一

建筑采用相同或相似的材质、颜色涂料。通过材质和颜色的调节使不同建筑之间达到协调统一，是最便捷的方式。

（三）建筑底层尺度的连续统一

如果街道界面建筑之间的高度差别较大，可以通过将底层部分连接，使街道的高宽比在人眼正常观察范围内仍然有舒适感的尺度。例如，北京建外SOHO，虽然采用了点式布局形式，但是沿街界面还是用3 ~ 4层的裙房连接起来，与街道共同构成尺度宜人的商业街。

（四）建筑形式的多样统一

美国著名城市规划师、建筑师凯文·林奇在其著作《城市意象》中指出，几何形态和颜色是人眼识别物体时获得的最直观的印象。所以，当采用了不同材质和颜色而产生较大差异时，通过保证建筑形式的统一也可以维持街区立面的统一性。

第九章　其他案例分析

第一节　平江县东兴大道中段东侧改造人性化设计

一、东兴大道中段东侧改造项目介绍

平江县东兴大道位于平江县开发区，周边有众多的酒店、娱乐场所和商铺。之所以要对东兴大道的中段东侧进行全面的改造，原因有两点，首先是该路段旁边是平江县重点高中——平江县一中，由于该路段路口较多，而且没有任何的交通安全设施，所以对学生的出入造成了很大的威胁。其次是该路段东侧还紧靠着平江起义纪念馆旧址，平江县政府向国家发改委提出申请，对平江起义纪念馆周边街道环境进行全面的改造，将其建设为具有休闲性、文化性和纪念性的街道环境。

二、系统整合的总体改造思路

笔者对改造路段现场勘察，发现改造路段被与之交叉的书院路分成了南北两块，北面是一块被荒废的土地，面积大概为 3 937 平方米，南面这一块紧靠平江起义纪念馆，形成了被围墙围起的一块较大的空地，除了空地的左侧屹立着彭德怀的雕像和围墙四周种植的灌木丛外，没有任何设施，由于年久失修，管理落后，所以显得非常萧条，经测量该地块有 9 189 平方米。改造路段南北方向 240 米，东西方向两头窄，中间宽，最宽处 120 米，场地北高南低，高差约 1.8 米。由于被改造路段正好被书院路分成两块，而且具有一定的空间范围，所以可以将被改造路段的北面设计成具有休闲娱乐功能的小型街道广场，而南面由于路段正好紧靠平江起义纪念馆，如果将围墙拆除后重新规划的话可以将其设计为带有纪念性的开放型街道广场。

（一）设计原则及总体构想

1. 可持续发展的原则：应该处理好保护和发展之间的关系，处理好文物保护、红色景点发展和市民休闲娱乐之间的关系，完善服务配套设施，充实休闲娱乐项目，促进经济和文化事业的可持续发展。

2. 保持与旧址特色的一致性：由于平江起义旧址前方有一块较大的空地，所以将其改建为与旧址呼应的纪念型街道广场，从设计角度考虑，要充分体现旧址的建筑文脉和历史传承，在构筑物和小品设计风格上应尽量与旧址建筑风格协调。

3. 设计主题：平江作为革命老区，有着悠久的革命历史和文化传统。所以对该路段

的改造要以红色革命、历史传统、休闲文化这三方面为主题，尽量利用本土建筑材料和植物品种来展现设计主题。

4. 注意城市街道柔性空间的人性化设计：设计充分考虑地方特点，尽量在充分体现主题的同时，注意柔性空间的人性化设计。将原有的地形和大树加以保留、整合，保留具有历史价值和景观价值的元素，改造场地设计时充分考虑市民的需要，结合地面铺装、雕塑小品、休闲设施、植物等元素的结合，设计出能够吸引市民在此逗留的宜人场所，而且注意将整个环境与周边环境融为一体。在充分体现革命纪念的前提下，提供舒适的城市休闲场所，将缅怀革命与传统文化有机结合，使整个街道更富有感染力。

（二）功能布局

由于该路段紧靠平江一中校园，而且被一中校门口的书院路划分为大小两块，功能上一边为休闲绿地，一边为纪念广场；此外地块南侧还有规划中沿一中外墙到历史陈列馆的文化长廊。设计者着意创造良好的景区环境与模式，各功能既相对独立，避免干扰，又自然过渡，有机地联系在一起，并为与文化长廊的对接创造条件。根据功能的不同，分为三个分区：文化休闲广场、纪念广场、辅助配套区。

三、辅助配套设施在柔性空间中的体现

（一）辅助配套区

作为整个改造路段的配套服务设施，该路段的南侧角落设置了停车场、公厕、垃圾收集站等。配套区内的建筑风格均采用仿明清的建筑风格，将具有当地特色的山墙符号变化后加以利用，使其与旧址保持协调。

广场南侧已有道路旁的杜英树长得枝繁叶茂，郁郁葱葱，可以作为造景的绝妙元素。它可以把停车场、公厕、垃圾收集站等生活服务设施遮蔽在后面，还可以对景区人流起到导向性的作用。保留原有平江起义纪念馆旧址道路，外地游客在南侧的停车场下车，或由文化长廊游览而来，到纪念广场和文化广场休憩和游玩，可以重走革命的旧路，有利于引导游客来参观游览。

地块南侧还有规划中沿一中外墙到历史陈列馆的文化长廊，长廊内侧采用镂空砖花格或借景漏窗，以及文化题刻碑文等装饰，一方面方便市民游览，另外一方面可以将停车场等巧妙地遮掩起来。

（二）道路交通

在对该路段的改造中，为了减少人车干扰，停车场均设置在广场两头。休闲广场停车场地设在北侧临规划道路处，主要为自行车摩托车停放使用，可停自行车摩托车 90 辆，小汽车 2 辆。纪念广场停车场地设在南侧辅助配套区内，可停放小汽车 27 辆，大客车 2 辆，自行车 45 辆，停车场采用水泥草坪砖。

一中校门口的书院路与东兴大道连接处，原道路转弯半径偏小，视线不佳，随着周边的开发和车流量的加大，潜藏着较大的不安全因素。设计将该处转弯半径加大到 15 米，满足大型车辆转弯半径要求，消除了安全隐患。

（三）场所绿化

绿化景观设计结合本地的气候特点，可以选择适宜的本地植物品种，针对不同地块采用不同的布置方式，使得绿化、建筑与环境融为一体，营造良好的视觉效果。

休闲绿地着意营造舒适惬意的城市公园，植物品种丰富多样，四季有花，四季有景，通过精心布置，设计出形态丰富、色彩多样的休闲景观。各品种植物还可以戴上小铭牌，使游人在观赏的同时还了解了园林知识。

纪念广场庄严肃穆，在植物配置上注意选择四季常青、纪念意义较浓的松柏之类的树种。广场中间除了保留梧桐树外，没有设置高大乔木，很好地突出了天岳书院作为广场的视觉主体的意义；大树均配置在场地四周和转角，除了丰富空间形态，还能起到很好的烘托作用。同时为了衬托彭德怀铜像，在铜像背后密植一排龙柏，烘托出庄严、向上的气势。

四、城市街道柔性空间人性化设计的处理细节

（一）对北面休闲娱乐广场的设计是围绕文化的主题展开的，从音乐喷泉到画廊，从砚池到学海，景点设置均对应着古代和现代莘莘学子的进取之心。在休闲广场的北侧是一个小型的音乐喷泉，取围合的环形空间，四周设计有环形花岗岩石凳，重要节庆日音乐喷泉开放的时候，人们可以坐在四周娱乐；在平日里人们可以在音乐喷泉的中央举行一些自发性活动，它成为市民的一个小型的舞台。在休闲广场的北侧是一个以假山、画廊、砚池的元素组成的景象。画廊采用木结构搭成的花架，地面为涌泉出水，曲水流觞，成为砚池的源头。假山设计有小型瀑布，采用循环水泵，从砚池取水，又流入砚池。池内卵石铺底，养鱼数尾，丰富广场的景观形态。当人们逗留在画廊中的时候，看着脚下流淌的泉水，欣赏着假山中的小型瀑布，以及砚池中嬉戏的鱼儿，无不让人感到轻松自在，流连忘返。在休闲广场的东南侧是人工造成的寓意为学海的场景，利用该地形高差的变化，将草地铺成草海，加之在草海中设计的船形小品一起形成“长风破浪会有时，直挂云帆济沧海”的诗意景观。为了不让机动车进入，在靠近车行道的边缘，采用树池，以及圆形护柱进行分隔。为了不让休闲广场在空间领域上成为封闭空间，能够让路过此地的行人以及居住在广场对面的居民很好地观看到广场中发生的一切活动，吸引他们从家中走出来参与广场中正在举行的活动，在休闲广场的四周以每 5 米的间距种植一棵树木，形成良好的视觉穿透力。

在每棵树木的周围都用大理石做成宽大的树池，不但可以对树木进行保护，同时也可以成为路人休闲小坐的最佳场所。而且在休闲广场的最北端和最南端分别安放了报刊亭和露天的小吃场所，为休闲广场增添了更多的吸引力。

（二）纪念广场的设计可以说是该路段改造的重点，因为它是衬托平江起义纪念馆的核心部分。本着对历史的尊重和延续，为了营造庄严肃穆、奋发向上的氛围，设计拆除了原有围墙，同时采用简洁大气的手法，地面主要采用米色广场砖，不采用流行的构图手法，俭朴粗犷，很好地烘托出天岳书院的建筑形式和彭德怀铜像的气势。整个广场

分两个标高，平江起义纪念馆较广场高，能更好地让游客产生缅怀革命先烈的崇敬之情。高差的设计还能为大型纪念活动提供有利的活动空间。庭前梧桐树和纪念碑后的大香樟树，保留着很多的历史痕迹，设计中将其保留并结合新建景观一并考虑。

彭德怀铜像一直是平江起义纪念馆的标志，在市民心中有很深的印象。但铜像现在所处位置已经不能体现其标志性的特点，经反复推敲比较，铜像由原一中门口前移到整个广场用地的中心处，使之成为整个广场的视觉焦点，设计的多条视觉轴心均以铜像为中心展开，从各个角度都能够看到。通过这样的处理，铜像仍在旧址的右边，保留了铜像留给人们的原有印象，并且又成了纪念广场的点睛之笔。通过抬高基座平台处理，“谁敢横刀跃马”的英雄气概，完整呈现了出来。

红色革命的主题一直贯穿于广场小品的每个细部。临东兴大道人行道一侧，苍翠的本地松形成的林荫道，烘托出纪念广场庄严肃穆、奋发向上的气氛。树下镜面花岗岩树池，除了可以防止机动车等车辆开入广场中，同时可以供游人小坐休息，充分体现了人性化的设计。

考虑到景点的管理和文物的保护，铜像广场四周采用通透的矮墙进行围合，围墙内外通过绿化隔离带和大树来划分广场区域，弱化了矮墙的视觉效果，空间感觉明确，景观层次丰富。

休闲广场与纪念广场的设计，充分体现了柔性空间人性化设计的基本特征，将整个设计与市民的户外活动紧密相连，最重要的是体现了相容性、开放性与可达性，从而营造出连续的整体空间，并使其能够与市民的户外活动相互渗透、相互依靠。柔性空间的人性化设计使东兴大道空间变得更加有吸引力，使市民的户外活动变得更加精彩。

整个路段的改造充分站在市民的角度考虑，设计以红色革命、历史传统、休闲文化为主题，以建设一个有吸引力的、人性化的街道柔性空间为最终目标，从而改变该路段的整体环境，增加该路段的自身魅力，最终提升城市的整体形象。

第二节　长沙桂花路街道人性化设计

从20世纪以来，中国的城市化建设速度是相当惊人的。得益于第五届城市运动会的机遇，长沙得到史无前例的发展。但研究发现，长沙短期内规划、设计的新城区存在着许多不足，以人性化为前提进行考虑，笔者发现长沙的城市空间中存在出行距离远、出行环境差，以及异化消费等诸多问题。

选取长沙市建设完成的东塘地区进行案例分析与改造，探讨人性化设计中的“人本优先”在长沙市桂花路的运用实践与改建方式。

一、人性化的桂花路

桂花路是牛角塘社区的主要入口，住宅社区是人们在工作之后生活休息的区域，在城市的社区住宅公共空间当中，居民的生活应当是一个充满活力的、安全的、可持续的和健康的公共空间交织而成的社区住宅群。

在新规划的区域当中，适当地增添步行活动空间和能与之互动的公共设施，能够提高社区人群选择性外出的质量。即便是必须外出的行为，其过程由于受到丰富的社区日常生活的影响，也会变得令人愉悦与舒适。社区住宅群，由于是城市公共性空间，人们除居住之外，还包含了更多层面的意义。教育空间、社区服务空间的出现使得社区性住宅不同于单纯的商品住宅公寓楼群，所有的城市公共功能都包含在同一个社区空间当中，这也使得社区住宅群的开放性不同于商品住宅楼群。随着城市公共空间的开放，人们会因不同目的而聚集在一个社区当中，基于此基础，社区住宅群会因人们不同的出行目的而显得更为生动、充满活力。但牛角塘社区由于基础设施偏少，社区以及周边步行活动空间较少，且受到的干扰较大，人们的选择性出行活动十分有限。建设一个充满活力的区域空间，不仅可以丰富其使用者的选择，在更广义的含义上，一个具有丰富出行选择、供人们停留的区域能带动整个区域空间的生命力。从年龄层上分析，不同层级的人的兴趣爱好与活动方式也不相同。儿童需要戏耍的公共空间，在社区当中，由于有小学以及幼儿园的存在，儿童戏耍的空间安全性相对而言要求得较为严格，这些停留的空间既不能被汽车、社会不良分子所干扰，又要达到儿童嬉戏的目的。对于老年人而言，观望性质的活动空间较为适合，老年人因为身体原因无法展开具有一定强度的活动，但又必须通过与他人的接触来确认自己的存在。老年人往往与自己年龄接近的人一同进行社交活动，几个人一起下棋、喝茶等这样的活动可以说是随处可见。作为成年人而言，工作压力占用了他们许多时间，由于城市过大，长时间的交通也消耗了不少时间，工作之余的日常生活成为调剂身心健康的重要活动。因此，有限的出行距离与优质的出行质量成了这类群体的首选要素。中青年群体一般一家三口饭后闲逛的概率是最高的，或者没有成家的人群会以吃饭、聚会为首要活动。另外通过观察发现，在长沙有许多单身上班族会在下班后在路边摆摊，这类行为能为街道带来许多活力。产生以上所述的出行行为需要街道的边界予以支持，商店、餐馆以及供人停留的座椅，适合摊贩摆摊的场地将与步行路面相结合，共同构成一条街道，再由这些街道交织成区域。

当这片区域被定位为以人为主导的街道时，汽车交通将在一定程度上被限制。在这片区域内，步行出行、骑车或者其他的依靠体力移动自身的出行行为相较于汽车，其速度更慢，除了能方便参与或观望自身周围的事物与社会现象之外，由于其较慢的移动速度和较轻的质量，如一个骑单车的人和一个开汽车的人质量差异是很大的，即便发生碰撞，损害程度也较小。另外，由于除步行出行之外，骑行者对于自身周围环境的观察也比在汽车中的视野要好。在骑行当中发生碰撞自身会受伤的心理暗示也能提高交通环境的安全性。区域中存在幼儿园、小学与中学，这些年龄的人往往活泼好动，似乎一刻也停不下来，在这些儿童与少年嬉戏的时候，拒绝汽车的干扰往往是最好的选择。

由于提倡步行出行，且新的设施与建筑立面将会以步行速度为参考，即视平层的概念。在步行出行环境下，街道的立面将会与步行活动发生互动，即商店、餐厅以及供人休息停留以及愉悦的场所都将会与街道连接，照明不再以路灯为主。当这个区域充满活力的时候，人们开始以步行出行，沿街建筑的内透光会补足街道上的照明，使人能感觉到周围充满人的气息。人与人的交谈、活动更是起了心理暗示作用。

当这片供人们休息、生活的区域以步行为主导时，在一定程度上可以缓解汽车带来的污染，如尾气和噪音。但与此相比，更重要的原因是步行出行得以实现，使社区住宅当中人与人的交际变得更频繁。在当今时代，由于互联网的出现，人类活动可以很大一部分在室内完成，缺乏实际交际会导致人与人之间的冷漠。另外由于学校的存在，儿童的嬉戏成为这个地区的活力，但很多时候也仅仅是在学校里面的。根据实地调查发现，许多家长在孩子放学的时候是开车来接的，这是独生子女无法单独长距离出行的原因。若是在区域内以步行为主的话，在儿童放学步行至车站的途中能够发生更多的行为，而这样的过程应处在一个安全的环境中，且是被观望的。

由于步行出行对路面的损耗大大少于汽车对于路面的破坏，除了生态环境受到保护之外，路面的维修周期也得以延长，在一定程度上也减少了非再生资源的消耗。

步行出行相对于机动车出行而言，可以适当地增加身体锻炼的机会，通过设计以步行为主导交通的社区住宅、生活区域能使人们在日常生活当中通过基本行为来进行身体锻炼。不同年龄层级的人，他们所喜好以及能承受的出行锻炼方式也不相同。儿童所需要的是能提供游戏、嬉戏的一块场地，追跑、共同参与性游戏往往是他们所喜爱的，由于现今住宅越来越独立，身边缺少共同娱乐的人群，加上互联网的出现以及游戏场地的缺失，许多儿童的户外娱乐活动比数年前已经下降了许多。社区住宅中的老龄人口往往需要通过散步以及器械、体操等低强度的活动进行身体锻炼。花家地社区中存在少许这样的器械，但数量上较为稀少，再加上这块场地受到噪音污染以及汽车的干扰较大，锻炼的环境较差。值得一提的是距离这块区域不远处有一个公园，其环境、设施更为完善，遗憾的是路线不合理，从花家地社区出发往往需要绕行很大的一段距离才能到达该公园。

二、案例区域实际问题分析

在实地考察中发现，由于桂花路两端为车流量较高的马路，每逢上下班高峰期，许多机动车辆将桂花路作为交通的捷径，使得原本就狭窄的街道变得更为拥挤。

桂花路的人行道分布十分不均匀，以西侧入口为例，人行道的宽度不足一米，且经常受到电线杆、车辆停放的干扰。路面的铺装也已经老化，坑洼不平，每逢下雨，都会出现较多的水坑，给步行人群带来烦恼。由于长沙的特色饮食文化，小吃、夜宵摊等盛行，并且湘菜重油的特点也为街道的整洁性带来了消极的影响。街道的路面经常油污满布，夜宵摊无处摆放，只能占用街道，除了对街道的交通造成影响之外，也对街道的路面产生了污染。

通过对比观察发现，所在区域中，非建筑用地虽然面积较大，但由于机动车辆的占用以及停放，社区户外活动的场地显得十分有限，供人们停留、交谈的场地十分有限。并且这些场地都被围栏、矮墙切割成块布置在街道的一侧。

另一个较为严重的问题是社区治理较为混乱，监管力度不强，政策落实不到位。以街道禁止车辆停放为例，笔者在调研中发现，街道的路边虽然有禁止停车的警示标记，但车辆仍然停放在了非停车区域。这是监管力度不够以及车辆的停放空间不足共同作用的结果。

三、街道、社区分析与研究

从桂花路路面的宽度以及路面的长度和穿行的区域可以判断，该街道为城市中的慢行街道。其中包含了牛角塘住宅社区、新开发的商品房项目，以及学校、幼儿园等。幼儿园、小学的布置，符合国家就近读书的政策要求，社区服务站、日常采购活动也较为便捷。但供该区域使用的唯一街道在使用方式上存在异化，再加上设计上的缺失，使得该区域内的人群在出行的过程中步行体验感降低。

桂花路沿街的主要布置，除了牛角塘社区外，还有数个商业房地产项目，这些房地产项目的主要出入口并不在桂花路上，而是位于城市的主干道上。因此这些商业楼盘对于桂花路的影响是较小的，通过实地考察发现，这些商业楼盘的“后门”“侧门”是面向桂花路的，但主要是供行人、自行车行走的。

这些位于桂花路东侧的商业楼盘与街道存在某种边界，虽然步行道已经处于一个较为理想的宽度，但由于过度的生硬，且路面铺装坑洼不平，使人们的行走较为不便。车辆的停放对步行人群造成了一定程度的干扰，同时存在绿化较少的情况，景观设施几乎没有。

高峰期时车辆穿行不易，原本供社区使用的街道成为交通路线的捷径，狭窄的街道上挤满了车辆，步行人群几乎无路可走。

位于桂花路东侧的街道出入口比桂花路西侧要宽敞得多，机动车更容易行驶进来。寻找交通捷径的车辆很容易从桂花路西侧驶入，但由于西侧的街道狭窄，城市主干道所采取了分流措施，车辆不能流畅驶出，造成了桂花路西侧阻塞的情况。

由于社区住宅楼的开口存在数种方式，根据其建筑开口的种类可以制定不同类型的建筑前绿化设施的安置方式。

类型 A：从建筑与建筑之间的场地视角观察，住宅建筑以正面、背面面对场地，在这样的情况之下，建筑之间的场地实际上是满足了一栋住宅建筑的人群需要，所面临的步行活动需求在 3 种类型当中是最为平衡的，既有日常活动的出现又不显得非常拥挤。

类型 B：从建筑与建筑之间的场地视角观察，住宅建筑以正面面对场地，由于场地为两栋住宅楼共用，其承载的人流量、步行出行的概率和突发事件变得最为丰富，若设施不足或者供人活动的场所过少，看起来会显得更为拥挤。

类型 C：从建筑与建筑之间的场地视角观察，住宅建筑均是以建筑背面面对场地。

牛角塘社区采用 A 类型，沿街建筑为 B 类型，使得建筑之间的场地成为供居民活动的场所。在调研中发现，这些场所具备了供人停留的座椅以及少量的业态等，虽然设施有些陈旧，但无须再次刻意改造。

四、桂花路的人性化设计研究

重新设计的桂花路与牛角塘社区、韶山路（主干道）和曙光路（主干道）相接，属于双向行驶的双车道支线型道路，这条街道由20世纪八九十年代修建，当时城市的车流状况、社会经济物质水平以及人们对于生活的态度、理念与现在社会存在较大差异。随着城市的发展，长沙步行、自行车和公共交通的出行方式被私家车取代，桂花路的路面宽度严重不足。物质水平的发展也使得现在的城市居民更注重生活质量，较为频繁的外出采购是目前常见的社会活动之一，在桂花路的西侧出口，横过韶山路便是现代化的大型商场，这几个大型商场也是为东塘区域提供商业的主要场所。

人的选择性出行取决于过程的质量，其中包括步行体验感觉、出行的收获与时间和范围，由于桂花路直接与周围住宅社区相接，这条街道直接成了周围人群步行出行的对象。

（一）桂花路西侧出入口设计研究

桂花路两侧连接着城市主干道，造成了车辆通行过多的现象出现，同时西侧出入口的狭窄也导致了车辆的阻塞以及步行困难的情况。重新设计的桂花路西侧出入口采取用“场地”取代街道的方法，通过隔绝车辆通行或者有条件（如限时通行等）通行的方法，杜绝走捷径的车辆驶入或驶出桂花路。

西侧的边界多为建筑，沿街建筑与人产生互动的可能性较大，步行出行的选择性较高，在实地调研的过程中，经常可以看见过往的人群前往商店购物、吃饭等情况。街道原本由机动车道、人行道共同构成，在强调汽车交通为主的街道时，行人更是被排挤到街道两侧，步行空间进一步被压缩了。若将街道的节点看作人群的聚集地的话，则设施过少，一些商业设施除偶尔有开放的临时座椅外，并无任何供人停留的设施。

街道在下午5时至6时之间人群密度最大，在这些节点处更应当设置一些座椅或供人进行选择性消费的场所，将刚性出行转变为选择性出行，或使刚性出行过程的质量得以提高。

因此，拓宽街道，将街道西侧的出入口营造为舒适的场所成为街道人性化设计的体现之一。得益于西侧入口处的一处未开发的土地，使拓宽街道成了可能。同时根据沿街建筑竖向排列的原则，将沿街的商店翻新，加强人对沿街建筑的视觉感受。沿街商店对场所开放的同时，加强了人们出行的选择性，提高了步行效率与体验，同时也为街道、社区的活力提升创造了条件。

（二）桂花路的路面设计研究

对于提高城市步行质量，提高步行出行人群比例与效率，除了街道边界与街道立面能提供与人发生互动的行为之外，作为街道平面的主体与人友好与否也直接体现在出行过程中的劳累度与步行障碍的多少上。街道的路面铺装与人是否友好也决定着人们步行质量的高低，平整的石板路或者砖砌的路面适合绝大多数街道，且也适合绝大多数的年龄层次，无论是儿童的嬉戏还是老人坐着轮椅，平整的路面都会让人的步行减少物理上的消耗。如果路面铺装较差或是以鹅卵石、带孔的水泥砖铺装的话，那么穿着高跟鞋的女士恐怕要遭受很大的折磨，婴儿车、轮椅以及购物车将会受到颠簸而令人不愉快，从而降低人们步行出行的积极性，甚至连游客都无法接受，因为他们带着旅行箱呢。

所以出行过程的路面状况将会因为步行人群的穿着、携带物品与年龄等因素而影响其体力消耗，等待与步行路线的阻断则会为步行人群带来对地面属性上认识的刻板效应："街道只有一小部分是属于我的，我们只能走在街道两侧"这样的观点。因为在绝大多数时候，步行道和机动车道不是处于同一平面的，当步行道被阻断的时候往往是改成了机动车道的平面高度。

对于人行道是否与机动车道保持不同的水平高度的争论一直不断，人行道水平高度高于机动车道时，能较好地限制机动车驶向人行道，对于人行道上步行人群的安全与干扰较少。采取这样的方法是用于车流量较大的主干交通路线实行人车分流的情况，除了人行道外，过街天桥以及地下通道等设施往往具备周全。对于以倡导步行出行的慢行街道而言，实行人车完全分流并不意味着愉快的步行体验与户外步行生活。对于桂花路以及牛角塘社区及其区域内的学校、生活场所而言，小面积的以步行为主导的街道更能为这样小尺度的区域增添活力，对于短距离的出行而言，步行仍然是最佳的出行选择方案。许多欧洲城市所采用的"共享型街道"便是将整个街道维持在一个平面，在扩大步行面积以及街道活动的同时，提倡步行使用者对于街道拥有优先权的概念。

桂花路由于经历过拓宽改造，虽然提高了车辆行驶的效率，但抬高的人行道将步行人群积压到了街道两侧，且几乎没有空间供人行走，因此建立共享型街道路面是较为可行的方法。由于街道两侧已经抵达建筑边界，再次拓宽街道成了不可能的事。

建设共享型街道，将街道的主导权交予步行人群，这样除了能保证各类人群的无障碍的、舒适的行走之外，步行的体验感也得以加强。倡导以步行出行为主导的街道，能在一定程度上抑制汽车的数量，当街道生机勃勃、充满活力的时候，即便是驾驶者也会将一定的注意力转移到街道的活动中，或者亲自参与进来。通过观察一些较为成功的街道规划设计方案与使用现状，可以将其作为设计与结果的参考，虽然建筑与街道在世界上各有不同，但快乐与愉悦还是相通的。由于街道西侧的出入口已经被封闭或者有限制地通行，机动车辆不会再为走捷径而穿越桂花路。这也可以有效地解决车辆对于街道、社区、行人的干扰。

（三）桂花路的边界设计研究

桂花路由于修建年代久远，并且期间经历了街道拓宽以及商品房的项目开发等影响，街道的边界在不断地被压缩，机动车行驶的路面甚至与沿街建筑的距离不到 1 米。由于设置了以步行为主导的共享型街道，街道的边界概念不再是以高低差的形式表现。

另外，街道与建筑之间的过渡也较为生硬，这是因为街道边界的场地不足，无法添加绿化或景观设施。共享型街道并非完全地分隔街道与边界，而是将两者结合为一体，在保证汽车通行的前提下，在街道的边界可设置座椅、小型的凹空间等场地供人停留。这样既保证了车辆、行人的通行，也能起到柔化边界的作用。

在离桂花路不到500米的距离，存在着另一个社区，周围是耸立的写字楼与大型的商场。很难想象在闹市的中心会出现一个安静的、能供人停留与步行的街道与一个面对社会开放的住宅社区。社区的住宅建筑与街道平行而建，在规划人行道的时候，建筑与街道之间保留了较大的宽度，使整个人行道更像由若干个小公园组合而成的场所。住宅建筑的一层改造为商店，沿街建筑与人们停留、步行的场所发生了更好的互动，随处可见由围绕树木的花坛组成的座椅，更大程度上创造了步行人群停留的选择，在街道、建筑与设施之间创造出质量较高的步行环境。建筑与汽车道路之间存在步行空间，使得汽车道路与住宅之间能够形成一道由树木、灌木组成的天然隔音屏障，减少噪音对住宅的干扰。进入建筑的街道与步行道路纵向交错，在沿街建筑后，建筑与建筑的间距形成一个安静的、开放的停留与步行的场所，这得益于整个社区的开放与沿街商业的丰富。

重新设计的桂花路街道边界同样得益于西侧出入口处的未施工的土地，这可以适当地拓宽街道的宽度，为街道边界设置植物及景观设施创造条件。

新的街道边界除了在视觉上得到提升外，步行人群也可以在街道边界的座椅获得休息、停留的可能性。在良好的出行环境、丰富的街道业态循环下，将会有更多的人愿意投入到街道的活动中来。同时在街道与沿街建筑设置了供人停留、聚会的场所，当若干人需要在街道边界从事一些活动时（如下棋），这些小型的场所能为这些行为的发生提供可能性。当街道的活力处于发展阶段时，人们便会更愿意参与或被邀请进来，这使得街道的人性化在出行人群中自主地伸展开来。因为步行在这样一条丰富多彩、充满活力的街道上，时间的观念将会被淡化，步行人群的注意力更会被丰富的社会现象所吸引。

街道的边界同样受到车辆停放问题的干扰，由于其他几处商业地产的修建年代晚，具备专门的地下停车场，桂花路与这些商业地产的街道边界存在的干扰是较少的。受到停车问题干扰的边界主要处在牛角塘社区与桂花路的边界处。本案通过拓宽街道，在共享型街道的两侧边界处设置了停车位，但由于整个场地已经没有足够的空闲土地设置新的停车楼等设施，只能通过柔化边界、建立共享型街道的措施为步行人群带来较好的步行体验。

本节通过实地考察桂花路，再结合人性化街道的设计理论进行区域的人性化设计，发现桂花路街道异化使用的情况较为严重，主要体现在交通高峰期机动车将其视为交通捷径，以及桂花路西侧出入口路面环境差，街道狭窄等情况。次要问题为街道边界存在过度不足、人行道宽度不足的情况，这个结果是街道经过多次拓宽改造造成的。

根据人性化街道设计方法，对于高低差的街道应采取建立以步行为主导的共享型街道的措施，并且通过改造桂花路西侧出入口为步行场地，解决该地段的步行环境差、交通拥堵的情况，通过限制或是禁止车辆通行该地段解决街道交通异化的情况。同时借用一处未动工的土地再次进行了街道拓宽，增加了步行空间。

对于街道的路面采取以步行为主导的共享型街道来混合街道的职能，为步行人群提供更好的步行生活条件。

五、人性化街道的特点与总结

（一）合理空间尺度

传统的街道修建于没有汽车的时代，合适的街道宽度与街道立面形成的高宽比更能为城市步行生活提供良好的情感与参与性，在 0.9 至 1.2 的高宽比之下，建筑往往能作为街道合理的立面而参与到街道的日常活动中来。当街道的宽度与长度合适时，步行人群的出行感受能变得更为丰富而获得城市步行生活的快乐，从而提高步行出行的质量与效率。一般街道的节点之间距离不宜过大，以 200 米至 500 米这样的距离较为适宜，这也取决于街道的属性以及街道周围的自然环境景观。

（二）街道的参与性

参与城市步行生活，这样的情况应当从两个方面来理解，一是城市人口能参与到城市步行活动中来，这包括了“刚性出行”以及“选择性出行”。在“刚性出行”的环境下，人对于出行过程的感觉相对较低，在建设人性化街道的前提下，能将“刚性出行”在一定程度上转化为“选择性出行”，提高人群的出行质量与感受。“选择性出行”是指人们主动投入到城市步行空间中，是城市活力的真正体现，“选择性出行”所占出行比例越大，越能证明街道的人性化建设、城市的经济状况与福利等多方面的情况。街道作为“选择性出行”的主要场所之一，承载了人们对于精神消费需求的职能，建设人性化的街道能够激发城市居民步行出行的积极性，当越来越多的人愿意参与到街道的活动中来时，人性化的街道才显得更有意义。

（三）街道边界的互动性

人性化的街道应当是充满互动的，所谓互动即街道的边界应当是可以与行走在街道上的步行人群发生关系的建筑、公园以及柔性空间等，能对人产生行为的街道边界。因此街道边界能否与步行人群发生较好的互动以及这样的互动边界是否具有连续性是街道人性化设计的一个较为重要的参考依据。

在本书中所进行的人性化街道改造的花家地社区中，由于围墙、围栏等这样的设施成了街道边界立面的主要元素，其形象不具备美观性，围栏也阻绝了街道的步行人群与立面发生互动的可能性。许多街道的边界是高耸的围墙、封闭的院落，行人只能孤零零地走在无聊的街道上，没有丝毫的停留之处与机会。街道的边界不应当再以封闭的边界来划分内外的秩序，保持街道的通透性与互动性能更好地维持街道的活力以及保障步行过程的多样性与自主选择性。当人们能够在街道上从事各种各样的活动之时，步行出行的概率才会得以提高，当街道的互动与出行的人群不断增多，一个充满活力的街道才得以显现。

（四）街道的舒适性、安全性及无障碍性

街道的路面状况同样会影响步行的状况，如坑洼的路面经过下雨后会产生积水，鹅卵石的铺装不利于所有人群的行走等，因此人性化的街道铺装应当是平整、防滑的。另外平整的路面让步行过程变得更为安全，在步行人群中同样包括老年人和存在身体缺陷

的人群以及步行车辆等，平整的路面会让这些人群的步行过程更为安全、舒适。这里所说的平整除了街道路面外，同样包含了街道的高低差、台阶等因素。因此，街道的舒适性在一定程度上影响了街道的安全性。

人性化的街道同样是需要无障碍的，当街道中存在障碍时，除了会对步行体验造成影响外，也会减少人们参与步行活动的积极性。这里所指的障碍多半为不合理的街道设施或者车辆的停放，这些设施的摆放影响或是阻断了步行路线的流动，使得原本就不宽敞的人行道变得更为狭窄。

六、桂花路街道的人性化设计体现

通过建立以步行为主导的共享型街道，消除了街道中存在的高低差的问题，同时也将街道的主导权交予步行人群。牛角塘社区的街道也应当是以步行为主导的，这里涵盖了许多日常生活中的所需成分，如采购、餐饮等，社区中的居民同样也需要一条能够安心步行的街道。

改造街道西侧的出入口，解决了桂花路的交通异化现象，同时建立了以步行生活为主的节点。良好的步行环境结合周围原本的业态，是人性化生活的体现。

由于路面变为以步行为主导，步行人群不必再被挤至街道两边，而是能自由地、不受拘束地在街道上行走。通过设置座椅及凹空间增添了步行人群停留的场所，丰富了街道的边界，柔化了街道和沿街建筑之间的过渡，为街道和社区的活力做出了贡献。

参考文献

[1] 孙强 . 现代住区城市界面空间研究 [D]. 西安 : 长安大学 , 2007.

[2] 陈韬 . 城市街道中柔性空间的人性化设计研究 [D]. 长沙 : 湖南师范大学 , 2010.

[3] 邱添 . 街道的人性化设计与研究 [D]. 北京 : 中央美术学院 , 2015.

[4] 张莹 . 城市街道公共环境设施的形态设计研究 [D]. 南京 : 南京理工大学 , 2008.

[5] 刘昀 . 人・空间・情感 [D]. 重庆 : 重庆大学 , 2009.

[6] 宋卓莅 . 城市滨河空间柔性界面的营造手法研究 [D]. 武汉 : 华中科技大学 , 2013.

[7] 王冰 . 试论城市街道中柔性边界的空间设计 [D]. 济南 : 山东工艺美术学院 , 2014.

[8] 付诗云 . 城市街道步行空间的人性化设计研究 [D]. 武汉 : 湖北工业大学 , 2014.

[9] 鲍越 . 基于环境行为学的城市街道空间互动性研究 [D]. 无锡 : 江南大学 , 2013.

[10] 周钰 . 城市街道更新中的公共交往空间重塑策略研究 [D]. 合肥 : 安徽建筑大学 , 2013.

[11] 蒋萍 . 控制性详细规划对街道界面的控制引导研究 [D]. 长沙 : 中南大学 , 2011.

[12] 高原 . 城市街道景观设计研究 [D]. 南京 : 南京林业大学 , 2011.

[13] 贾茹 . 近人尺度城市空间界面耦合设计研究 [D]. 大连 : 大连理工大学 , 2012.

[14] 杨静霄 . 基于公共活动的场镇街道空间构建策略研究 [D]. 成都 : 西南交通大学 , 2011.

[15] 秦利华 . 街道褶皱空间设计研究 [D]. 武汉 : 华中科技大学 , 2014.

[16] 陈昌义 . 成都市小商业街外部空间研究 [D]. 成都 : 西南交通大学 , 2016.

[17] 张子涵 . 基于公共活动的山地城市街道空间优化研究 [D]. 重庆 : 重庆大学 , 2016.

[18] 徐曼姝 . 重庆市天星桥社区商业街物质环境对行人活动影响研究 [D]. 重庆 : 重庆大学 , 2014.

[19] 魏彦杰 . 基于空间类型的城市街道建筑界面色彩设计策略研究 [D]. 重庆 : 重庆大学 , 2014.

[20] 麋毅 . 基于市民行为调查的城市街道活力营造策略 [D]. 长沙 : 中南大学 , 2014.

[21] 王刚 . 商业街道边缘空间与行为活动研究 [D]. 泉州 : 华侨大学 , 2012.

[22] 汪航 . 基于交通通道与生活空间二维功能的城市街道空间规划方法研究 [D]. 北京 : 北京交通大学 , 2017.

[23] 郑杰 . 城市公共空间中的柔性边界设计研究 [D]. 武汉 : 湖北工业大学 , 2017.

[24] 杨慧祎 . 基于使用者需求分析的生活性街道城市设计策略研究 [D]. 北京 : 北京建筑大学 , 2017.

[25] 高山琦 . 城市住宅区内街道柔性空间人性化设计的分析与研究 [J]. 科技创新导报 , 2011(13):255.

[26] 王冰 . 城市街道柔性边界设计的原则 [J]. 南阳师范学院学报 , 2016, 15(03):33–36.

[27] 杨美华 . 城市景观空间需要柔性界面 [J]. 现代园艺 , 2012(06):141.

[28] 匡晓明 , 徐伟 . 基于规划管理的城市街道界面控制方法探索 [J]. 规划师 , 2012, 28(06):70–75.

[29] 郑杰 , 李映彤 . 城市街道空间柔性边界设计研究 [J]. 现代装饰 (理论), 2016(12):155.

[30] 温宗勇 , 邢晓娟 , 董明 , 李伟 , 曾艳艳 . 漫谈城市街道家具之一——城市街道护栏初探 [J]. 北京规划建设 , 2017(02):161–168.

[31] 金广君 , 朱超 . 城市街道空间的演变 : 从道路系统 1.0 到“绿街系统” [J]. 现代城市研究 , 2017(05):106–111.

[32] 王子平 , 王竹 . 街道柔性界面在街道整治中的应用 [J]. 山西建筑 , 2009, 35(29):28–29.

[33] 陈喆 , 马水静 . 关于城市街道活力的思考 [J]. 建筑学报 , 2009(S2):121–126.

[34] 涂健 . 作为城市空间的城市街道设计优化策略初探 [J]. 现代城市研究 , 2013(10):110–114.

[35] 张云 . 城市街道空间营造研究 [D]. 杭州 : 中国美术学院 , 2016.

[36] 庞珺 . 中小城市街道景观改造设计研究 [D]. 泰安 : 山东农业大学 , 2010.

[37] 王颖 . 地域文化特色的城市街道景观设计研究 [D]. 西安 : 西安建筑科技大学 , 2004.

[38] 谭晓红 . 城市街道空间地域性研究 [D]. 郑州 : 郑州大学 , 2004.

[39] 张博 . 西安城市街道空间形态夏季小气候适应性实测初探 [D]. 西安 : 西安建筑科技大学 , 2015.

[40] 黄伟军 . 城市街道空间环境的人性化设计研究 [D]. 合肥 : 合肥工业大学 , 2005.

[41] 张茜 . 基于环境行为学的城市街道交往空间研究 [D]. 开封 : 河南大学 , 2015.

[42] 王鑫 . 历史街区城市街道色彩研究 [D]. 北京 : 北方工业大学 , 2016.

[43] 杨润 . 基于城市街道特色塑造的环境小品设计研究 [D]. 武汉 : 华中科技大学 , 2012.